大坝安全监测仪器设备运维技术

五凌电力有限公司　编

中国水利水电出版社
www.waterpub.com.cn
·北京·

内 容 提 要

为提高大坝安全监测仪器设备使用与维护水平，减少实测资料的人为误差和错误，本书对大坝安全监测各类仪器设备的基本原理、结构、安装、使用和维护进行了系统总结，并结合工程实例，对仪器设备使用过程中容易忽视的问题进行了解析。

本书的特点主要体现在以下 3 个方面：①面向大坝安全管理单位安全监测人员，重视实用；②内容具体翔实，可操作性强；③紧密结合工程实例，形象生动。

本书可供水电站及水库大坝安全监测系统运行管理相关人员参考，也可供相关专业高年级本科生、研究生阅读。

图书在版编目（CIP）数据

大坝安全监测仪器设备运维技术 / 五凌电力有限公司编. -- 北京 : 中国水利水电出版社，2017.12
　ISBN 978-7-5170-6167-0

　Ⅰ. ①大… Ⅱ. ①五… Ⅲ. ①大坝－自动化监测系统
　Ⅳ. ①TV698.1

中国版本图书馆CIP数据核字(2017)第326201号

书　　名	**大坝安全监测仪器设备运维技术** DABA ANQUAN JIANCE YIQI SHEBEI YUNWEI JISHU
作　　者	五凌电力有限公司　编
出版发行	中国水利水电出版社 （北京市海淀区玉渊潭南路 1 号 D 座　100038） 网址：www. waterpub. com. cn E - mail：sales@waterpub. com. cn 电话：(010) 68367658（营销中心）
经　　售	北京科水图书销售中心（零售） 电话：(010) 88383994、63202643、68545874 全国各地新华书店和相关出版物销售网点
排　　版	中国水利水电出版社微机排版中心
印　　刷	天津嘉恒印务有限公司
规　　格	184mm×260mm　16 开本　14.5 印张　344 千字
版　　次	2017 年 12 月第 1 版　2017 年 12 月第 1 次印刷
定　　价	**58.00 元**

编 委 会 名 单

前　言

　　大坝安全监测是保障大坝安全的必要措施，是水电站大坝安全管理的重要内容，是检验设计、反馈施工和指导运行的重要手段。根据《水库大坝安全管理条例》《防汛条例》等法规以及上级主管部门的相关文件要求，大坝安全监测必须得到重视。

　　大坝安全监测工程具有专业性、隐蔽性、系统性和长期性等特点。做好大坝安全监测工作必须有水工结构、工程地质、水文气象、精密仪器等多个专业的支撑，即使是仪器安装位置和方位、基准值和初始值的确定也有极强的专业性。国内外的工程实践表明，大坝安全监测仪器设备的正确使用和正常维护，是确保监测数据真实反映工程性态的必然要求，也是延长仪器设备使用寿命、减少数据误差处理工作量的有效措施。为此，本书将针对国内外大坝安全监测仪器设备的现状，结合相关工程事例，对大坝安全监测仪器设备使用和维护进行系统说明。

　　本书是编写组在多年从事大坝安全监测工作的基础上编写的，主要包括大坝安全监测概述、环境量监测、变形监测、渗流监测、应力应变及温度监测、大坝强震动安全监测以及安全监测自动化等内容，以方便有关设计院、水库大坝管理单位和从事大坝安全监测设计、施工及运行技术人员开展大坝安全监测工作。

　　本书在编写过程中，参考了大量的相关书籍、科技文献和技术资料，在此对原作者表示诚挚的谢意！

　　由于编者经验和理论水平有限，书中难免存在疏漏、错误和不妥之处，敬请各位专家和同行批评指正！

编者

2017 年 10 月于长沙

目　　录

第1章 概　　述

河流孕育了人类文明，为人类文明的发展提供了富饶的物质条件，是人类生存和发展的基础。但是来势凶猛的大水不但会淹没农田、冲毁房屋，还会造成大量人员伤亡，同时还会造成饥荒、疫情等灾害，给人类文明的发展带来巨大损失。为有效利用水资源，达到兴利除害的目的，水坝应时而生，成为人类社会成功利用水资源的重要手段之一。人类利用大坝达到兴水利的记录可追溯到公元前 2950 年尼罗河上古埃及的孟菲斯城大坝遗址。我国大坝的建设有着悠久的历史，如建于公元前 598—公元前 591 年间的安徽省寿县的安丰塘，坝高 6.5m，库容达 9070 万 m^3，水面积达 $34km^2$，经历史上多次修复和更新改建等，至今已运行 2600 多年。国际大坝委员会规定，坝高超过 15m，或者库容超过 300 万 m^3、坝高在 5m 以上的坝为大坝。据不完全统计，全球有约 5 万座大坝，另有 10 万多座库容超过 10 万 m^3 的小坝，几百万座库容小于 10 万 m^3 的更小的坝。全球最大的 44 座水库总库容为 2.5 万亿 m^3，约提供了 5000 亿 kW·h 水电。可以说大坝为人类文明的发展做出了重要贡献，但是随着事件的发展及人类认识的不足，一些因老化或监管不到位造成溃坝垮坝现象时有发生，给人们的生命、财产造成巨大的损失。为有效掌握大坝的运行状态，充分发挥水坝的兴利除害作用，安全监测的重要作用日益突出。

1.1　大坝安全监测的重要性

大坝安全监测是通过仪器监测和巡视检查对大坝主体结构、地基基础、高边坡、相关设施以及周围环境所做的测量和观察，以及在此基础上通过监测资料对大坝安全进行的诊断、分析、评价和监控，最终判断大坝安全程度的全过程，是对大坝进行安全管理最为重要的手段之一。但是由于最初人们对大坝安全的认识不足，先后发生多起大坝安全事故。1928 年美国的圣弗兰西斯实体重力坝突然溃决，造成巨大财产损失的同时，死亡人数达600 人。1959 年法国马尔帕塞拱坝事故，造成 421 人死亡，100 余人失踪，有 2000 多户居民流离失所，财产损失达 300 亿法郎，约是工程投资的 52 倍。1963 年意大利瓦伊昂大坝上游近坝左岸约 2.5 亿 m^3 岩土体突然发生高速滑坡，使 5500 万 m^3 的库水产生巨大浪涌，掀起的库水高出坝顶约 125m，致使大坝、电站、水库完全报废，带来巨额财产损失的同时造成 2000 余人丧生。1975 年我国板桥、石漫滩水库大坝失事，造成河南省 29 个县（市）、1700 万亩农田被淹，其中 1100 万人受灾，超过 2.6 万人死难。血的教训致使各国政府对大坝安全问题尤为重视，先后成立专职机构以立法的形式对大坝安全问题进行管理。我国于 1985 年成立了水利电力部大坝安全监察中心，根据相关法律、法规及规章制度，开展大坝安全监察，审查重要工程的安全监测设计，参加重要蓄水和竣工验收等大坝安全工作。为全面掌握大坝的基本状况，加强大坝安全管理，制定了水库大坝注册登记制度。为准确掌握大坝运行情况，对病险坝及时开展除险加固措施，提高大坝安全整体水平，制定了水库大坝安全鉴定及定检制度，对大坝安全管理的重视起到了立竿见影的效果，及时发现了大坝安全隐患。1978年瑞士苏济尔拱坝因大坝安全监测工作到位，成功避免因坝体严重变形而导致溃坝事故的发生。1962年我国安徽梅山连拱坝通过安全监测发现坝体渗流、变形异常，及时放空水库并开展相应工程措施，避免了安全事故的发生，有效保护了人民生命财产安全。可见，建设和完善大坝安全监测设施能实现对大坝安全的有效管理，防患于未然，杜绝垮坝、溃坝、漫坝及水淹厂房等事故的发生。经过广大科技工作者的长期努力，大坝安全监测技术得到了迅速发展，具体包括安全监测设计理论、监测方法、监测仪器和自动监测系统以及相应数据建模型和分析方法，都得到空前发展。大坝安全监测的作用和目的体现在如下方面：

（1）检验设计。安全监测作为原型监测和现场监测，可以有效克服室内实验的尺寸效应，相对数值计算，其结果更加真实。因此，通过安全监测所得到的结构变形、渗流和应力应变等数据，可以有效检验设计采用的材料和结构的合理性，能检验设计所采用经验计算、数值计算或模型实验的成果。特别是随着我国高坝大库建设的不断推进，如双江口、两河口、溪洛渡、锦屏等工程，无论在地质条件、几何尺寸、筑坝材料、结构还是施工方法，都超出现有规范或以往经验，此时利用安全监测设计可以很好地检验设计，同时发现新问题，为下一步改进设计甚至编制规范奠定基础。

（2）检验施工。大坝作为一个大型建筑物，其施工长达数年，不同的施工方法和次序不仅影响到施工成本，同样可影响到坝体应力场、变形场、渗流场的分布和大坝长期安全性，因此利用安全监测可以有效检验施工方法的效果，及时发现安全隐患，指导工程施工。在工程建设间，为有效控制大体积混凝土温度、洞室变形或大坝、边坡等位移情况，通过布设监测仪器，对监测数据进行分析，不仅能及时掌握相关温度及变形资料，指导工程施工，还能通过建模分析等手段对工程变形情况进行预判，为后期工程处理、总结施工经验和编制施工规程提供依据。

（3）掌握大坝运行状态，提高工程效益。大坝在运行期会受到温度变化、水位变化、材料老化、水流侵蚀以及地质运动等的影响使坝体发生变形。对大坝及相关建筑物进行安全监测及资料分析，能及时掌握坝体及相关建筑物的变形情况，认清各部位的变化规律以及各种变化的物理成因，从而指导运行并在发现隐患时及时采取相应措施，既能确保大坝安全，延长大坝运行时间，提高工程效益，又能实现水利工程兴利除害的目的，为社会创造经济效益。随着水资源需求量的不断增加，实现动态和梯级联合调度已经是水资源高效利用的必然要求，利用安全监测在线监控技术可以有效了解大坝安全状态，实现水电站或水库的动态调控。

1.2 大坝安全监测的发展历史

坝土技术随着人类文明的发展而不断发展，大坝安全监测的作用也日益凸显并迅速发展，先后出现了以人工、机械以及计算机等为代表的感性认识阶段、原型观测阶段、大坝观测阶段和大坝安全监测阶段。

1.2.1　感性认识阶段

所谓感性认识阶段，是通过人工手段实现对大坝的安全监测，即工程技术人员仅通过自身的观察、手摸或一些简单的工具来感性认识大坝的运行情况。

1.2.2　原型观测阶段

19世纪末至20世纪中期，随着人类社会的进步，工业革命的不断推进，生产复杂程度的不断提高及各种新发明、新创造不断涌现，机械设备开始在坝工技术中得到广泛应用，促使坝工技术也得到快速发展，坝工理论不断完善。对大坝的安全监测也进入原型观测阶段，即传统的原型观测阶段。此时为了校验设计、检验坝工技术、掌握大坝变形情况，开始研究、生产并在部分大坝中埋设、安装相应的监测仪器。1891年德国的埃施巴赫重力坝开展了大坝位移观测，1903年美国新泽西州的布恩顿重力坝开展了温度观测，1908年澳大利亚新南威尔士州的巴伦杰克溪薄拱坝开展了变形观测，1925年美国爱达荷州亚美利加—佛尔兹坝开展了扬压力观测，1926年美国垦务局在史蒂文森溪试验拱坝上开展了应力及应变观测等。我国于20世纪50年代先后在永定河上的官厅水库和淮河上的南湾、薄山等大型水库大坝上进行水平位移、垂直位移（沉降）和坝体浸润线观测，其后在丰满、佛子岭、梅山水电站以及上犹江、流溪河等水库上安装了温度计、应变计等监测仪器。20世纪60年代后期，先后在一些大型水库上开展变形、渗流、接缝、应力应变及环境量监测工作。

1.2.3　大坝观测阶段

20世纪60年代西方国家多次出现垮坝事件，大坝安全问题进入大众视野，国际上对大坝安全问题普遍高度重视，大坝安全问题被提到一个新高度。并且随着电子计算机技术的发展，坝工技术得到进一步提升，安全监测开始由传统的原型观测进入到数字大坝阶段。安全监测工作的出发点也由最初的校核设计演化为开展安全评价，及时发现安全隐患，为科学运行调度提供支撑。此期间安全监测工作主要有以下表现形式：

（1）硬件设备不断完善。20世纪60年代后期随着加工制造业的快速发展，国外开始研制大坝安全自动化监测设备，较大地改善了监测仪器的性能，自动或半自动观测手段开始逐步取代人工观测，并出现了初期的自动化监测系统。如20世纪70年代后期意大利在Talvacchia双曲拱坝上利用模拟计算机和垂线坐标仪实现了自动化监测。20世纪60年代我国引进卡尔逊式仪器并逐渐使之国产化，20世纪70年代研制了伺服电机光电跟踪式遥测引张线仪，20世纪80年代研制出电容感应式遥测引张线仪及真空管道激光测量系统。随着许多高坝大库逐渐建成并投运，对安全监测仪器设备及相关技术有了更高的要求，在众多安全监测人员的共同努力下，先后研制并完善了差动电阻式、振弦式、电容式、电位器式以及光纤式传感器，传感器测量精度、耐水压性以及稳定性均有大幅提高。

（2）软件快速发展。安全监测仪器的快速发展带动了数据采集、分析等相关软件技术的不断提升。20世纪60年代起日本、意大利、法国、美国等相继研究开发了安全监测自动化采集系统，都是由集中式数据采集系统向分布式数据采集系统发展。有代表性的如意大利的 GPDAS 系统，美国 2300 系统以及 IDA 系统。我国对大坝安全监测系统的研发稍晚于国外，但发展较快，特别是随着现代科学技术的迅速发展，大坝安全监测系统得到迅猛发展，先后出现了 DAMS 系统、LN1018 系统等。安全监测系统快速发展的同时安全监测软件技术水平有了较大提高，逐步实现了分析理论、分析模型的软件化操作。

（3）法规、制度不断健全。自 1959 年意大利公共工程部制定了《大坝设计、施工和运行规程》，1970 年法国大坝安全技术委员会制定了《坝工观测及监控法规》，1971 年美国大坝委员会制定了《大坝和水库安全监视法则》，1973 年苏联电站部制定了《电站水工建筑物安全运行监视条例》，1975 年英国环境部制定了《大坝安全管理办法》以来，日本、澳大利亚、德国、加拿大、芬兰、南非、挪威、印度等国家均成立了专门的大坝安全政府管理机构，并以立法或规范的形式对大坝安全工作进行规范管理。我国于 1985 年成立了水利电力部大坝安全监察中心，负责部属水电站大坝安全政府管理工作，先后制定并颁布了《水库管理通则》《混凝土大坝安全监测技术规范》《中华人民共和国水法》《大坝安全管理条例》《水库大坝安全鉴定办法》等相关法律、法规和规范。各国政府先后从法律的角度对大坝安全事业进行规范化管理，为大坝安全监测和管理的法制化和规范化奠定了坚实的基础。

1.2.4 智能大坝阶段

进入 21 世纪，安全监测领域得到长足发展，无论是硬件还是软件均已发展得相对成熟，一些高、精、尖的先进技术先后被运用到安全监测中，如 CCD 技术和成像灰度分析技术在垂线坐标仪、引张线仪中得以成功运用，光纤式传感器也由最初的在温度监测上运用发展到变形监测、渗流监测以及应力应变监测，光纤式仪器的引入使变形监测精度、灵敏度、可靠性、抗干扰性、耐久性等方面均有显著提高。全球卫星定位系统、三维激光扫描仪和合成孔径雷达（InSAR）技术等在大坝安全监测系统中的运用已彻底改变传统测量模式。随着水下探测技术的发展，水工建筑物的水下部分及上、下游库区均已实现安全监测，如水下摄像、水下探测技术、水下机器人以及无人测量船技术等，水下测量技术的发展为全面掌握水工建筑物的运行情况提供更可靠的数据支撑。大坝 CT 技术，可探测坝体材料弹模或强度分布，对施工质量是否合格、材料老化情况、裂缝分布及发育情况、边坡稳定情况及基础帷幕处理情况均能进行有效监测。

在数据分析处理上，已由定性分析转向定量分析，统计模型、确定性模型以及混合模型基本完善。随着对监测资料分析方法和理论的不断深入研究，基于现代数学理论和系统分析方法的新型监测模型不断涌现。如模糊数学灰色系统、神经网络遗传算法、时间序列分析、因果理论以及一机四库理论等，这些理论的产生使安全监测软件的分析处理能力和分析结论的准确性有了很大提高，并切实有效地在大坝安全管理中发挥了作用。安全监测系统的功能得到进一步完善，并开展了大坝安全辅助决策支持系统的研究，各库坝已逐步实现"无人值守、少人值班"的大坝安全管理模式。

1.2.5 智慧大坝阶段

随着信息技术及无线通信技术的飞速发展，安全监测领域也必将发生重大变革。云计算、大数据技术的发展将极大地促进安全监测技术的信息化进程，在人工智能、物联网的影响下将实现智慧感知、智能监测、信息共享，届时安全监测将进入一个崭新的时代——智慧大坝时代。在智慧大坝时代智慧感知传感器配合无线物联网数据采集终端将取代传统的以 MCU 为主的自动化监测系统。在微型智能无线传感器网络技术得到大规模应用的背景下，数据采集终端将彻底摆脱通信线缆的制约，使每个数据采集终端具备与 M2M 云平台直接进行实时信息交互的通信功能，在云平台的有支撑下，各种类型的自动化测量系统便可实现真正意义的共平台运行，即实现全国性的大坝安全监测中心。

1.3　大坝安全监测的主要项目

大坝安全监测主要包括仪器监测和巡视检查两部分，两者有机结合才能真正起到"把脉问诊"作用。巡视检查无论坝型大小均需开展，并有详细的规范要求；仪器监测项目种类众多，需根据工程类型与等级的不同，按规范要求开展。常见的监测项目如下：

1.3.1　环境量监测

环境量监测主要是为了掌握水工建筑物在环境量发生变化的情况下产生的相对影响。一般情况下，大坝变形除了受自重影响外，环境量是影响大坝变形、渗流、应力应变及温度的主要原因。这些量值主要包括大坝上下游水位、气温、水温、降水量、冰冻、冰压力、风速、波浪、坝前淤积和坝后冲刷等。只有取得准确可靠的环境量数据，才能客观地分析效应量的成因和变化规律，发现运行中异常的效应量。

1.3.2　变形监测

变形监测，是指通过仪器或者人工的方式观测水工建筑物的整体或者局部的变形量，从而了解并掌握水工建筑物在不同变量影响下发生的变形，及其变形量的分布、大小与变化规律，进而监测水工建筑物在不同时期的变形性态及变形安全。主要有控制网测量、表面变形、内部变形，裂缝与接缝变形监测。常见的监测仪器设备有全站仪、水准仪、GNSS、引张线仪、垂线坐标仪、双金属管标、静力水准仪、测斜仪、测缝计、多点位移计、水管沉降仪、引张线水平位移计、基岩变位计等。

1.3.3　渗流监测

大坝正常蓄水后，其挡水结构在上、下游水位的作用下，坝体及坝基就会出现渗流，渗流会影响到坝体及坝基的安全与稳定。常见的渗流监测主要包括扬压力监测、绕坝渗流监测、渗漏量监测、渗透压力监测、地下水位监测及水质分析等。

1.3.4　应力应变及温度监测

在外力的作用下，水工建筑物内部产生的力称为应力，水工建筑物的变形称为应变。应力应变监测是大坝安全监测的重要项目之一。应力应变监测主要针对坝体结构内部应力进行监测，从而判断各部位结构产生的应力是否在该部位所能承受的应力允许范围之内。

应力应变监测主要分为坝体内部应力应变监测及支护工程应力应变监测。

温度监测主要针对混凝土内部温度及水工建筑物与水温、气温等因素影响而产生的建筑物内部温度差异、分布及变化情况,用于分析温度对水工建筑物内部及表面的应力、体积变化的影响。

1.3.5 水力学与强震动安全监测

水力学监测的目的是掌握泄流建筑物在泄流过程中的工作状态,保证泄洪时水工建筑物自身和下游河道的安全运行。水力学监测主要对流态、动水压力、底流速、站门膨胀式水封、泄洪振动、工作闸门振动及下游雾化等进行监测。目前开展水力学监测的库坝相对较少,本书暂不对其进行详细介绍。地震及各类流激震动是大坝安全的重要影响因素,即通过建立强震动监测台网,采集地震过程中的振动位移、振动速度及振动加速度,通过对数据的分析处理,进而获取大坝及其基础动力特征,是评价大坝动力安全的重要手段。

尽管大坝安全监测在水工结构设计和水电站运行管理中所占比例比较小,但是其涉及水工结构、岩土地质、仪器仪表、数理统计、计算机、软件和数据库等多个专业,随着人工智能和物联网技术、云技术的不断发展,大坝安全监测技术必将取得更大的进步。但也要清醒地认识到,无论数据处理方法有多先进,计算机多高级,离开可靠实测数据都不会得到有用的分析成果。为此,本书从最基础的监测仪器施工和维护角度入手,通过详细阐述各类监测方法以及监测仪器的使用和维护,为大坝安全监测基础工作奠定基础。

参 考 文 献

[1] 贾金生,袁玉兰. 中国水库大坝统计和技术进展与关注的问题简论 [J]. 水力发电,2010,36 (1): 6-10.
[2] 李珍照. 大坝安全监测 [M]. 北京:中国电力出版社,1997.
[3] 方卫华. 大坝安全监控:问题、观点与方法 [M]. 南京:河海大学出版社,2013.
[4] 赵志仁,徐锐. 国内外大坝安全监测技术发展现状与展望 [J]. 水电自动化与大坝监测,2010 (10): 52-57.
[5] 何勇军,刘成栋. 大坝安全监测与自动化 [M]. 北京:中国水利水电出版社,2008.
[6] 沈省三,毛良明. 大坝安全监测仪器技术发展现状与展望 [J]. 大坝与安全,2015 (5): 68-72.

第2章 环境量监测

环境是影响建筑物结构外部变形和内部应力应变的外在因素。环境的变化会对水工建筑物的工作状态产生很大的影响,是大坝安全监测不可缺少的部分。环境量监测的目的是分析环境量的变化对建筑物监测效应量的影响,在监测资料分析中又称为原因量,其变化可导致大坝及相关岩体性状发生变化的一类物理量。主要监测内容包括大坝上下游水位、气温、水温、降水量、冰冻、冰压力、风速、波浪、坝前淤积和坝后冲刷等,其中与水工建筑物安全相关的环境量主要有库水位、库水温、气温、降水量、冰压力、坝前淤积和下游冲刷等项目。

2.1 水位监测

2.1.1 监测目的及布设原则

水位监测主要为水工建筑物变形、渗流、内部观测等监测项目进行资料分析时提供水位变量因子的分析依据,具体监测内容主要包含上游水位、下游水位、船闸水位等。上游水位一般以坝前水位为代表,若枢纽包括几个泄水建筑物,且距离较远,可设置多个上游水位测点;下游水位测点应布设在受泄流影响较小、水流平缓、便于安装和观测的部位。

2.1.2 主要监测设施

水位监测常用水尺进行人工观测,同时在引、泄水建筑物周边埋设自动化监测设备进行自动化监测。人工监测常用搪瓷水尺、不锈钢水尺或相关标尺进行。自动监测仪器主要有压力式水位计、气泡式水位计、浮子式水位计、雷达水位计、超声水位计和电子水尺等,其中压力式水位计和浮子式水位计比较常用。

2.1.2.1 水尺

水尺是利用搪瓷或不锈钢材料,按一米长分段制成。使用时安装在大坝或上游竖直建筑物面或柱上,采用多段连接安装固定,其观测范围为高于最高水位和低于最低水位各0.5m,如图2-1所示。水尺表面用辨识度高的颜色彩划分格,每格距为1cm,每10cm和每米处标注数字。也可以直接在竖直或倾斜建筑物上直接做相应的度量标志,形成竖直或倾斜混凝土尺体。倾斜水尺安置在库岸斜坡上,适用于流速较大的地方。水尺使用人工读取尺面刻度的方式直接读取水位数据,其特点是观测直观方便、建设成本低、使用寿命长、抗腐蚀性强。

2.1.2.2 压力式水位计

压力式水位计根据压力与水深成正比关系的静水压力原理,运用压敏元件作为传感

图 2-1　水尺测点示意图

器，当传感器固定在水下某一测点时，该测点以上水柱压力高度加上该点高程，即可间接地测出水位。其特点是安装方便，不需建立静水测井，传感器可直接安置在引压管内，通过引压管消除大气压力后直接测得水位。

　　压力式水位计主要以振弦式、压阻式和陶瓷电容式传感器为主，传感器结构详见本书绕坝渗流相关内容。压力式传感器有多种埋设方法，如钻孔安装和固定安装。钻孔安装是在结构稳定的库区附近或水工建筑物内钻设和预留测孔，测孔内安装保护管并在底部连通库内水位，管内安装传感器，将河流水位引至测孔内进行测量。固定安装是将保护管固定在某永久性水工建筑物上，传感器置于保护管内并放置于设计水位以下，测点结构如图 2-2 所示。

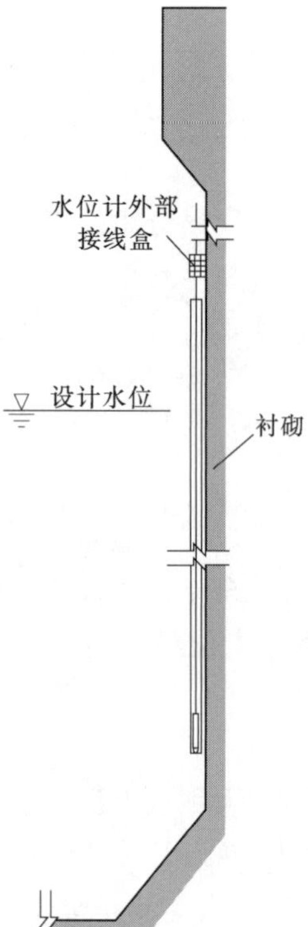

2.1.2.3　浮子式水位计

　　浮子式水位计的原理是利用水的浮托力使浮子跟踪水位升降，以机械方式直接传动记录水位数据，在水位稳定的情况下，浮子与重锤作用力达到相对平衡。当水位上升时，浮子与水流的相互作用力改变，重锤拉动钢丝带动测轮顺时针方向旋转，水位编码器的读数增加；当水位下降时，浮子向下拉动钢丝带动测轮逆时针方向旋转，水位编码器读数减小。浮子式水位计适合岸坡相对稳定，河床冲淤较小的位置，是国内应用最为广泛的水位监测设备。

　　浮子式水位计由测轮、安装支架、浮子、重锤、编码器等组成。因浮子的稳定性直接影响水位测量结果，受水流影响较大，浮子式水位计必须安装有静水测井，使用进水管与河流连通，故浮子式水位计一般安装在水文站内。浮子式水位计

水位计外部接线盒

设计水位

衬砌

图 2-2　压力式水位计测点结构图

以浮子感测水位变化，工作状态下，浮子和重锤通过钢丝相连，钢丝内嵌于测轮的 V 形槽中。重锤的作用主要是挂重和平衡，可通过调整浮子的配重使浮子位于正常吃水线上。浮子式水位计结构如图 2-3 所示。

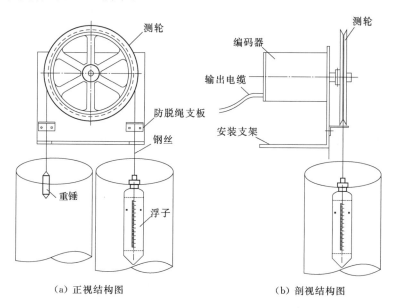

图 2-3　浮子式水位计结构图

2.1.3　设备维护

2.1.3.1　水尺的维护

水尺的维护主要以巡视检查为主，因水位大幅度的起落及水流侵蚀会对水尺的安装基础造成一定程度的影响，导致尺体出现沉降、倾斜等，故必须定期对水尺进行巡视检查，发现问题及时对水尺刻度进行人工校验。除日常巡视检查外，一般每年汛期前也必须对水尺高程刻度进行人工校验。

2.1.3.2　压力式水位计的维护

压力式水位计因保护管内水位与河道水位连通，水流会带出泥沙淤积至保护管底部，造成传感器受压通道堵塞，使测值出现偏差。且因传感器长时间运行，压敏元件有可能出现"零漂"现象，即传感器基准参数出现偏差，测值出现突跳现象。故必须定期对传感器进行人工比测，一般以半年为周期进行，一般在汛期前后各进行一次。

1. 日常维护

（1）在自动化采集系统内或至现场使用比测仪连续三次以上对测点进行选测，查看多次测值差值是否满足要求（差阻式传感器电阻和不大于 0.05Ω，电阻比不大于 0.0005；振弦式传感器频率不大于 0.5Hz。

（2）日常巡视过程中，检查保护管周围是否有杂物堆积，避免杂物进入保护管内；检查传感器电缆与管口附件连接是否牢固，避免因电缆滑动导致传感器埋设高程变化引起测量误差。

2. 人工比测

（1）比测前通过安全监测自动化系统对需进行人工比测的测点进行选测，记录自动化测值。

（2）使用便携式水位计读取测点水面至管口的距离，通过管口高程计算水位高程。

（3）人工读数完成后，再使用自动化系统进行选测，两次选测值取平均值作为自动化最终测值，然后与人工测值进行比较，判断人工测值与自动化测值误差是否在允许范围内。

3. 故障处理

（1）出现人工测值与自动化测值误差较大的情况时，可将传感器提出保护管，检查传感器探头是否有泥沙淤积。若有泥沙淤积，使用软毛刷清除传感器表面及底部透水石表面泥沙，并使用清水缓慢冲洗透水石，切勿使用大压力水流冲洗，避免损坏传感器内部压力感应元件。清理完毕后缓慢放入测压管内，重新进行人工比测。

（2）若故障现象依旧，使用便携式水位计放入保护管底部，检查底部是否淤积严重，若淤积严重，则必须使用带压力的水流进行洗孔，冲出淤积泥沙。

（3）出现"零漂"现象时，可打开传感器电缆固定接头，对传感器进行提升实验，每次提升 0.5m，记录每次自动化测值，比较测值与实际变化量之间的差值，持续 4～6 个状态，再进行复位。

2.1.3.3　浮子式水位计的维护

1. 日常维护

（1）定期检验传感器稳定性，通过安全监测自动化系统内测点连续多次选测，以测量水位变化幅度来判断其工作状态是否稳定。

（2）日常巡视过程中，检查测轮与钢丝是否连接紧密，测轮是否可自由活动，安装支架是否牢固。

2. 人工比测

（1）比测前用安全监测自动化系统对需进行人工比测的测点进行选测，记录自动化测值。

（2）在水位较稳定的时段，使用全站仪对水面高程进行测量，与水位计测值进行对比。

3. 故障处理

出现人工测值与自动化测值误差较大的情况，可由一人将测轮两侧钢丝轻轻提起，另一人转动测轮，同时使用安全监测自动化系统进行选测，对比实测水位和自动化测量水位，并进行调整。

2.2　温　度　监　测

温度监测主要分为库水温监测和气温监测。温度是影响大坝工作状态的重要影响因素，是监测资料分析时不可或缺的自变量，特别是对未布设坝体内部温度监测项目的大坝来说，环境量温度资料显得尤为重要。库水温因气温、入库水流温度以及泄流条件、区域、深度等因素的影响，会出现不同程度的差异现象。气温主要与当地地理位置和气候特征有关。

2.2.1 监测目的及布设原则

2.2.1.1 库水温

库水温监测的主要目的是了解水温对坝体结构应力和变形的影响，库水位监测因不同的监测目的有不同的布设原则，如果是为了了解库水温对坝体结构变形和应力的影响，则测点应布设在坝体附近并与坝体变形和应力应变监测坝段对应，也可使用距上游坝面 5～10cm 处的混凝土温度测点也作为库水温的测点；如果是为了了解库水温对周边生态环境的影响，则需要在库内不同地点、深度选择监测断面，全面布设监测点。

对于坝高在 30m 以下的低坝，至少应在正常蓄水位以下 20cm、1/2 水深处及库底各布置 1 个测点。对于坝高在 30m 及以上的中高坝，从正常蓄水位到死水位以下 10cm 处的范围内，每隔 3～5m 宜布置 1 个测点，死水位以下每隔 10～15m 布置 1 个测点，必要时正常蓄水位以上也可适当布置测点。

2.2.1.2 气温

气温监测主要为了监测近坝区周围空气温度。若库区内有气象台站，可以直接利用气象台站观测气温；若气象台站离库区较远，或为了便于管理，则可在坝区附近设置气温测点。气温测点由温度计和配套百叶箱组成。

2.2.2 工作原理及结构

2.2.2.1 工作原理及特点

库水温监测可用深水温度计、半导体水温计、电阻式温度计等进行监测。

气温主要以电阻式温度计为主进行监测，利用传感器内集成的热敏电阻在一定温度范围内与周围温度呈线性关系的原理进行工作，其特点是结构简单、反应灵敏、体积小。温度计算公式为

$$t = a(R_t - R_0) \tag{2-1}$$

式中　t——测量点的温度，℃；

　　　R_t——温度计实测电阻值，Ω；

　　　R_0——温度计零度电阻值，Ω，$R_0 = 46.60\Omega$；

　　　a——温度计温度系数，℃/Ω，$a = 5℃/\Omega$。

2.2.2.2 结构

库水温监测一般采用与混凝土内温度监测相同的电阻式温度计结构如图 2-4 所示。气温监测考虑到日照、雨雪天气的影响，应设置气象观测专用的百叶箱，箱体离地面1.5m，如图 2-5 所示。

2.2.3 设备维护

2.2.3.1 水温传感器维护

当水温监测仪器埋设于大坝上游坝面内部时，其维护工作主要是信号引出电缆的维

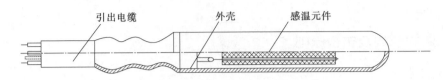

图 2-4 电阻式温度计结构图

护,传感器本身可以根据需要进行鉴定,但传感器出现故障后无法进行更换。当采用其他方式固定在上游坝面时,维护工作包括清除传感器上影响测量和仪器正常工作的干扰沉淀等,仪器本身可以根据鉴定结果进行更换。

2.2.3.2 气温传感器维护

图 2-5 百叶箱结构图

1. 日常维护

(1)定期检验传感器稳定性,通过安全监测自动化系统连续多次选测传感器测量,通过测量温度变化幅度来判断其工作状态是否稳定。

(2)日常巡视过程中,检查百叶箱通风情况是否良好,传感器探头是否有污渍、锈蚀。

2. 人工比测

(1)比测前用安全监测自动化系统对需进行人工比测的测点进行选测,记录自动化测值。

(2)使用 DHM-2A 机械式通风干湿表悬挂在百叶箱内,上紧干湿表发条,使其不断通风,5~10min 后读取表内温度计测值。

(3)人工读数完成后,再使用安全监测自动化系统进行选测,两次选测值取平均值作为自动化最终测值,与人工测值进行比较,判断其误差值是否在允许范围之内。

3. 故障处理

出现人工测值与自动化测值误差较大的情况,可使用万用表检查温度计引出电缆黑色和红色芯线之间的电阻,通过式(2-1)计算人工测量温度,再与实测温度进行对比,判断该传感器是否可靠。

2.3 降 水 量 监 测

降水量包括从天空降落到地面上的液态(雨)和固态(雪融化后)降水,是影响库水位、土体测压管水位和露天量水堰水位等监测物理量的重要因素。降水量监测常用的雨量计有自记雨量计、遥测雨量计和自动测报雨量计等。降水量单位通常以 mm 或 L/m² 表示,即一个底面积为 1m² 的容器,在 24h 内积水的深度,若出现大暴雨也以短时来计算。

2.3.1 监测目的及布设原则

坝区附近的降水量大小会影响坝体附近的渗流量变化,一定程度上也会影响上下游水位的变化。坝区一般设置一个降水量测站,降水量测点应选择四周空旷、平坦,避开易受局部地形、地物影响的地方。通常四周障碍物与仪器的距离应超过障碍物的顶部与仪器关口高度差的 2 倍。测点周围应有专用空地面积，布设一种仪器时，面积不小于 4m×4m；布设两种仪器时，面积不小于 4m×6m。周围还应设置栅栏，保护仪器设备。

2.3.2 工作原理及结构

2.3.2.1 工作原理

雨量计通过收集单位面积内降水，然后计算一定时间内通过该面积的水流体积，并转换为降水量。降水通过进水漏斗进入翻斗，当计量到一定水量时，引起翻斗翻转，磁吸合（或释放）干簧管，产生一个通断信号，根据通断信号的数量转换为毫米雨量输出。

2.3.2.2 结构

雨量计由翻斗部件、底板部件、底座部件、筒身部件等组成。以使用最为广泛的自计翻斗式雨量计为例，其主要的功能部件可分为承雨部件和计量部件两大部分，承雨部件的核心为进水漏斗，其国际通用标准为 $\varnothing 200mm$，计量部件的核心为一个机械翻斗式双稳态秤重机构。

翻斗部件是雨量计的核心部件，经过专门工艺处理后可使降水在斗内始终呈浸润状态，底部轴承采用刚玉材质，可使翻斗灵活转动。松开固定螺母，利用底板部件中的调节螺丝可以调节翻斗的倾斜角度，从而控制翻斗的翻转水量。

底座部件与底板部件配合，用以固定安装翻斗部件，并使其工作在准确水平位置，调节 3 个调节圈，使水泡居中，表示翻斗工作位置已呈水平。底座下部的 3 个固定架，用以在坚实的水泥墩上安装仪器，并保持仪器口水平。

筒身部件作为传感器的外壳，主要起控制降雨面积及保护仪器作用。筒身两侧设有通风窗，安装完毕后可与底座下的通风窗连通，使筒内部保持良好干燥的工作环境。

自记式雨量计结构如图 2-6 所示。

2.3.3 调试与安装

2.3.3.1 初检

仪器从包装箱内取出后，应按下列步骤进行初检：

（1）检查产品说明书、产品合格证等仪器技术文件是否齐全。

（2）按产品说明书提供的清单，检查设备附件是否齐全，并将 3 个固定架用 6 颗 M6 螺丝、垫圈、螺母固紧在底座上。

（3）检查仪器外观是否有物理损伤，卸下底座下部筒身 3 颗螺丝，小心垂直上提筒身，检查筒身内部零件是否受到损伤。

2.3.3.2 室内检查

（1）取出翻斗，松开翻斗架右侧前轴套制紧螺丝，退出前轴套，将翻斗装入翻斗架。安装时，带磁钢一边应在后方，先将小轴一端放入后轴套刚玉轴承中，然后装入前轴套，使前轴套内刚玉轴承套进翻斗前方小轴，此时，轴向间隙应在 0.25mm 左右，将前轴套制紧螺丝固定。安装好的翻斗应能翻转自如。

（2）若此时轴向间隙过大或过小，应松开后轴套六角螺母，调节后轴套前后位置，并

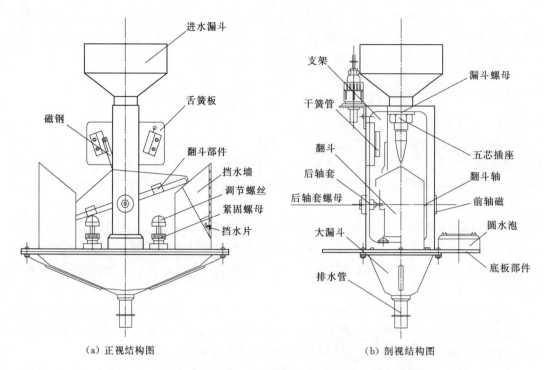

（a）正视结构图　　　　　　　　　（b）剖视结构图

图 2-6　自记式雨量计结构图

兼顾仪器发讯要求，重新调整翻斗前后位置。

（3）翻斗翻转 1 次，磁钢越过干簧管，干簧管应产生 1 个通断信号（单信号输出时），可用万用表欧姆挡在仪器输出线端检查。接点导通时接触电阻应不大于 0.5Ω，接点断开时，绝缘电阻应不小于 1MΩ；此外，当与数传仪接口相连时，干簧管两接点间接电压应小于 16V，通过接点电流应小于 50mA。

（4）若无正常输出，应检查干簧管是否完好，磁钢与干簧管位置是否合适，并自行调整。

2.3.3.3　室外安装

（1）安装固紧仪器时，环口应置水平，否则要适当调节垫圈。环口水平后，卸下筒身，调节调平螺杆，使仪器圆气泡居中，仪器信号线应妥善固定好，避免意外。

（2）排水管不宜太长，以防折弯堵水。

2.3.4　设备维护

2.3.4.1　日常维护

（1）雨量传感器长期置于室外日晒雨淋，防腐防锈工作特别重要。为防止筒身生锈腐蚀，筒身及进水漏斗内环表面应经常擦拭，同时避免油污污染；长期搁置不用时，进水漏斗口进行密封，以保护进水漏斗内环表面。

（2）雨量计长期工作，灰尘、砂石、树叶、虫尸等杂物堆积在所难免，在条件允许的情况下，1 个月可进行一次清理，3 个月内必须进行一次清理。

（3）翻斗是关键零件，直接影响测量精度。当翻斗内杂物过多时，可用水进行冲洗或用脱脂毛笔刷洗。翻斗轴承应转动灵活，严禁用手或其他物件洗刷内壁或在刚玉轴套中加油或加其他溶液进行润滑清洗。

2.3.4.2 人工比测

（1）比测时选择天气状况良好的时段进行，计算出雨量测值对应流量体积的水，将水缓慢加入进水漏斗内，同时用安全监测自动化系统进行该时段数据同步采集。

（2）比测时选择天气状况良好，蒸发量小的时段进行。比测时采用专用量雨杯盛定量清水，通过进水漏斗缓缓倒入翻斗内，待翻斗即将处于翻转状态时，停止注水，用滴管吸取量筒内清水，一滴一滴加入翻斗内，直到翻斗翻转。依次重复，记录翻斗翻转次数与耗用水量。

（3）待翻斗翻转 10 次后，查看耗水量，若耗水量为 9.7～9.85mm，则可认定雨量计运行正常，若耗水量大于 9.85mm，说明翻斗倾斜角度过大，需提高调节螺丝高度；若耗水量小于 9.7mm，说明翻斗倾斜角度过小，需降低调节螺丝高度。

（4）调整调节螺丝高度后，重新进行比测，直到雨量计翻斗翻转 10 次耗水量为 9.7～9.85mm。一般来说，调节螺丝旋转一圈，可使测量误差改变 3%～4%。

2.3.4.3 故障处理

（1）若出现降雨时未集到雨水，但仍收到定时自报测值的情况，说明雨量传感器无信号输出或信号传输电缆故障，应逐步排查干簧管是否有效工作、磁钢与干簧管距离是否合适、通信线路焊点是否脱落、线体是否中断短接、翻斗是否卡住、过水通道是否堵塞等情况。

（2）降雨时若出现安全监测自动化系统监测到的降雨量与实际降雨量相差较大的情况，说明雨量传感器翻斗翻转基点失调。可对磁钢与干簧管位置进行排查实验，判断翻斗工作是否时好时坏，以致部分信号遗漏；检查雨量计与安全监测自动化系统雨量传感器是否相隔较远，导致数据接收不及时；排查是否有强风导致翻斗自行翻转等情况。

（3）若出现自动化采集不断有雨量数出现，而实际未下雨的情况，首先排查传感器电缆是否进水短路，一般大雨、暴雨后容易导致仪器内部出现渗水情况。

2.4 淤积冲刷监测

2.4.1 监测目的及布设原则

坝前淤积监测是为了了解因淤积引起的泥沙压力大小和范围，一般可在坝前设监测断面。若要监测库区的淤积，则应从坝前至入库口均匀布置若干监测断面，断面方向一般与主河道基本垂直，在河道拐弯处可布置成辐射状。

下游冲刷监测的目的是了解冲刷范围，以便分析对大坝结构安全的影响。在下游冲刷区域设置 3 个监测断面。设计布置时应根据河道水面比降等确定合适的地形测量比例尺、基本等高距和淤积剖面测量比例尺。

2.4.2 监测方法及特点

坝前淤积监测主要采用水下摄影、水下地形测量或水下断面测量进行监测。通常坝前水库淤积测量按照工作量及成图精度可包含平面控制网、高程控制网测量、库区周边地形测量、横剖面测量、水下地形测量等项目综合实施。坝后冲刷主要以水下地形测量为主，比例尺一般为 1：500。

2.4.2.1　水下摄影

水下摄影是指潜水员携带影像采集设备，潜入水中拍摄大坝面板、基础、近坝区水下地形及淤积情况，其优点是可直观地反映水下状况，缺点是水下环境复杂，人员潜入水底进行拍摄，危险性大、效率低、成本较高。

2.4.2.2　水下地形测量

1. 普通水下地形测量

普通水下地形测量是指引用外观变形控制网测量（详见 3.2 节）的坐标及高程，使用小船携带测量棱镜及测深设备，同步在岸坡设置控制点，使用全站仪在控制点对小船上的棱镜进行测量，同时记录水深数据后期计算。该方法以船体运动轨迹控制测量范围及密度，其优点是兼顾测量精度及效率，上游淤积及下游冲刷多采用此方法进行测量。计算公式为

$$H = H_a - H_b - H_c \qquad (2-2)$$

式中　H——水下测点高程，m；

　　　H_a——棱镜头中心线高程，m；

　　　H_b——棱镜高，m；

　　　H_c——测深仪测得水深，m。

2. GPS 水下地形测量

目前 GPS 测量技术已经普及，以中海达 HD370 测深仪配合中海达 GPS 接收机为例，通过架设在控制点测墩上的 GPS 基准站接收机，接收该控制点的经纬度及高程，并与已知控制点坐标及高程进行转换得到固定差，通过基准站内置电台发送，小船上 GPS 流动站电台接收，可实时获取水面某一测点的坐标及高程，经过测深仪对接收机高程、测杆高度及水深进行综合计算，可直接得出水下测点的坐标及高程。同时，还可通过测深仪自带软件，设置位移一定距离自动记录测量，大幅提高测量精度及效率。其特点是测量效率高，精度较低于普通测量。目前该方法已大面积推广。计算公式为

$$H = H_j - H_g - H_s \qquad (2-3)$$

式中　H——水下测点高程，m；

　　　H_j——GPS 接收机中心线高程，m；

　　　H_g——GPS 接收机测杆高度，m；

　　　H_s——测深仪测得水深，m。

2.4.2.3　水下断面测量

水下断面测量是在普通测量方法的基础上，根据水下地形的分布趋势，在距坝体上下游一定距离内选取具有代表性的断面进行测量。以马迹塘电厂断面测量为例，在距离坝体下游侧与左右岸距离相同的位置，使用小船连接一条绳索并固定在两岸，在绳索上每 5m 进行标注，测量时使用绳索牵引小船在标注点位置进行测量，记录该点坐标、高程和测深仪深度，其计算方式与普通测量方法相同。断面测量的优点是测量效率较高；缺点是使用断面进行测量范围有局限性，容易遗漏地形变化较大的特征点。

2.4.3 测量成果处理及成图

2.4.3.1 测量成果整理

（1）使用普通测量方式测量后，需使用 Excel 软件人工录入每个测量点的坐标、棱镜高程、棱镜高、水深数据，通过式（2-2）计算出水下测点高程，形成 DAT 文件。

（2）使用 GPS 测量方式测量后，软件自动计算各测点高程，只需从测深仪内导出软件生成的水下测点坐标及高程文件即可。

2.4.3.2 成图

水下地形测量数据处理可使用 CAD 软件进行数据导入处理。通常情况下多使用南方测绘公司的 CASS 软件进行处理，该软件针对地形测量及成图做了深度专业的定制，可快速对测量数据 DAT 文件进行展点、等高线绘制、分幅处理。

2.5 冰 压 力 监 测

冰压力是冰直接作用于建筑物上的力，包括由于流冰的冲击而产生的动压力、由于大面积冰层受风和水剪力的作用而传递到建筑物上的静压力及整个冰盖层膨胀产生的静压力。该监测项目常见于我国北方地区，因北方冰冻时间长、温度低，在极端环境下坝体表面及上下游水面易形成冰冻，对大坝安全运行产生影响。

在寒冷地区，库面结冰膨胀会对坝体产生向下游的推力，应进行冰压力的监测。冰压力的监测点一般布置在冰面以下 20~50cm 处，每 20~40cm 设置 1 个压力传感器，并在旁边相同深度设置 1 个温度计，进行静冰压力及冰温监测，同时监测的项目还有气温、冰厚等。

消冰前根据变化趋势，在大坝前缘适当位置及时安设预先配置的压力传感器，进行动冰压力监测，同时监测的项目还有冰情、风力、风向。

冰压力监测通常采用压力传感器进行监测，考虑到成本、埋设方法等因素，以压阻式压力传感器最为常见。压阻式压力传感器的核心部件是电阻应变片，常见的有金属材质和半导体材质两种。当基体受力发生应力变化时，通过特殊的黏合剂与基体紧密连接的电阻应变片同步产生形变，应变片的电阻值发生改变，从而使施加在电阻上的电压发生变化，通过测量电压变化量即可计算出冰压力。

参 考 文 献

［1］ 周大鹏. 辽阳灌区量水设施设备及信息化系统建设设计 [J]. 陕西水利，2014（2）：181-182.

［2］ 刘超，董晓华，孙立. 降雨条件下非饱和土壤水分运动数值模拟和实验对比研究 [J]. 中国高新技术企业，2013（22）：18-20.

［3］ 水利水电规划设计总院. 水工设计手册·第 11 卷 [M]. 2 版. 北京：中国水利水电出版社，2013.

第3章 变 形 监 测

变形是大坝在荷载作用下的重要效应量,反映了大坝运行状态及变形性态的重要信息,具有宏观和直观的特点。变形监测是大坝安全监测中的重要项目之一,是利用各种不同类型的监测仪器和不同监测方法对大坝的整体或局部等变形体的变形进行观测,掌握变形体变形量的大小、分布及其变形规律的分布,从而了解大坝的变形形态,监控大坝的安全运行。变形监测工作的意义主要表现在两个方面:首先是对大坝的安全状态进行分析和评价,评估大坝的稳定性,以便及时发现大坝的安全问题并采取相应的补救措施;其次是分析确定正常的变形规律和预报变形的方法并建立有效的变形预告模型,从而有效建立预警系统,验证参数设计,反馈设计及大坝施工质量。

3.1 变 形 监 测 项 目

变形监测项目主要包括水平位移监测、垂直位移与倾斜监测、裂缝与接缝变形监测、收敛变形监测等。每种项目监测均可采用多种监测方法,一般根据现场实际情况选择经济高效、满足精度要求的合理监测方法。由于变形监测的特殊要求,一般不允许监测系统中断监测,且要求监测系统能精确、安全、可靠长期而又实时地采集数据。随着监测技术的发展,GNSS、激光、测量机器人等技术都广泛应用于变形监测,相应的监测方法和监测仪器如下。

3.1.1 水平位移监测

水平位移监测通常有大地测量法和机电量测法。

(1)大地测量法。大地测量法一般有视准线法、极坐标法、交会法、边角网法、导线法、地面摄影测量法、全球导航卫星系统(GNSS)测量法。GNSS测量法为近年来发展的测量新技术,正逐渐被推广并广泛应用。

(2)机电量测法。机电量测法一般分为引张线法、激光准直法、垂线法以及多点位移计、基岩变位计、测斜仪等观测法。

挠度监测一般是通过对建筑物同一轴线上不同位移测点的水平位移通过数学方法计算得来,通常有垂线法、挠度计法、电平器法、钻孔测斜仪法等。

3.1.2 垂直位移与倾斜监测

垂直位移监测是指监测各类建筑物在垂直方向高程的变化量,垂直方向的上升或沉降均称为垂直位移。垂直位移通常采用几何水准观测法、三角高程法、激光准直法、地面摄影测量法、GNSS测量法、静力水准法等。几何水准观测法是利用水准仪人工测量,三角高程法是利用全站仪人工测量或机器人自动测量。静力水准法可测量各位移测点相对于基点的绝对位移，通常安装配套自动化传感器实现自动远程数据采集。

倾斜监测是指建筑物沿铅垂线或水平面的转动变化。倾斜监测分为间接监测、直接监测两类。间接监测通过监测两测点间的相对沉降，采用数学方法计算得来。直接监测法是采用倾斜仪直接测读监测部位的倾斜角。

垂直位移与倾斜的监测仪器设备有静力水准仪、激光准直仪、竖直传高仪、沉降仪、测斜仪（活动式、固定式）、倾角仪、位错计等。土石坝内部垂直位移监测仪器设备主要有电磁式沉降仪、干簧管式沉降仪、水管式沉降仪等各式沉降仪。

3.1.3 裂缝与接缝变形监测

大坝裂缝监测主要包括裂缝的分布、宽度、深度及裂缝的发展趋势。裂缝监测可以分为内部裂缝监测和表面裂缝监测。内部裂缝监测一般采用埋设差阻式、振弦式等类型裂缝计，裂缝深度采用金属丝探测或超声波探伤仪进行测定。

大坝表面或边坡、滑坡体、平硐的表面裂缝宽度，可在裂缝两侧布设金属标点，采用游标卡尺测量金属标点内侧或外侧，测量裂缝宽度的变化。混凝土面板堆石坝面板上的裂缝可采用素描形式，详细记录裂缝位置分布、宽度、走向，通过多次观测对比裂缝发展。

接缝一般为大坝等建筑物施工时为适应不均匀沉降、温度变化及施工要求而预设的结构缝，其变化与坝体温度、水位、气温、水温、结构变形等因素有直接关联。其观测一般采用预埋观测仪器的方式。按其监测方向，监测设备可分为单向测缝计、双向测缝计及三向测缝计。

3.1.4 收敛变形监测

收敛变形监测一般应用于地下洞室、挡墙、基坑等部位。大型隧道、地下式厂房交通洞、边坡探硐等在施工期会进行收敛变形监测。一般采用收敛计、多功能隧道测量系统等方式；条件具备时，可以通过直接用全站仪建立变形点进行观测。

3.2 变形监测要求

3.2.1 变形监测方向规定

大坝及高边坡、滑坡体变形监测方向规定如下：
（1）大坝水平位移。向下游为正，向左岸为正，反之为负。
（2）船闸闸墙水平位移。向闸室中心为正，反之为负。
（3）垂直位移。下沉为正，上升为负。
（4）接缝和裂缝开合度。张开为正，闭合为负。
（5）倾斜。向下游转动为正，向左岸转动为正，反之为负。
（6）高边坡和滑坡体位移。向下游为正，向左为正，反之为负。

3.2.2 变形监测测次

大坝在初蓄期应制定监测工作计划和主要的监控技术指标，在大坝开始蓄水时就做好安全监测工作，并要求取得连续性的初始基准值。

不同类型大坝在不同时期，变形监测测次均有所不同。在设计初期根据坝高、建筑物类型等进行规范要求，一般在施工期、初蓄期监测密度要高，见表3-1。

表3-1 变形监测观测测次表

类型	项 目	观测测次		
		施工期	初蓄期	运行期
混凝土坝	位移	1次/旬~1次/月	1次/旬~1次/月	1次/月
	倾斜	1次/旬~1次/月	1次/旬~1次/月	1次/月
	大坝外部接缝及裂缝变化	1次/旬~1次/月	1次/旬~1次/月	1次/月
	近坝区岸坡稳定	1次/旬~2次/月	1次/月	1次/季
土石坝	表面变形	6次/月~3次/月	10次/月~4次/月	6次/月~2次/年
	内部变形	10次/月~4次/月	30次/月~10次/月	12次/月~4次/年
	裂缝及接缝	10次/月~4次/月	30次/月~10次/月	12次/月~4次/年
	岸坡位移	6次/月~3次/月	10次/月~4次/月	12次/月~4次/年
	混凝土面板变形	6次/月~3次/月	10次/月~4次/月	12次/月~4次/年

注 运行期对于低坝的位移测次可减少为1次/季。

3.2.3 变形监测精度要求

变形监测精度是变形监测系统的基本指标，精度要求过高会导致投入成本增加并使监测工作复杂化，精度要求过低则不能客观反映大坝性态变化的正确信息，影响大坝安全评价。大坝变形监测精度要求，为一般通用监测方法实际最低能达到的监测精度，并适当兼顾不同类型大坝及不同坝高的大坝变形量。

坝体、坝基、滑坡体、近坝区岩石、高边坡变形监测的各项测量中误差不应大于表3-2的规定。特殊情况下的监测精度要求可在设计时根据实际情况规定。

表3-2 变形监测精度要求

项 目				位移量中误差限值
水平位移/mm	重力坝、支墩坝		坝顶	±1.0
			坝基	±0.3
	拱坝	坝顶	径向	±2.0
			切向	±1.0
		坝基	径向	±0.3
			切向	±0.3
	土石坝	表面及内部水平		±3.0
	近坝区岩体和高边坡			±2.0
	岩质滑坡体边坡			±3.0
	土质滑坡体边坡			±5.0

项　　目		位移量中误差限值
倾斜/(°)	大坝坝体	±5.0
	大坝坝基	±1.0
垂直位移/mm	混凝土坝大坝坝体	±1.0
	混凝土坝大坝坝基	±0.3
	土石坝表面及内部垂直位移	±3.0
	滑坡体	±3.0
裂缝和接缝/mm	混凝土坝体表面接缝和裂缝	±0.2
	土石坝坝体表面接缝和裂缝	±1.0
	滑坡体裂缝	±1.0

注　1. 监测精度为大坝变形监测精度要求最低值,监测精度是指偶然误差和系统误差的综合值。
　　2. 坝体位的监测精度是指测点相对于工作基点的测量误差。

3.3　变形监测控制网

变形监测控制网分为国家控制网和工程监测控制网,下面主要介绍工程监测控制网。

大坝各类工程变形监测或应按两级控制布设,控制网和拓展网。由控制点组成的首级网称为控制网,由控制网和待监测位移测点组成的次级网称为拓展网。用于大坝变形监测的控制网称为变形监测控制网,分为水平位移监测控制网和垂直位移监测控制网两种类型。

3.3.1　水平位移监测控制网

3.3.1.1　概述

水平位移监测控制网是工程监测控制网的一种,是为工程建筑物的施工放样或变形观测等专门用途而建立的专用控制网。水平位移监测控制网采用三角网测量、三边测量、导线测量等方法建立。三角网测量、三边测量等级分为一等～四等和一级、二级小三角;导线测量分为三等、四等和一级～三级。

一般水平位移监测控制网由基准点、工作基点、过渡点组成。其网形的分布取决于大坝分布、布设区域的地面特征、测量条件。

3.3.1.2　结构型式

水平位移监测控制网的网点主要由观测墩、强制对中盘组成。观测墩建于基础较为坚硬的土层或经压实的堆石体或岩石上,墩身高度不低1.2m,基础及墩身均配以钢筋,采用强度不低于C20混凝土立模浇筑,同时预埋不锈钢水准标芯。为便于观测时寻找观测目标,观测墩外层刷白色涂料,表面进行测点标识。观测墩基础建立在岩层上时,底部开挖宽度40～60cm和图3-1(a)所示。观测墩基础建立在土层上时,开挖宽度的100～150cm,并采用混凝土回填,如图3-1(b)所示。

强制对中盘用于安装经纬仪、全站仪、测距仪、棱镜、GNSS接收机等监测设备。测

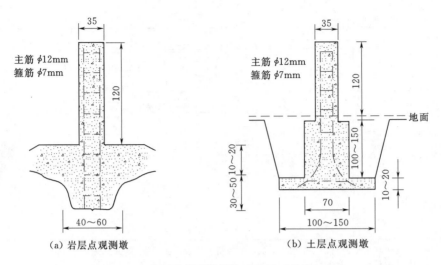

（a）岩层点观测墩　　　　　　　（b）土层点观测墩

图 3-1　混凝土观测墩结构示意图（单位：cm）

量时取下基座保护盖，将照准棱镜或观测仪器置于底板上，通过对中螺杆与强制对中底盘相连。强制对中盘对中精度要求小于 0.2mm，采用全不锈钢材质。在混凝土浇筑时采用预浇的方式，并与混凝土观测墩内的插筋牢固绑扎，固定后采用竖直与水平微调进行整平。

3.3.1.3　水平位移监测控制网的测量

大坝水平位移监测控制网建立后，一般根据大坝工程级别和设计要求，按一等、二等等级采用三角网测量方法施测。平面控制网建立后，需要取得首次平面坐标。根据等级的不同，需要选择不同的测量仪器及测量方法。下面分别对水平角观测、距离观测进行介绍。

1. 水平角观测

（1）观测方法。水平角观测现在通常采用方向观测法或全组合法，方法的选定取决于控制网的精度及所使用的仪器。

1）方向观测法。方向观测法是以两个以上的方向为一组，从初始方向开始，依次进行水平方向观测，正镜半测回和倒镜半测回，照准各方向目标并读数的方法。观测时当有3个以上方向时，在上、下各半测回中依次对各方向进行观测，以求得各方向值，上、下两个半测回合为一测回，这种方法称为全圆测回法。按精度需要测若干测回，可得各方向观测值的平均值，采用相应方向值相减即可得到相应角度值。

2）全组合法。全组合法，每次取两个方向组成单角，将所有可能组成的单角分别采取测回法进行观测。各测站的测回数与方向数的乘积应近似等于一常数。由于每次只观测两个方向间的单角，可以克服各目标成像不能同时清晰稳定的困难，缩短一测回的观测时间，减少气象、气温、大气折光等外界条件的影响，易于获得高精度的测角成果。适用于高精度三角测量。

（2）规范要求。根据《混凝土坝安全监测技术规范》（DL/T 5178—2016）规定，水平位移控制网的水平角测量应采用精度不低于 J1 级别的全站仪或经纬仪，水平方向观测限差按 3-3 规定执行。以某水电厂大坝监测平面控制网为例，其平面控制网为二等边角网，测量仪器为测角精度 0.5″TCA2003 全站仪，采用方向观测法，则需要观测 12 测回数；各测回内、测回间限差见表 3-3。

表 3-3   水 平 角 观 测 限 差

项　目	限差	项　目	限差
二次照准目标读数的差	4″	三角形最大闭合差	2.5″
半测回归零差	5″	按菲列罗公式计算的测角中误差	0.7″
一测回内 2C 互差	9″	极条件自由项	$1.4\sqrt{\theta\theta}$
同一角度各测回角值互差	5″		

（3）基本操作要求。

1）仪器安置。观测一等三角点时，仪器应安置在仪器台上，二等～四等三角点在寻常标下，仪器在脚架上观测时，根据土质状况，采取打脚桩或其他措施，保证仪器有稳定的观测环境。

2）仪器及操作要求。

a. 水平角观测时应先调好望远镜焦距，并在同一测回中保持不变；照准目标尽量不要使用垂直制动和微动螺旋；使用水平微动螺旋或目镜测微器照准目标和测微螺旋对准分划线时，其最后旋转均应使用旋进方向。

b. 在观测过程中，如发现二倍视准轴差 2(C) 的绝对值超过限定值，应校正后再继续观测，本测回作废，以 DJ07、DJ1 型仪器为例，其 2(C) 绝对值应小于 20″。

c. 观测过程中应使仪器保持水平，照准部上水准器气泡偏离中心超过限值时，应及时进行整平，DJ07 型全站仪照准部上水准器气泡偏离最大不超过 1.5 格，DJ1 型最大不超过 1 格。采用电子水准精平时，偏离值不应大于 10″。

3）照准目标要求。一等三角观测照准发光标志（即回光）；二等～四等三角观测照准圆筒、标心柱或其他稳固的照准标志。

4）观测时间的选择和时间段数的要求。

a. 各等级水平角观测均应在成像清晰、通视良好且能精确照准时进行。观测一等三角点至少应有 3 个时间段（上午、下午、夜间各为 1 个时间段），每个时间段观测的基本测回数不应超过全部基本测回数的 2/5。在 1 个时间段内观测任一单角的测回数不能超过其总测回数的 1/2，且不宜连续观测同一单角（重测时例外）。对日、夜测比例一般不作要求，当视线上有较明显的旁折光影响时，要求日夜测比例在 30％～70％范围内变通，并注意选择有利的观测时间段。

b. 观测二等三角点一般不少于 2 个时间段，每个时间段观测的基本测回数不宜超过总基本测回数的 2/3，个别特殊情况下也可在一时间段测完。

5）零方向选择及方向编号。观测前应将点上方向编号，可任选目标清晰的方向作为第 1 方向（即零方向），然后按顺时针方向，依次编为 2，3，…，n。

（4）水平角及水平方向观测举例。现以方向观测法为例进行相关介绍。

1）方向观测法一测回操作程序。现阶段各测量仪器均为电子度盘，不存在仪器度盘误差，测量时将仪器照准零方向（即第一方向），为便于计算设置初始角度约 $10''$，精确照准后读两次数。

顺时针方向旋转照准部，精确照准 2 方向，按 3.1.2 节方法读数。继续顺时针方向旋转照准部依次观测 3，4，…，n 方向，最后闭合至零方向。

旋转望远镜将仪器置于盘右方向，逆时针方向旋转照准部 1～2 周后，精确照准零方向，按 3.1.2 节方法读数。

逆时针方向旋转照准部，按上半测回观测的相反次序，即 n，…，4，3，2，观测至零方向。以上操作为一测回，当方向数小于 4 时，可不闭合至零方向。

2）方向观测的分组观测。采用方向观测法，方向数多于 6 且因天气影响观测有困难时，可考虑分两组观测，每组力同数大致相等，应有 2 个共同方向。两组观测结果分别取中数后，共同方向之间的角值互差不得大于 $±2m$ [m 为本等级测角中误差，单位为（$''$）]。两组观测值按等权分组观测进行平差计算。

3）方向观测的补测。当方向数多于 3 时，方向观测一测回中可以暂时放弃不宜观测的方向，放弃的方向数不得超过应测方向数的 1/3，补测放弃的方向可只联测零方向。

4）关于联测的规定。已经观测过的点上第 2 次设站观测，应联测 2 个已知方向；在高等点上设站联测低等方向时，一般应联测两个高等方向；同一人在一点上观测不同等级方向时可只联测一个已观测过的高等方向。

联测两个方向时，其夹角化至同一中心的新、旧角值之差的限值为 $±2\sqrt{m_1^2+m_2^2}$（m_1、m_2 从为相应新、旧成果等级规定的测角中误差）。

5）水平角观测的限差。全组合法、方向观测法测量限差根据测量等级、测量仪器不同均有不同的要求，全组合法测角法观测限差、方向观测法观测限差、三角测量闭合差测角中误差限差分别见表 3-4～表 3-7。

表 3-4　　　　　　　　　　　全组合测角法观测限差要求（1）

经纬仪类型	二次照准部目标读数互差	上、下半测回角值互差	同一角度各测回角值互差
DJ05	$1.5''$	$2.5''$	$3''$
DJ07	$3''$	$5''$	$4''$
DJ1	$4''$	$6''$	$5''$

表 3-5　　　　　　　　　　　全组合测角法观测限差要求（2）

项　　目	一等		二等	
	DJ07	DJ1	DJ07	DJ1
主望远镜、偏扭观察镜目镜测微器三次读数互差	3 格		3 格	
光学测微器两次重合读数差	$1''$	$1''$	$1''$	$1''$
上、下半测回角值的差	$5''$	$6''$	$5''$	$6''$
同一角度各测回互差	$4''$	$5''$	$4''$	$5''$

项　目		一等		二等	
		DJ07	DJ1	DJ07	DJ1
直接、间接角互差	3～4 个方向	2.5″		3″	
	5～6 个方向	3″		4″	
	7 个和 7 个以上方向	4″		5″	
三角形最大闭合差		2.5″		3.5″	

表 3-6　　　　　　　　　　方向观测法观测限差要求

经纬仪类型	光学测微器两次重合读数差	电子经纬仪两次照准读数差	半测回归零差	一测回内 2C 互差	同一方向值各测回互差
DJ05		0.5″	4″	8″	4″
DJ07	1″	1″	5″	9″	5″
DJ1	1″	1″	6″	9″	6″
DJ2	3″	3″	8″	13″	9″

表 3-7　　　　　　　　　　三角测量闭合差测角中误差限差

等级	一等	二等	三等	四等
测角中误差	±0.7″	±1.0″	±1.8″	±2.5″

其测角中误差按菲列罗公式进行计算，即

$$m = \pm \sqrt{\left[\frac{ww}{3n}\right]} \qquad (3-1)$$

式中　w——三角形闭合差；

　　　n——三角形个数。

6）超限观测值的重测。超出表 3-4 和表 3-5 规定限差的完整测回都要重测。

水平角观测的重测数按应重测的基本测回数计算。重测数超过基本测回数的 1/3 时，应全点重新观测。

方向观测法的重测数按应重测的方向测回数计算。一份成果的方向测回总数为 $(n-1)m$，n 是方向数，m 是测回数。当重测方向数超过方向测回总数的 1/3 时，本点应重新观测。

测回互差超限，除明显的孤值外，一般都应对称重测该组观测值中的最大值和最小值。

方向观测法一测回中，重测方向数超过 1/3 及观测方向有一个方向要重测时，应重测整测回。此时只按超限方向测回计算重测数。因零方向超限而全测回重测，算作 $(n-1)$ 重测方向测回，方向观测重测只需联测零方向。

观测的基本测回和重测测回结果均应载入记录手簿，每一测回（即每一度盘位置）只采用一个符合限差的结果。

全组合测角法，直接、间接角之间超限时可重测单角。

7）编制观测度盘表。使用光学经纬仪观测时应使水平角观测的各测回均匀地分配在度盘和测微器的不同位置上，其目的是消除仪器本身的刻度分划误差。观测前应先编出基本度盘位置表，然后计算观测度盘位置表，确定点上观测的每一角度或方向组各测回的起始方向读数。基本度盘位置是相对于三角点上确定的第 1 方向（零方向）的度盘位置。它分别由度盘上的度刻划、分刻划和秒盘刻划三部分组成。当观测的角度或方向值其起始方向不是第 1 方向，而是第 n 方向时，应将该基本度盘位置加上角度（1，n）的概略值（取到度）得到观测度盘位置。起始方向是第 1 方向的角度或方向组，其基本度盘位置就是观测度盘位置。因为现在所使用的仪器均为电子度盘，不存在仪器本身刻度分划误差，故只需要对编制观测度盘适当了解即可。

8）测量成果的记录、整理与验算。

a. 记录方式。按记录载体分为电子记录和手簿记录两种方式。三角测量优先采用电子记录，其测量限差可在全自动全站仪内进行设置，超过设定限差后自动重测；经纬仪或全站仪进行角度人工测量时，则采用手簿记录并及时进行计算，超过限差后及时进行补测。

b. 记录项目。每一个三角点应记载测站名称、等级及觇标类型。水平角观测照准点栏，三角测量观测时每测回只记录方向号，照准目标；方向观测时每点第 1 测回应记录所观测的方向号、点名和照准目标其余测回方向号。

每一观测时段须记录观测日期、时间（北京时间）、天气、成像、风向风力。每方向须记录方向观测值。

9）记录手簿要求。一切外业观测值和记事项目，必须在现场直接记录。手簿一律用铅笔或钢笔填写，记录的文字与数字力求清晰、整洁，不得潦草模糊。手簿中任何原始记录不得涂擦，对原始记录有错误的数字与文字，应仔细核对后以单线划去，在其上方填写更正的数字与文字，并在备考栏内注明原因。对作废的记录，亦用单线划去，并注明原因及重测结果记于何处。重测记录应加注"重测"二字。

各级三角测量记录与计算的小数取位要求见表 3 - 8。

表 3 - 8 　　　　　　　　　　各级三角测量记录与计算的小数取位表

项目及等级		读数	一测回中数	记簿计算
水平角	一等、二等	0.1″	0.01″	0.01″
	三等、四等	1″	1.1″	0.1″
垂直角		1″	1″	

2. 距离观测

（1）气象元素观测技术要求。

1）干湿温度计检定。干湿温度计每 3 年送专业仪器检验部门进行检验，检定合格的仪表必须由检验单位签署检验合格证书，检定不合格的禁止使用。

2）温度观测技术要求。环境温度在 −10～+45℃ 的范围内，可测 10%～100% 的相对湿度。干湿温度计的最小分度值为 0.2℃。

干湿温度计要求安装在表架中并连接牢固，金属外护管和外壳的表面应无锈蚀和斑痕，球部应位于内护管的中央，内护管、外护管之间要求有隔热垫圈且同心。干湿温度计通风器的风扇和发条盒转动时要求平稳，转动过程中不得有摩擦、撞击等异样声响。通风器启动后，在第 4min 末，干湿温度计球部周围的通风速度不得小于 2.5m/s，第 6min 末，不得小于 2.2m/s。每分钟末通风速度的改变不应大于 0.2m/s。

3）空盒气压表技术要求。空盒气压表检定周期为 1 年，其工作范围为 500～1060hPa。温度系数的变化，每度不得超过±0.26hPa，修正值最大差值的绝对值不宜超过 4hPa。空盒气压表的空盒组传动系统和指示部分应无松脱和摩擦现象，在空盒气压表倾斜 45°状态下轻击表身，指针位置的改变宜不宜超出±0.5hPa。

4）空盒气压表检定。空盒气压表被剧烈震动或在使用过程中对测值有所怀疑时应送专业检定单位检定。空盒气压表的读数与标准仪表气压相比较其修正差值超出±2.6hPa以上情况，也需要送相关单位检定。

5）干湿温度计及空盒气压表的使用。

a. 检验过的干湿温度计在使用前应选取 3 套及以上进行比较，每支温度计按规定间隔5～10min 读取两组读数，任两支温度计的测值经修正后，两组读数的中数互差不得超过±0.4℃。

b. 检验过的空盒气压表使用前应选取 5 套及以上放在同一高度位置上进行比较，每个气压表读取三组读数，同一气压表组与组之间读数差的绝对值宜小于 1.3hPa，超过该值时则应重新读数。各气压表三组读数加上各项修正值后的中数互差绝对值不得大于 2.6hPa。

（2）距离的测量。电磁波测距仪是应用电磁波运载测距信号测量两点间距离的仪器。测程在 3～15km 称为中程测距仪，测程在 3km 之内称为短程测距仪，其具有小型、轻便、精度高等特点。20 世纪 60 年代以来，测距仪发展迅速。电磁波测距仪已广泛用于控制测量、地形测量和施工放样测量等项目中，大大提高了外业工作效率和量距精度。

1）距离测边选择的要求。进行距离测量时应选用合适精度的测距仪，测线长度不应超出测距仪的最大有效测程，否则会降低测量精度。测线应远离障碍物，一等边要求大于 6m，二等边要求大于 2m，以减少旁折光影响。测线与 35kV 以上的高压输电线平行时，测线应远离高压输电线 2m 以外。

2）观测时间选择要求。光电测距精度与空气中的能见度、大气稳定度、地形条件、气象因素等有关，其时间的选择非常关键，一般最佳观测时间段为日出后 1～2.5h、日落前 2～2.5h，一般连续观测时间上午不超过 2h，下午不超过 3h。在气温突变及恶劣天气时，应停止观测；阴天则可进行全天观测。

3）距离测量相关技术要求。接通电源前，所有开关均应置于关的位置。测距前应将仪器外置使其与外界温度相适应。仪器接通电源后，至少预热 20min，充分适应外界温度后方可开始观测。测距仪在使用中应采用遮阳伞避免阳光直接照射，在测距过程中应停止使用对讲机以免产生干扰。距离测量相关技术要求见表 3-9。

表 3 – 9 距离测量相关技术要求 单位：mm

项 目	限差	项 目	限差
一测回中各次读数差	1	各项改正后各时段观测边长较差	$\sqrt{2}(A+BD)$
一时段内测回差	2		

注 1. 测回差为斜距经气象修正后的距离。

2. 边长较差应将斜距换算到同一高程平面后方可进行比较。

3. $(A+BD)$ 为仪器标称精度，其中 A 为固定误差；B 为比例误差；D 为斜边长，km。

4）气象元素的安置。仪器安置完毕立即打开空盒气压表，空盒气压表应安置在平稳固定的通风处，干湿温度计表应挂在离地 1.5m 以上的背阴通风处，并给湿温表上的纱布加水通风。

5）气象元素的测定方法。在距离测量前 1min 内读取干温、湿温、气压和空盒气压表上附属温度表的值，各项读数要求见表 3 – 10。每测回观测完成后的 1min 以内再测定干温值。给湿温表加水时必须保持纱布与金属套筒不接触，加水通风后 2～3min 方可读数。读数时人要面对风向，禁止用手触摸球部或护套管。湿温表上的纱布要经常更换，保持清洁，加水时禁止使用含有矿物质的水。若有五级以上风速的情况下进行测温，需要在受风面加防风罩。

表 3 – 10 距离观测读数要求

项 目	读数取位	计算取位	项 目	读数取位	计算取位
干温 $t/℃$	0.1	0.1	垂直角/(")	0.1	0.01
湿温 $t'/℃$	0.1	0.1	各项修正值/m		0.0001
气压 P/hPa	0.1	0.1	偏心距测量/m	0.001	0.001
距离读数/mm	0.1	0.01	偏心角测量/(')	15	15
仪器高/mm	0.1		最后距离值/m		0.0001

6）距离记录的相关规定。原始观测值和文字采用人工记载时，要求采用铅笔或钢笔记录，并要求记录真实、美观、清晰并统一规格。手簿中禁止直接涂擦，需要更正的数字、文字应整齐划去，在其上方填写正确的数字或文字。对测量超限成果，应注明原因和重测结果的所在页数，观测成果的记录和计算须经过 200% 的检查后方可转站。采用自动存储数据时，应先对仪器进行相关设置，各项读数、计算的取位按表 3 – 10 要求进行执行。

7）观测成果超限处理。观测成果超出限差规定时，需要进行重测。在作业现场发现读记错误或超限时，应立即重测。若同一时间段中有 1/3 的测回超限，应重测该时间段所有各测回的观测成果。因读错、记错、中途发现仪器未调整好、气象突变等原因而重测的不完整测回不计入重测测回数。

3.3.2 垂直位移监测控制网

3.3.2.1 概述

垂直位移监测控制网是大地控制网的一部分。垂直位移监测控制网用水准测量方法建立，一般采用从整体到局部，逐级建立控制的原则，按次序与精度分为一等～四等水准测量。水准测量的施测路线称为水准路线，各等水准路线上每隔一定距离埋设水准标石，该点称为水准点，即垂直位移控制点。其主要作用有：①为工程施工放样、设备安装、调校和竣工测量提供高程控制点的精确数据；②为工程地基、建（构）筑物的变形监测提供研究垂直变形的基础资料；③为同一工程中不同建（构）筑物或同一建（构）筑物的不同群体分期、分层建设，提供统一的高程控制基础。

垂直位移监测控制网由基准点、工作基点、水准路线、过渡点组成，基准点、工作基点、过渡点可统称为水准点。

3.3.2.2 结构型式

基准点一般布设在远离变形监测区域、基础相对稳定部位，大坝变形监测垂直控制网基准点一般布设于大坝下游区域，一般由 3 个点呈等边布设于基本相同高程上，称为基准组。工作基点布设于待变形监测相对稳定部位，如大坝左右岸平硐内。变形水准点布设于待监测部位，与待监测部位紧密相连。水准监测点埋设的监测装置称为水准标石，按其主要作用可分为基岩水准标石、基本水准标石和普通水准标石三类，每种类型可分为多种型式，见表 3-11。大坝变形监测中最常见的是混凝土水准标石。

表 3-11　　　　　　　　　　　　水 准 标 石 类 型

水准标石的类型	各类型细分	水准标石的类型	各类型细分
基岩水准标石	（1）深层基岩水准标石。 （2）浅层基岩水准标石	普通水准标石	（1）混凝土普通水准标石。 （2）钢管普通水准标石。 （3）岩层普通水准标石。 （4）混凝土柱普通水准标石。 （5）爆破型混凝土柱普通水准标石。 （6）墙脚水准标石
基本水准标石	（1）混凝土基本水准标石。 （2）钢管基本水准标石。 （3）岩层基本水准标石		

1. 埋石类型的选定

埋设标石的类型除基岩水准标石须按地质条件专门设计外，其他标石应根据冻土深度及土质状况决定。

（1）在土壤不冻或冻土深度小于 0.8m 的地区，需埋设混凝土标石（包括基本水准标石或普通水准标石）；在冻土深度大于 0.8m 的地区，普通水准标石应选用混凝土水准标石或钢管水准标石。

（2）在有坚硬岩层露头或在地面下不深于 1.5m 的地点，可埋设岩层水准标石（包括基本水准标石或普通水准标石）。

（3）凡有坚固建筑物（房屋、纪念碑、塔、桥基等）和坚固石崖处，可埋设墙脚水准标志。

2. 水准标石的安置

水准标石顶面的中央应嵌入一个圆球部为铜或不锈钢的金属水准标志。标志须安放正直，镶接牢固，其顶部应高出标石面 1～2cm。

（1）造埋标石的要求。

1）基岩水准标石的造埋。

a. 深层基岩（埋设岩层距地面深度超过 3m）水准标石，应根据地质条件，设计成单层或多层保护管式的标石。须由专业单位设计和建造。

b. 浅层基岩（埋设岩层距地面深度不超过 3m）水准标石，应先将岩层外部的覆盖物和风化层彻底清除，然后在岩层上开凿一个深 1m 的坑，并在其中绑扎钢筋后浇灌混凝土柱石。柱石的高度与断面的大小，视基岩距地面深度而定，以能确保标体的稳固与便于观测为准。在柱石体北侧下方距上标志 0.7m 处安置墙脚水准标志。柱石高度不足 0.7m 时，可在北侧下方的基岩上安置普通水准标志。

2）混凝土水准标石的造埋。混凝土基本水准标石须在现场浇灌。混凝土普通水准标石可先行预制柱体，然后运至各点埋设。在有条件的地区，基本标石与普通标石均可用整块的花岗岩等坚硬石料凿制成不小于规定尺寸的柱石代替混凝土柱石，并在其顶部中央位置凿一个光滑的半球体代替水准标志。柱石埋设时，其底盘必须在现场浇灌。

3）岩层水准标石的造埋。在出露岩层上埋设基本标石或普通标石时，必须首先清除表层风化物，开凿深 0.5m、口径 0.7m 的坑后，再开凿安置水准标志洞孔，嵌入标志。禁止在高出地面的孤立岩石上埋设水准点。当岩层深度大于 1m 时，可在岩层上凿出略大于柱石底面的平面，在其上方浇灌基本标石或普通标石的柱石。岩层水准标石的标志必须埋入地面下 0.5m。

4）深冻土区和永久冻土区标石的造埋。

a. 深冻土区埋设的普通水准标石，可采用微量爆破技术将坑底扩成球形或其他比较规则的形状，现场浇灌标石。

b. 永久冻土区埋设的标石，基座必须埋在最大融解线以下。采用机械或人工钻孔，现场浇灌标石。

5）水准标石占地与托管。水准点位选定后，埋石所占用的土地应得到土地使用者和管理者的同意，并依土地管理法办理征地手续。在埋石过程中应当向当地群众和干部宣传保护测量标志的重大意义和注意事项，埋石结束后，应向当地政府机关办理委托保管手续。

6）标石的稳定时限。水准标石埋设后，一般地区至少需经过一个雨季，冻土地区至少还需经过一个冻解期，岩层上埋设的标石至少需经过一个月，方可进行观测。

（2）埋石结束后应上交的资料。埋石后应提交和完善水准点之记及路线图，埋石工作技术总结，简明扼要说明埋石工作情况、埋石中的特殊问题及注意事项等。

3.3.2.3 垂直位移监测控制网的测量

1. 水准测量的定义

水准测量是利用一条水平视线，并借助水准尺来测定地面两点间的高差，从而由已知点的高程推算出未知点的高程。水准测量使用的仪器为水准仪，并配合水准尺及尺垫等测量工具。

设后视 A 尺读数为 a，前视 B 尺读数为 b，A、B 两点高差计算式为

$$h_{AB} = a - b \qquad (3-2)$$

高差法采用 $H_B = H_A + h_{AB}$ 计算，视线高法则采用 $H_B = (H_A + a) - b$ 计算。

2. 测量规范要求

（1）视距。垂直位移控制网作业前，必须将仪器进行全面检查、检验和校正，其中水准轴平行视准轴的检验与校正是主要条件，这样才能保证提供一条水平的视线。仪器放在距前、后视距离相等处的目的在于消除地球曲率、大气折光的影响和视准轴不平行于水准管轴残余误差的影响，水准观测测站视线限差见表 3 - 12。水准测量每公里中误差限差值详见表 3 - 13，水准观测闭合差限值见表 3 - 14。

表 3 - 12　　　　　　　　　　　　水准观测测站视线限差表　　　　　　　　　单位：m

测量等级	仪器类型	视线长度	前、后视距差		任一测站上前、后视距差累积		视线高度	
			光学	数字	光学	数字	光学（下丝读数）	数字
一等	DSZ05，DS05	≤30	≤0.5	≤1.0	≤1.5	≤3.0	≥0.5	≥0.65
二等	DS1，DS05	≤50	≤1.0	≤1.5	≤3.0	≤6.0	≥0.3	≥0.55

（2）中误差限差。每公里水准测量的偶然中误差 M_Δ 和每公里水准的全中误差 M_W 一般不得超过表 3 - 13 规定的数值。

表 3 - 13　　　　　　　　　　　水准测量每公里中误差限差值　　　　　　　　单位：mm

测量等级	一等	二等
M_Δ	0.45	1.0
M_W	1.0	2.0

表 3 - 14　　　　　　　　　　　　水准观测闭合差限值　　　　　　　　　　单位：mm

测量等级	测段、区段、路线往返测高差不符值	附合路线闭合差	环闭合差	检测已测测段高差之差
一等	$1.8\sqrt{K}$		$2\sqrt{F}$	$3\sqrt{R}$
二等	$4\sqrt{K}$	$4\sqrt{L}$	$4\sqrt{F}$	$6\sqrt{R}$

注　K 为测段或区段测线长度，km；L 为附合路线长度，km；F 为环线长度，km；R 为检测测段长度，km。

3. 水准测量作业

（1）网点及水准路线勘察。垂直位移控制网施测前，应全面开展网点的勘察工作，根据点之记，至现场检查水准点标石、观测标志、保护措施是否完好，出现损坏时应进行修复。检查观测路线是为了保证观测路线畅通。

为提高观测工作效率和精度，在水准路线上布设简易水准标志，并在路线上分别对仪器加设点、水准点用红色油漆作醒目标志，仪器架设站标识为 T，测尺摆放标识为 ▽，测站至测尺间的视距按表 3 - 12 控制。

（2）观测时间段及气象要求。水准观测应选在气象稳定时段进行。日出前与日落后 30min 内以及太阳中天前后各约 2h（可根据地区、季节和气象情况适当增减，最短间歇不少于 2h）不应进行观测。风力过大、气温突变以及标尺分划线的影像跳动剧烈时亦不应进行观测。

（3）仪器使用前的准备工作。

1）将三脚架呈 60°等边三角形架设，架设高度根据观测者身高进行调整。

2）从仪器箱中小心地取出仪器，注意应在仪器的底座和主体上抓手。

3）将底座连接插销插入底座旋紧插销，连接好仪器和脚架（注意脚架必须安置稳固，3 只脚必须踩入地下），再次检查仪器是否安置可靠，然后再进行测量。

（4）测量操作。

1）仪器整平。根据水准器状态，采用移动脚架方式使水准气泡位于水准器周边，采用 3 个脚螺旋整平仪器，旋转仪器照准部 180°再检查水准器气泡是否依然居中，不居中需再次调整达到居中位置。整平过程中，水准气泡运动与左手拇指运动方向相同。

2）瞄准。左右旋转仪器主体，并从仪器前部上方的反光镜中找物像，当物像在两个平面镜中的图像重复时，即确定粗略找到目标。

3）制动照准部。旋转望远镜目镜旋钮，调整出清晰的十字丝。旋转调焦旋钮，直到出现清晰的标尺图像出现在十字丝平面上。当眼睛靠近目镜上、下微微晃动时，观察十丝横丝和标尺上的读数是否也随之变动，如变动则要再仔细地反复交替调节目镜和调焦螺旋，直到成像稳定读数不变为止。

4）测量读数（电子水准仪直接保存在内业卡中）。目标点找到后，旋转两个微调旋钮（即水平旋钮和竖直旋钮），让十字丝压在标尺刻划线合适位置。再检查水准气泡是否居中，若气泡不居中，则重新调整气泡使之居中，再微调十字丝，继续读数。读数时，标尺可精确读到 0.01m，测微器标尺可准确到 0.1mm，估读 0.01mm 及以下的数。

3.4 表面变形监测

大坝表面变形监测主要监测水平位移和垂直位移。水平位移监测主要采用交会法、视准线法、垂线法、引张线法、激光准直法等方法，垂直位移监测主要采用三角高程法、几何水准法、静力水准法等方法。交会法、视准线法、三角高程法、几何水准法一般为人工测量方式，垂线法、引张线法、激光准直法、静力水准法一般采用自动化测量方式，同时辅以人工比测以保证自动化测量准确性。

3.4.1 交会法

3.4.1.1 概述

交会法是利用 2 个或 3 个已知坐标的工作基点，用全站仪或经纬仪测定位移测点的平面位置坐标，通过计算位移测点坐标的变化得到位移测点的位移值。

3.4.1.2 监测设施

交会法测量主要由测量基点、位移测点、测量仪器、测量工具等组成。

1. 测量基点

高精度大坝变形监测中，采用交会法的观测墩为平面控制网点，定期进行复核。其测点浇筑如图 3-1 所示。

2. 位移测点

位移测点要求与待监测部位紧密连接，埋设强制对中标，便于安装观测棱镜。对于观测精度不高的临时观测点，也可采用地面标，测量时架设三脚架，采用对中方式，三脚架上摆放观测棱镜。

3. 测量仪器

根据交会法测量方法的不同，可以选用不同仪器类型。角度交会可以采用经纬仪；涉及测量距离的测边交会、边角交会，则采用全站仪或经纬仪与测距仪的组合。随着监测技术的飞速发展，既能测距、又能测角的全站仪得到广泛应用，其具备高精度的同时，还可实现自动测量功能。全站仪是由电子测距仪、电子测角、电子计算和电子存储系统组成的三维坐标测量系统，其主要部件为基座部（三角基座、脚螺旋）、照准部（物镜、目镜、望远镜调焦旋钮）、水平及垂直微制动螺旋、电池仓、输入键盘及显示屏，其结构如图3-2所示。

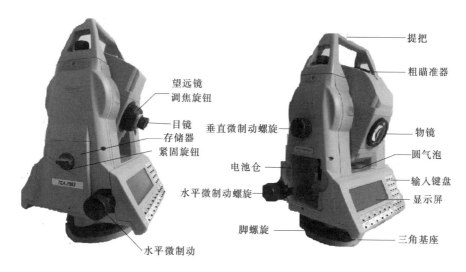

图3-2 全站仪结构示意图

4. 测量工具

交会法测量中配套测量工具主要有观测棱镜、觇杆、钢卷尺，以及测量气象元素时采用的通风干湿温度表、气压计等。

3.4.1.3 工作原理

交会法按交会方向可以分为前方交会、后方交会、测边交会，按交会法测量方法可以分为测边交会、边角交会、测角交会。大坝变形监测中，一般采用距离前方交会、测边前方交会，而后方交会、测边交会在各类工程放样中应用较为广泛。测边交会、测角交会原理示意如图3-3所示。图3-3中$A(X_a, Y_a)$、$B(X_b, Y_b)$分别为已知点坐标，$P(X_p, Y_p)$为待测变形点，图3-3（a）中S_a、S_b分别为已知点A、B至待测点P的距离；图3-3（b）中a为AP与AB水平角，b为AB与BP水平角。

采用测角交会时，在交会点上所成的夹角不宜大于120°或小于60°，工作基点至测点中距离宜小于200m。当采用3个基点进行交会时，上述条件可放宽。因为只测量角度，故可采用经纬仪测量，位移测点上设置棱镜或觇牌（如塔式照准杆）。

测边交会时，交会点上所成的夹角最理想为90°，但不宜小于45°或大于135°。工作

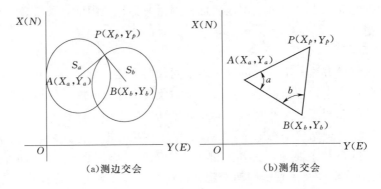

(a)测边交会   (b)测角交会

图3-3　交会法原理示意图

基点至测点距离不宜大于400m；在观测高边坡及滑坡体时，不宜大于600m，测点上安装反光棱镜为宜。

边角交会观测精度高于测边交会、测角交会，因边角同测，对交会点上的夹角要求相对较低，但考虑到气象元素及仪器测量因素，测量距离宜小于1000m。

交会法测点观测墩结构同平面控制网观测墩。

3.4.1.4　交会法测量

1. 测点布设要求

（1）交汇法测量用的变形点、基点均应安装强制对中底盘，减少对仪器及棱镜的对中误差。交会法测点上设置固定觇牌时，固定觇牌面应与交会角的分角线垂直，觇牌上的图案轴线应调整铅直，不铅直度不得大于4′，塔式照准杆也应满足同样的铅直要求。

（2）交汇法测量工作基点宜在下游两岸相对稳定的部位各设1个工作基点。高坝宜在下游两岸相对稳定的不同高程部位各设1个工作基点。

（3）测角交汇时，在交会点上所张的角不宜小于60°或大于120°。观测高边坡或滑坡体时，测点至工作基点的距离不宜大于300m；观测曲线坝体时，不宜大于200m。当采用3个方向交会时，上述条件可以适当放宽。为了保证测点的精度，避免测角错误发生，一般要求从3个工作基点实施水平角观测。

（4）测边交会时，交会点上所张的角不宜小于45°或大于135°。观测高边坡或滑坡体时，测点至工作基点的距离不宜大于600m；观测曲线坝体时，不宜于400m。

（5）边角交会观测精度高于测边交会、测角交会，因边角同测，对交会点上的夹角要求相对较低，但考虑到气象元素及仪器测量因素，测量距离宜小于1000m。观测高边坡或滑坡体时，测点至工作基点的距离不宜大于600m；观测曲线坝体时，不宜于400m。

2. 作业要求

（1）交会法宜采用边角交会法，位移量中误差应满足表3-2中的规定。

（2）选用测角交会、边角交会时，水平角观测仪器应采用J1级及以上精度经纬仪或相应等级全站仪。水平角观测时各测回均采用同一度盘位置，光学经纬仪测微器位置宜适当改变。观测方向的垂直角超过±3°时，该方向的观测值应加入垂直倾斜改正。

（3）水平角及边长观测的测回数应根据各大坝工程情况进行精度评估，或按大坝安全监测设计要求执行，以保证各位移测点在规定方向上的位移量中误差满足《混凝土坝安全监测技术规范》（DL/T 5178—2016）相关要求，一般宜观测 4 测回以上。

（4）测边交会、边角交会应对测量斜距进行高斯投影改正，边长测量时应同步测量工作基点及变形点气温、气压等气象元素。相关测量要求参照 3.3.1.3 节距离测量相关内容。

（5）交会法角度测量、距离测量限差不得超过表 3-3 和表 3-9 规定；距离、气象元素记录按表 3-8 和表 3-10 参照执行。

3. 外业测量

（1）在工作基点安置全站仪后，待全站仪适应外界温度约 30min 后对仪器进行电子整平，其整平误差要求控制在 10″内。

（2）在全站仪内根据具体施测要求，设置距离、角度记录格式、数据显示格式等。

（3）设置作业名称，输入工作基点点号、仪高。采用全自动模式进行测量时，进入学习模式，首先对后视基点测量 1 次，再对目标点逐一各测量 1 次，找准目标点位置，并记录目标点仪高。在仪器内进行气象修正时，还需同步录入工作基点、测点气象数据。测角交汇时，则无需测量气象元素。

（4）进入测量模式后，设置测回数、水平角及距离测回限差，选测全站仪实施自动测量。各测回采用正、倒镜观测，测回数以位移量中误差满足表 3-2 中的规定为宜。

3.4.1.5 主要参数

国内外不同厂家的全站仪参数各有不同，各不同型号全站仪参数见表 3-15。

表 3-15　　　　　　　　　　　全 站 仪 参 数 表

型号		TS-822A	NET05	NTS-352R	S8	TCA2003	TCRA1201	TM30
名称		全站仪	超高精度全站仪	全站仪	监测型全站仪	精密全站仪	专业型全站仪	精密全站仪
角度测量精度/(″)		2	0.5	2	1	0.5	1	0.5、1.0
测距精度	精密模式	2mm+2ppm	0.8mm+1ppm	2mm+2ppm	1mm+1ppm	1mm+1ppm	1mm+1.5ppm	0.6mm+1ppm
	标准模式	2mm+2ppm	0.8mm+1ppm	2mm+2ppm	1mm+1ppm	1mm+1ppm	1mm+1.5ppm	1mm+1ppm
	无棱镜	—	1mm+1ppm	5mm+3ppm		—	—	2mm+2ppm
测距范围/km	圆棱镜	2	3.5	5	3	2.5	3	3.5
	无棱镜	—	0.04	0.3		—	—	1
测量时间/s	精密模式	2.5	2.4	1	2	3	2.4	7
	标准模式	1.8	2.4	1	2	3	2.4	2.4
	无棱镜	—	2.4	1		—	—	3
望远镜	放大倍率	30	30	30	30	30	30	32
	最短视距/m	1.5	1.3	1	1.5	1.7	1.5	1.7
旋转180°定位时间/s		—	—	—	3.2	3	3	2.3

3.4.1.6　保养与维护

1. 仪器保养与维护

（1）开工前应检查仪器箱背带及提手是否牢固。仪器的保管由专人负责，测量完毕必须放置在专用仪器库房内。

（2）将仪器从仪器箱取出或装入仪器箱时，握住仪器提手和底座；装卸仪器时，必须握住仪器上部的提手。

（3）仪器架设在三脚架上时，宜采用重型木质三脚架。在比较复杂环境里架设脚架测量，仪器要有专人看守。仪器架设在光滑的表面时，要用细绳将脚架3个脚连接起来，做好防滑措施。

（4）在太阳光照射下观测应采用专用测伞遮阳，需带上遮阳罩以免影响观测精度。

（5）仪器箱内应保持干燥，仪器箱内放置干燥剂并定期更换。仪器一个月左右进行通风防霉并通电驱潮。

（6）仪器存放室应有良好的通风和除湿，仪器应在稳定牢固的货架上放置，一般放置于货架最底层。

（7）装卸过程中切不可拿仪器的镜筒，以免影响内部固定部件，降低仪器的精度。

（8）测站之间距离较远时，将仪器正确装箱后搬运。当测站之间距离较近，搬站之前，应检查仪器与脚架的连接是否牢固，把制动螺旋略微关住，使仪器在搬站过程中避免晃动。搬站时使仪器保持直立状态并同三脚架一起靠在肩上。

（9）仪器任何部分发生故障应立即检修，防止加剧仪器的损坏程度。

（10）光学元件应保持清洁，禁止用手指抚摸仪器的任何光学元件表面，定期用毛刷或柔软的擦镜纸擦掉污迹。除去仪器箱上的灰尘时用干净的布块蘸中性洗涤剂擦洗，切不可用任何稀释剂或汽油。

（11）在潮湿环境中作业结束，要用软布擦干仪器表面的水分及灰尘后装箱。回到办公室后立即开箱取出仪器放于干燥处，彻底晾干后再装箱内。

（12）冬天室内、室外温差较大时，仪器搬出室外或搬入室内，应隔一段时间后再开箱。

2. 电池保养与维护

全站仪所配备的电池一般为 Ni-MH（镍氢电池）和 Ni-Cd（镍镉电池），电池的质量好坏、电量的存储量决定了外业时间的长短，在使用时应遵守以下规定：

（1）处于开机状态时禁止将电池取出，电源关闭后再装入或取出电池。

（2）可充电电池可以反复充电使用，并在电量完全用净的情况下进行充电，有剩余电量时进行充电操作会缩短电池的工作时间。正常情况下电池充满后可连续工作 8h 左右。

（3）禁止连续进行充电或放电操作，以免损坏电池和充电器，如有必要进行充电或放电，应在停止充电约 30min 后再使用充电器。

（4）应尽量避免超过规定的充电时间，充电时可接入定时器限定充电时间。

3. 仪器的检定检验

（1）照准部水准轴应垂直于竖轴的检验和校正。检验时先将仪器大致整平，转动照准部使其水准管与任意两个脚螺旋的连线平行，调整脚螺旋使气泡居中，然后将照准部旋转180°，若气泡仍然居中则说明条件满足，否则应进行校正。校正的目的是使水准管轴垂直于竖轴，即用校正针拨动水准管一端的校正螺丝，使气泡向正中间位置退回一半，为使竖轴竖直，再用脚螺旋使气泡居中即可。此项检验与校正必须反复进行，直到满足条件为止。

（2）十字丝竖丝应垂直于横轴的检验和校正。检验时用十字丝竖丝瞄准一清晰小点，使望远镜绕横轴上下转动，如果小点始终在竖丝上移动则条件满足，否则需要进行校正。校正时松开 4 个压环螺丝（装有十字丝环的目镜用压环和 4 个压环螺丝与望远镜筒相连接），转动目镜筒使小点始终在十字丝竖丝上移动，校好后将压环螺丝旋紧。

（3）视准轴应垂直于横轴的检验和校正。整平仪器，选择与仪器同高的目标点 A，采用盘左、盘右方法进行观测，盘左读数为 L'，盘右读数为 R'，若 $R'=L'\pm180°$，则视准轴垂直于横轴；其差值超过《全站仪速测仪》（JJ10—2003）所规定的限值时，需将仪器送至国家专业检定机构采用专业设备进行校正。

3.4.2 视准线法

视准线法用于测量变形，监测视准线主要由观测基点、观测墩、观测仪器、观测工具组成。

3.4.2.1 工作原理

视准线法作为大坝表面变形水平位移监测的主要手段之一，其精度高、便于观测、计算简单，广泛应用于各类混凝土坝、土石坝监测项目中。

视准线法是以两固定点间经纬仪或全站仪的视线为基准线，测量变形观测点到基准线间的距离，确定偏离值的方法；测量变形点到固定基点距离的变化可测得变形点的轴向位移。

两固定点作为相对不动的测量基点，其位移可以用平面控制网施测进行复核。视准线可以测量变形点沿大坝轴线的横向位移、纵向位移。视准线测量原理如图 3-4 所示。

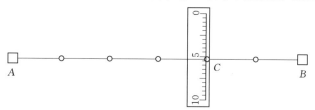

（a）活动觇牌法测量偏移值

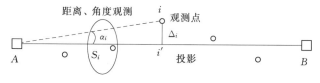

（b）小角度法测量偏移值

图 3-4　视准线测量原理图

3.4.2.2 监测设施

1. 测量基点

高精度大坝变形监测中，采用视准线的观测基墩布设于视准线两端，应采用水平控制网网点对其定期进行复核。其测点浇筑如图3-1所示。

2. 观测墩

变形观测墩要求与待监测部位紧密连接，埋设强制对中标，便于安装观测棱镜。

3. 测量仪器

视准线采用全站仪进行观测，即可观测顺河向位移，同时测量观测变形至基点距离变化，计算沿大坝轴向方向位移。全站仪主要组成部分如图3-2所示。

4. 测量工具

视准线测量中配套测量工具主要有固定觇牌、活动觇牌、观测棱镜、干湿温度计、气压计等。固定觇牌是安置在工作基点上，通过经纬仪等瞄准后构成视准线；活动觇牌安置在待测位移点上来测定位移标点的变形值。

3.4.2.3 仪器参数

视准线测量所用全站仪参数详见表3-15。

活动觇牌技术参数见表3-16，固定觇牌照准边长20～2000m。

表3-16 活动觇牌技术参数表

技术参数	参考值/mm	技术参数	参考值/mm
测量范围	0～200	精度	±0.02
分辨力	±0.01	对中精度	0.2

3.4.2.4 观测要求

1. 视准线测点布设要求

（1）视准线一般分基准点、工作基点和观测点三级布设，具备条件时可将基准点和工作基点合并布设。

（2）视准线的两个工作基点必须选在稳定的区域保证其稳定可靠性，并布设高一级的基准点定期复核。

（3）工作基点要求便于安置观测仪器和观测。变形测点要与待监测的结构部位牢固地连接为一体。从地表以下0.3～0.4m处起浇筑，顶部埋设强制对中盘，同时在位移标点的基脚或顶部设铜质标志兼做垂直位移的标点。

（4）视准线离各种障碍物需有一定距离以减弱旁折光的影响。墩面离地表1.2m以上以减弱近地面大气湍流的影响。

（5）为减弱观测仪竖轴倾斜对观测值的影响，各工作基点观测墩面与位移测点观测墩面高程差不宜过大。视准线的长度对于混凝土坝一般不应超过300m，并分两端观测就近的位移测点。当视线超过300m时，应分段观测，即在中间设置工作基点，首先观测工作基点的位移量，再分段观测各观测点的位移量，最后将各位移量计算到统一的基准下。

（6）工作基点用大地测量方法进行复核，也可以通过正倒垂线装置进行控制。

（7）采用活动觇牌法观测时，视准线各测点基墩中心应在两控制基墩中心连线上，其偏差不得大于20mm。观测墩顶部的强制对中基座安装时应调平,倾斜角度不得大于4′。采用小角度法测量,变形点偏离基准线角度不宜大于30″。

(8) 视准线基准线方向应垂直于可以预见的水平位移方向,否则所测量的水平位移会失真。

2. 视准线测量作业要求

(1) 仪器必须满足精度要求。

(2) 工作基点、校核基准点和变形观测点应采用有强制对中装置的观测墩。

(3) 工作人员应具备较高的素质,具备游标精准读数的能力。

(4) 坝体迎水面应尽量避开正午水蒸气大量蒸发时观测,最好选择在阴天或者早晨、傍晚观测。

3. 活动觇牌法观测

(1) 活动觇牌法观测时在某一基点设置经纬仪,瞄准固定战牌后固定照准部不动。在待测位移测点上安置、整平活动觇牌,由仪器架设基站观测人员指挥活动战牌操作员旋动活动觇牌微动螺旋,使觇牌标志中心严格与视准线重合并读取活动觇牌的读数,转动觇牌微动螺旋重新瞄准再次读数,取两次读数的平均值作为上半测回的成果。

(2) 倒转望远镜,按上述(1)所示方法测下半测回,取上、下半测回读数的平均值为一测回的成果。

(3) 第一测回测量完毕,开始第二测回时,应将仪器重新整平并重新照准固定觇牌。重复上述(1)、(2)步骤完成第二测回。取两测回平均值作为本次并与初始测值计算位移测点位移。同一测回内4次读数差不得大于2mm,两测回间测值差不得大于1.5mm,否则应重新进行测量。

(4) 需要观测位移点轴向变形时,在位移测点加设观测棱镜,测量位移测点至基点的距离,同时测量测站、位移测点的干湿温度、气压,并进行投影化平及气象改正。

(5) 采用分段观测,计算或读数时应考虑方向性,坝体变形值向下游位正。

4. 小角度法观测

(1) 小角度法观测时在某一基点设置经纬仪,瞄准后视基准点棱镜或觇牌后设定基准线,采用全站仪测量时将水平角置零。在待测位移测点上安置、整平棱镜,由仪器架设基站瞄准变形点测量变形点偏离基准线的角度,测量2次为半测回。

(2) 倒转望远镜,按上述(1)所示方法测下半测回,取上、下半测回读数的平均值为一测回的成果。

(3) 第一测回测量完毕,开始第二测回时,应将将仪器重新整平并重新照准后视基点。重复上述(1)、(2)步骤完成第二测回,两测回观测值不得大于3″,否则应重新进行测量。

(4) 取两测回平均值作为本次测量角度值,计算与初始基准角度的差值,按式计算测点变形量。

(5) 需要观测位移点轴向变形时,在位移测点加设观测棱镜,测量位移测点至基点的距离,同时测量测站、位移测点的干湿温度、气压,并进行投影化平及气象改正。

(6) 采用分段观测计算或读数时应考虑方向性,坝体变形值向下游为正。

3.4.2.5　仪器保养与维护

视准线测量所使用全站仪维护与保养详见 3.4.1.6 节。

活动觇牌保养与维护的主要内容有以下方面：

1．长水准器的检查与校正

（1）长水准器的检查。将觇牌安置在脚架上，利用两脚螺旋将长水准器调整水平，然后将照准牌旋转 180°，长水准的气泡偏离则需要进行校正。

（2）长水准器的校正。利用专用工具调节长水准的校正螺丝，待气泡偏离部分调回 1/2，其余 1/2 则利用基座脚螺旋调平，采用同样方法反复多次校正，直至转动照准牌 90°，长水准器在任何位置都处于水平状态，其气泡偏差不超过 1 格，方可校正完毕。

2．圆水准器的检查与校正

长水准器校正结束后，观察圆水准器是否居中，不居中时则利用圆水准器下部的 3 个校正螺旋校正至中心位置。

3．觇牌的检查与校正

将固定觇牌安放在距经纬仪或全站仪 5～30m 距离的脚架或强制对中盘上并整平，测定底座圆柱体两边缘角值并取其中数，将望远镜微动至角度中数处，观测觇牌中心是否与望远镜纵丝重合。若重合则固定觇牌没有偏差，不重合时应进行校正。校正时首先应松开照准牌固定螺丝，将觇牌中心线移动到经纬仪纵丝重合后旋紧固定螺丝。

4．日常维护

（1）活动觇牌为精密测量仪器，必须妥善保管，不熟悉使用方法时，应先仔细阅读说明书，经熟悉人员指导后进行操作。

（2）手动旋转如转动不灵活或传动过紧时，应检查原因，如传动轴间隙过大或过紧，可将手轮止动螺丝松开，调试合适后再固定。

（3）觇牌使用完毕时，采用干净抹布将各部分擦拭干净，罩上塑料套并装入箱内。

（4）测量转站过程中，应双手拿稳定仪器，远距离转站应装箱搬运。

（5）仪器存于专用仪器存放室，室内应保持通风、干燥。

3.4.3　垂线法

3.4.3.1　概述

垂线法是观测水工建筑物位移与挠度的一种简便有效的测量手段，也可用于坝基岩体、边坡岩土体的水平位移监测。垂线法的基准线是一条一端固定、铅直张紧的、直径为 1.5～2mm 的不锈钢丝（垂线）。一般安装在竖井、竖管、空腔、钻孔或预留孔中，通过测出沿垂线不同高程的测点相对于垂线固定点的水平投影距离，来计算出各测点的水平位移值。垂线系统一般由垂线线体、悬挂（或固定）装置、重锤（或浮桶）、观测墩、测读装置等组成。

3.4.3.2　工作原理

垂线的观测根据布设方法，有多点支承一点观测法和一点支承多点观测法两种。多点支承一点观测法是指在同一垂直剖面的不同高程布置多条正垂线，在同一高程对每条正垂线进行观测，该方法只适用于正垂线，目前在工程中应用较少。一点支承多点观测法是指在垂线不同高程设置多个观测点进行观测，该方法正垂线和倒垂线均适用，在工程中应用广泛。在垂线观测中，正垂线所测得的是相对位移，倒垂线所测得的是绝对位移，因此，工程中一般将倒垂线的顶部观测点与正垂线的底部观测点置于同一高程进行正倒垂联合观测（可称为正倒垂线关联测点），其结构示意如图 3-5 所示。

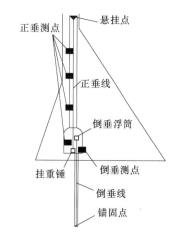

图 3-5　正倒垂线结构示意图

3.4.3.3　监测设施

垂线根据安装方式和作用分为正垂线、倒垂线两种。

1. 正垂线

正垂线测量装置的固定点悬挂于欲测部位的上部，垂线下部设重锤，使该线体始终处于铅垂状态。正垂线一般由专业竖井、垂线线体、悬挂固定装置、重锤、测读装置（垂线坐标仪）和观测墩等部分组成。通过重锤使线体处于铅垂状态，主要用于观测测点固定端相对于某坝基高程的相对位移。其主要结构示意如图 3-6 所示。

2. 倒垂线

倒垂线测量装置的锚固点设在基岩下一定深度，线体上引至地面，利用浮筒的浮力将线体拉直并保持一定的张紧力，浮筒置于被测对象上并随其一起位移，但垂线借助于浮子仍始终保持为铅直，倒垂线锚固点的深度通常要求达到基岩的不动点，因此倒垂上部测点的位移可认为是绝对位移。倒垂线一般由专业竖井、垂线线体、倒垂锚块、浮筒（浮体装置）、垂线坐标仪和观测墩等部分组成，其结构示意如图 3-7 所示。

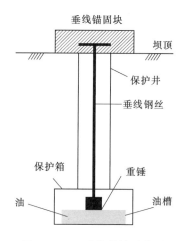

图 3-6　正垂线结构示意图

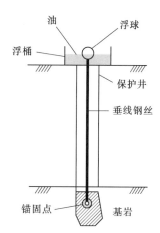

图 3-7　倒垂线结构示意图

3.4.3.4　仪器观测方法

垂线系统建立后，初期一般采用人工观测，具备条件的可以安装自动化采集装置。但建立自动化设备后，必须定期采用人工方式观测，以校核自动化监测设备测量准确性，同时自动化设备故障后修复过程中，均需采用人工测值保持数据连续性。人工观测主要有光学垂线观测仪、垂线瞄准仪两种方式；自动化主要有电容式垂线坐标仪、电感式垂线坐标仪、步进式垂线坐标仪、CCD 光电式垂线坐标仪，其中电容式、CCD 光电式垂线坐标仪应用更加广泛。

1. 光学垂线观测仪

（1）仪器结构介绍。便携式垂线观测仪为多点公用式仪器，可搬动至每一个测站进行观测，各测点预先埋设三槽式专用底板，以保证每次作业高精度重复定位。仪器能同时观测 X、Y 两个水平方向的形变量。以 CG-2A 型垂线观测仪为例，其外观如图 3-8 所示。仪器上装有供自检的圆气泡指示置平状态，使不同次观测时能保持视准线的水平。仪器上部是照准部分，由照明电源、投影屏和瞄准器组成，目标通过光学放大，与仪器分划中心重合，在瞄准器中测读铅垂线在水平面上的相对位置变化；仪器下部是量测部分，由横向导轨、纵向导机、脚螺旋和千分尺等组成。

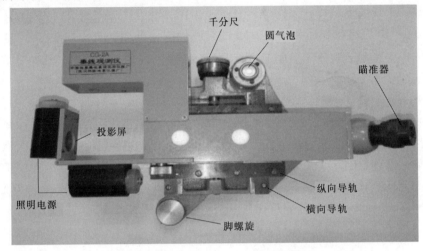

图 3-8 CG-2A 型垂线观测仪

（2）观测注意事项。

1）用光学垂线观测仪观测前后，必须检测仪器零位，并计算它与首次零位之差，取前后两次零位差的平均值作为本次观测值的改正数。

2）垂线观测前，必须检查该垂线是否处于自由状态。

3）一条垂线上各测点的观测应从上而下或从下而上，在尽量短的时间内完成。

4）每一测点的观测。仪器整平后每测回读取两次测值，取两次读数的均值作为该测回的观测值，每测次应观测两测回（测回间应重新整置仪器），两测回观测值之差不得大于 0.15m。

5）测量时按固定人员、固定仪器、固定方法、固定测次、固定时间的"五固定"原则。

6）测量过程中避免触碰钢丝，若不小心触碰到钢丝，必须等到钢丝完全稳定后方可测量。

7）使用光学垂线观测仪进行观测，需记录底盘开口方向，根据其开口方向建立相应的计算公式，以大坝向左岸、向下游位移为正方向为总体原则。

（3）测读方法。

42

1）将仪器轻放在测站底板上，3个V形槽使仪器强制对中，然后用脚螺旋调平仪器。旋转圆水准器组180°，观测气泡是否仍然居中，若有变化，需要继续调整至仪器整平为止。

2）放置好照明系统，接通电源，此时可在目镜中看到带有十字丝的分划板像，旋转视度调节圈，直至刻像最清晰为止。

3）旋转纵横向导轨手轮，用肉眼观测钢丝成像，使其大致位于纵、横向光路中间。旋转横向导轨手轮，此时能在视场中看到竖线像，慢慢转动手轮，直至竖线像正确夹于纵丝中央。旋转纵向导轨手轮，此时能在视场中看到横线像，慢慢转动手轮，直至横线像正确夹于纵丝中央。

4）为了提高瞄准精度，可重复打开其中一个照明灯，精确对准竖（横）线像，直至满意为止。每次瞄准时，旋转纵横向导轨手轮应是同一方向，即同是旋进或旋出方向，防止螺杆、螺母传动产生空回误差影响观测成果。

5）分别记下纵、横向分划尺和相应测微鼓的数值。根据各单位制定的观测大纲，重复瞄准、测量若干次，经计算得到一测回观测中误差和平均值作为观测成果。

6）收回照明系统，仪器对下一测点继续测量。

2. 垂线瞄准仪

（1）仪器结构介绍。垂线瞄准仪结构简单、性能可靠，主要由瞄准针、主尺、游标尺及底板组成，图3-9为垂线瞄准仪结构示意图。

移动游标尺，通过瞄准孔用目视线将瞄准孔与垂线钢丝及瞄准针3点瞄准排列在一条直线上，即可利用左、右标心的刻度值来确定垂线位置的坐标值。

（2）测读注意事项。

1）在瞄准读数移动游标尺时不能用力过猛，应沿主尺方向轻轻移动，如不灵活应检查后再工作。每次读数前的瞄准步骤应一致，如统一将游标尺从左向右移动后再读等，以保证测量精度。

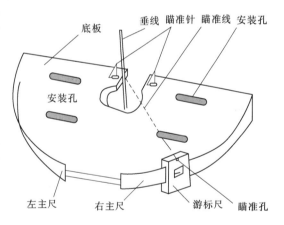

图3-9　垂线瞄准仪结构示意图

2）注意保持仪器清洁完好，主尺及游标尺至少每月用细棉纱擦净一次（去除积水及灰尘），再用带油的细棉纱擦一次，以便涂上薄油层保护。在雨季应增加清洁次数。

3）瞄准针的细尖应注意保护，不能碰撞或其他原因使其受力变形，每次测读后应将保护罩套上。

4）测量时按照"五固定"原则，即固定观测仪器、固定观测路线、固定观测方法、固定观测环境、固定观测人员。

5）测量过程中避免触碰钢丝，若不小心触碰到钢丝，必须等到钢丝完全稳定后方可测量。

（3）测读步骤。

1）测量前，打开照明灯，读数前应检查垂线是否处于稳定状态，打开保护罩检查瞄准针的完好性。

2）瞄准。先移动右游标尺，与垂线建立瞄准线，测读右标心的刻度 $L_右$ 并记录，再移动左游标尺与垂线建立瞄准线，测读左标尺的刻度 $L_左$ 并记录。左、右标尺读数都应在游标尺从左向右移动后进行。瞄准垂线建立瞄准线的正确与否，以瞄准针被垂线分为两个大小相等的三角形为准。

3）在左、右主尺上读得厘米数及毫米数，在游标尺上读出0.1毫米数。

4）读数后，将保护罩套在瞄准器上，应经常检查垂线的线体是否有异常，重锤、油桶及倒摆浮筒等是否正常，如有异常应记录并排除，保持线体的良好状态。

3．电容式垂线坐标仪

（1）结构及原理。双向电容式垂线坐标仪是由水平变形测量部件、标定部件、挡水部件以及屏蔽罩等部分组成，坐标仪的测量信号由电缆引出。仪器采用差动电容感应原理非接触的比率测量方式。在垂线上固定一个中间极板，在测点上仪器内分别有一组上下游向的极板 2、极板 2 和左右岸向的极板 3、极板 4，每组极板与中间极组成差动电容感应部件，当线体与测点之间发生相对变位时两组极板与中间板间的电容比值会相应变化，分别测量两组电容比变化，即可测出测点相对于垂线体的水平位移变化量（Δx、Δy），即

$$\Delta x = (a_i x - a_基 x) K_f x$$
$$\Delta y = (a_i y - a_基 y) K_f y \tag{3-3}$$

式中　Δ——本次测量相对于安装基准间的变位量；

　　　a_i——本次仪器的电容比值；

　　　$a_基$——建立基准时仪器的电容比值；

　　　K_f——仪器的灵敏度系数。

（2）测量注意事项。

1）垂线线体装置要稳定可靠。如有些倒垂线在基岩锚固处固结不牢、因垂线孔倾斜引起线体碰孔壁、在坝体中因串风引起线体摆动、线体卡住等引起的故障要排除，否则测值不可靠。

2）现场必须采取措施防止雨水、冷凝水等流入坐标仪内。安装在大坝竖井、基础的垂线坐标仪，因竖井等环境存在冷热空气交换，使竖井及坐标仪上长期存在大量冷凝水。在此恶劣环境下，需采取一定措施确保垂线坐标仪极板上水介质均匀，使仪器测值可靠。

3）中间极引出线是一根线径仅 0.05～0.1mm 的细漆包线，要注意防止非观测人员或参观人员看不清此线而将其碰断。

4）需定期进行人工比测和传感器精度标定，防止仪器灵敏度系数漂移导致测量数据失真。

4．CCD 光电式垂线坐标仪

CCD 式垂线坐标仪结构简单，主要由平行光照明系统、光电耦合器件电路、电源、机架等部分组成。CCD 垂线坐标仪利用光电耦合器件 CCD 作为位移的检测单元，通过测量目标（垂线）的光学投影或图像信号，实现对目标的精密定位。它具有光电转换、信息存储、扫描读取等三大功能。由于 CCD 的输出为直接数字信号，没有感应式坐标仪、电容式坐标仪的零点漂移问题。双向垂线坐标仪安装两套完全相同、互相垂直的平行光照明

44

系统及CCD传感器光电接收系统,可以实现相互垂直的两个方向的位移测量。

5.电感式垂线坐标仪

电感式传感器是建立在电磁感应基础上利用线圈的电感变化来实现非电量电测的传感器,它把输入的位移、振动、压力、应变、流量、比重等机械物理量转化为电量输出,实现信息的远距离传输。电感式垂线坐标仪由电感式传感器、杠杆传动系统、油桶、底板及保护罩组成,是一种接触式垂线坐标仪。

3.4.3.5 垂线坐标仪的主要技术参数

根据相应仪器标准的相关规定,垂线坐标仪与垂线瞄准仪的主要技术参数见表3-17和表3-18。

表3-17　　　　　　　　　　　垂线坐标仪主要技术参数表

仪 器 名 称	测量范围/mm		分 辨 力
	X 向	Y 向	
电容式垂线坐标仪 CCD式垂线坐标仪 电感式垂线坐标仪 步进电机式垂线坐标仪	0～10	0～10	≤0.1%F.S
	0～25	0～25	
	0～25	0～50	
	0～50	0～50	
	0～50	0～100	
	0～100	0～100	
光学垂线坐标仪	0～25	0～25	≤0.1mm
	0～50	0～50	

表3-18　垂线瞄准仪主要技术参数表

测量范围/mm		分辨力/mm
X 向	Y 向	
0～15	0～15	≤0.1

3.4.3.6 垂线及坐标仪的安装调试

正倒垂线若在新建的混凝土坝内安装,可在混凝土浇筑时定型模板预留孔洞,若在已建成的混凝土坝上安装,则需进行钻孔安装。

1.正垂线

在坝顶或廊道底板钻孔,做岩芯素描图,有效孔径为85mm以上(安装后)。垂线孔内采用钢管护壁。正垂线测线采用高强度不锈钢丝或铟瓦钢丝,其挂重应满足 $W_{计} > 20(1+0.02L)(\text{kg})$,且钢丝抗拉安全系数 $K \geqslant 2$ 要求。正垂线挂重应力计算见表3-19。

表3-19　　　　　　　　　　　正垂线挂重应力计算表

垂线直径 /mm	线体截面积 /cm²	钢丝抗拉强度 /(kgf·cm⁻²)	不同线径承受 极限拉力/kgf	安全 系数	容许最大挂重 /kg
2.0	0.0314	13000	408.41	2	203.20
1.5	0.0177	13000	229.73	2	113.86
1.2	0.0113	13000	147.03	2	73.51

垂线穿过廊道观测间内,在观测间内衔接,垂线下端吊重锤,并将重锤放入油桶内。

根据垂线位置进行观测墩的放样、立模、浇筑，并在顶部预留二期混凝土，以便安装强制对中底盘，底盘对中误差不大于 0.1mm。

2. 倒垂线

(1) 倒垂线造孔。

1) 按设计要求的孔位、孔径和孔深钻孔，采用岩芯钻，终孔有效孔径大于 220mm。将岩芯尽量取全，特别对于断层、软弱夹层（带）应尽量取出，按工程地质规范进行详细描述，作出钻孔岩芯柱状图。

2) 钻孔时，选择性能好的钻机，在钻孔处用混凝土浇筑钻机底盘，预埋紧固螺栓。严格调平钻机滑轨（或转盘），其倾斜度应小于 0.1%。然后将钻机紧固在混凝土底座上。

3) 孔口埋设长度 3m 的导向管，导向管必须调整垂直，保证其倾斜度小于 0.1%。

4) 钻具上部装设导向环，导向环外径可略小于导向管内径 2~4mm。钻进时，应采用低转速、小压力、小水量方式进行钻孔。

5) 每钻进 1~2m 应检测一次钻孔偏斜值，一旦出现偏斜，首先分析原因，采取切实可行的纠斜措施。检测可采用倒垂浮体组配合弹性置中器进行。

6) 测定钻孔不同高程处钻孔中心线位置与孔口中心位置的偏心距。

(2) 保护管（套管）的埋设。

1) 保护管采用 ϕ168mm 管壁 6mm 厚的无缝钢管。保护管（套管）每隔 3~8m 焊接 4 个大小不同的 U 形钢筋，组成断面的扶正环。

2) 保护管保持平直，底部加以焊封。底部以上 0.5m 范围内，内壁加工为粗糙面，以便用水泥浆固结锚块。保护管采用丝口连接，接头处精细加工，保证连接后整个保护管的平直度，安装保护管时全部丝口连接缝用防渗漏材料密封。

3) 下保护管前，可在钻孔底部先放入水泥砂浆（高于孔底约 0.5m）。保护管下到孔底后略提高，但不得提出水泥砂浆面，并用钻机或千斤顶进行固定。

4) 准确测定保护管的偏斜值，若偏斜过大，加以调整，直到满足设计要求，方可用 M15 水泥砂浆固结。待水泥砂浆凝固后，拆除固定保护管的钻机或千斤顶。

(3) 倒垂线的安装。

1) 浮体组采用恒定浮力式。测线采用高强度的不锈钢丝或铟瓦钢丝，其线体直径可根据线体长度、钢丝应保证的安全系数、最小浮力来确定。浮体组所需的应力按 $P_{\text{计}} >$ 250(1+0.01L)(N)，且钢丝抗拉安全系数 $K \geqslant 3$ 来确定。倒垂线安全应力计算见表 3-20。

表 3-20　　　　　　　　　倒垂线安全应力计算表

垂线直径 /mm	线体截面积 /cm²	钢丝抗拉强度 /(kgf·cm⁻²)	不同线径承受极限拉力/kgf	安全系数	允许最大浮力 /N
2.0	0.0314	13000	408.41	3	1361.36
1.5	0.0177	13000	229.73	3	765.76
1.2	0.0113	13000	147.03	3	490.09

2) 埋设锚块时，在测线下端固定好锚块，以钢丝位于保护管中心为原则。

3）浮体组件安装时，使浮子水平、连杆垂直，浮子位于浮桶中心，处于自由状态。使整个浮子没入液体中，但不可触及浮桶底部；若采用其他类型浮子，则调整到设计浮力。

4）在距离倒垂孔 25～30cm 的合适位置建倒垂线观测墩，墩面与倒垂线保护管管口齐平。观测墩预埋结构牢固的支架，支架上焊接观测底盘、放置浮桶，预留垂线坐标仪安装螺孔。

（4）垂线坐标仪的安装。垂线坐标仪根据其测量方式，可分为传感器式垂线坐标仪和光学式垂线坐标仪。传感器式垂线坐标仪主要分为电容式、电感式、步进电机式、电磁差动式等。光学式垂线坐标仪分为光学垂线坐标仪和垂线瞄准仪等。下面主要对应用较为广泛的电容式垂线坐标仪进行介绍。

1）根据厂家发货编号，对安装的仪器编号进行记录，并检查仪器合格证。

2）将仪器支架安装到位（倒垂线建观测台）。安装过程中应仔细检查仪器支架的安装位置及安装方向是否满足设计要求，并用水准尺检查，保证仪器支架水平。

3）用螺栓将坐标仪固定在支架上。安装应根据季节适当调整，将坐标仪安装在最佳位置。例如混凝土坝夏季温度高时，一般表现为向上游位移，故正垂线安装时应将垂线线体置于坐标仪中心线偏上游侧；倒垂线将垂线线体置于坐标仪中心线偏下游侧。

4）按照电缆连接约定连接坐标仪电缆，将电缆芯线与坐标仪焊接。

5）将电缆引入数据采集单元。电缆头标记必须醒目、牢固，防止牵引过程中脱落或损坏。在进行通道配置时，第 1 次测值为上下游方向，第 2 测次为左右岸方向。

6）采用专业标定工具，根据垂线坐标仪测量量程，以 4mm 或 5mm 为标定间距，标定满量程往返行程，标定垂线坐标仪左右岸测量灵敏度系数。具体标定方法及步骤详见 3.4.3.7。为了便于计算，垂线坐标仪的测值方向应与《混凝土坝安全监测技术规范》（DL/T 5178—2016）一致，即坝体向下位移为正，坝体向左位移为正；若不一致，在模块接线端子处将该组二桥压线进线的位置互相调换使其一致。

（5）垂线瞄准仪的安装。垂线瞄准仪应安装在距地面 1.2～1.5m 适合人体观测的合适高度，并在观测盘周边预留不小于 1m 的工作空间，最重要的是保证 Y 轴与坝轴线平行。瞄准仪的支架可以自行加工定制或固定在坝体侧壁悬臂支架上，支架的尺寸以保证瞄准器自由活动为原则。为保证仪器安装后上、下游的测量范围，仪器的中心位置与垂线 X 向的相对位置应根据安装时的蓄水位、安装季节及安装仪器所在坝体位置等因素决定，确保仪器安装后能够在量程范围内监测大坝变形。瞄准器的底座固定在支架上后，应通过调节可调垫脚将底座调至水平，调节过程中采用便携式水准尺精确调节。

3.4.3.7 垂线监测系统的维护

1. 垂线坐标仪精度检定

（1）定期检验传感器稳定性。可通过安全监测自动化系统连续多次单检验传感器测量是否稳定。根据相应规范要求，测量中误差。其计算公式为

$$M = \pm \sqrt{\frac{\sum [\Delta\Delta]}{n}}$$

$$\Delta = |X_i - X_0| \qquad\qquad (3-4)$$

式中　X_i——某次测值；

　　　X_0——连续测量平均值；

　　　Δ——本次测值与平均值差值；

　　　n——测量次数。

垂线测量中误差一般不超过 0.1mm。

（2）定期检验传感器测量精度。以电容式垂线坐标仪为例，采用专业标定工具，根据垂线坐标仪测量量程，以 4mm 或 5mm 为标定间距，标定满量程往返行程和垂线坐标仪上下游、左右岸测量灵敏度系数。

2. 垂线系统的一般性维护

（1）做好防水和串风是保证垂线稳定运行的重要前提。正垂线顶部一般进行全密封防水，同时还要便于后期维护。

（2）廊道内倒垂线安置于密闭观测房内，防止空气流通导致测孔串风，垂线房一般采用专用的垂线观测站，并上锁密闭。

（3）正垂线测点上方应安置防雨罩，防止水管壁内漏水或渗水、冷凝水直接滴落在垂线测点和垂线坐标仪上。对于廊道潮湿和冷凝水较严重的情况，还需制作安装专用的防渗引流装置。图 3-10 为正垂线防渗引流装置示意图。

图 3-10　正垂线防渗引流装置示意图

（4）垂线房内应排水能畅、防止有积水，较潮湿时应安装自动除湿装置保持运行，积水自动排出。

（5）定期检查线体复位性。垂线运行过程中，线体受阻或线体拉力、浮力不够，均导致线体未处于完全自由状态，导致测量成果失真，需要定期进行复位性检查，复位差要求不得大于 0.2mm。

（6）垂线瞄准仪、垂线人工坐标仪装置均应按相关规定进行保护。垂线支架每年应进行防锈、防腐处理。

（7）垂线坐标仪仪器电缆接头、中间极等均采用专用防水胶进行防水处理。

3. 垂线单点标定

垂线一般布设于廊道内，因环境相对潮湿，其运行一段时间后，垂线坐标仪测量系数会产生漂移。为保证测量数据的真实准确性，每年应对垂线坐标仪测量系数标定 1～2 次。

（1）标定步骤。

1）将两个不锈钢定位块采用 M6×25mm 螺丝固定在预留标定孔上，每个标定块固定时至少采用 3 个螺丝。固定块安装时注意方向性，避免反向安装导致磁性表座和标定架无法安装。

2）将标定架用两个 M6×16mm 螺丝固定在标定架定位块上，垂线固定在标定架推动块中心刻槽中。夹紧时要注意力度，不可用力过大对垂线线体造成损伤，也不能太松影响标定成果。垂线标定示意如图 3-11 所示。

3）旋动磁性表架的旋钮，将磁性表架吸在另一块定位块上，将百分表对准标定架推

图 3 - 11　垂线标定示意图

动块，固定在磁性表架上，反复调节两个可调节螺杆使百分表表杆与标定架方向平行。垂线标定成果的准确性很大程度上取决于百分表表杆与标定架方向的平行度。此时调整好垂线线体的位置，保证标定前后垂线线体处于测量范围的对称位置。

4）采用安全监测自动化系统对测点进行选测并保存，此测值作为标定状态 1 测值；同时采用垂线瞄准仪或垂线坐标仪进行人工比测。

5）完成人工测量后，读取百分表的刻度，缓慢拧动标定架后端的调节螺杆，通过百分表上的刻度控制标定的位移量，20mm 量程的垂线一般标定 10mm。

6）采用安全监测自动化系统对测点进行选测并保存，此测值作为标定状态 2 测值；同时采用垂线瞄准仪或垂线坐标仪进行人工比测。

1）～6）为一个方向的标定过程，标定完成后采用同样的方法对另一方向进行标定。

7）标定完成后计算安全监测自动化系统测量数据，如果测量误差超过规定限值，需采用同样方法，采用正反行程进行标定，每次标定位移量为 4mm 或 5mm。

8）标定成果合格，拆除标定装置，恢复线体自由状态。稳定 10～15min 后，重新对线体进行选测，检查线体的复位性。

（2）标定成果整理。将两次标定时自动化测量及人工读数的最终成果整理成表格。以大坝垂线测点线体均向下游位移 5mm 标定量程为例，对标定成果进行整理，见表 3 - 21。

标定时注意事项：标定时需记清状态 2 相对于状态 1 线体移动的方向，用于校核自动化测量的方向性。

垂线测量的方向性规定：坝体向下游方向位移、向左岸方向位移为正，反之为负；船闸向下游方向位移、向闸室中间位移为正，反之为负。

正垂线线体的位移方向与所测坝体位移方向一致；倒垂线线体移动方向与所测坝体位

移方向相反。标定时需仔细加以区别。

（3）标定成果分析。根据整理的成果及绘制的图表对垂线系统运行情况进行分析与判断垂线系数标定见表3-21。安全监测自动化系统测量时，考虑垂线量程（0～20mm）、端基线性误差（$\delta_1 \leqslant 0.5\%$F.S）、基本误差（$\delta \leqslant 0.6\%$F.S）、温度附加误差（$\delta t \leqslant 0.01\%$F.S/℃）、长期稳定性指标（$\leqslant 0.25\%$F.S/年）等综合因素，安全监测自动化系统单次测量误差为0.16mm，两次测量中误差为0.22mm，标定量块的量具误差及安装时的夹紧误差为0.15mm；因此自动化与人工标定值测量误差限值为

$$\delta \leqslant 2\sigma = 2\sqrt{\sigma_自^2 + \sigma_人^2} = 2\sqrt{0.22^2 + 0.15^2} = 0.55(\text{mm}) \tag{3-5}$$

对于超过限差误差的，应重新标定仪器系数并加以修正；如属测量故障的，应加以维护和更换。

表 3-21　　　　　　　　　　　　　　垂 线 系 数 标 定 表

测点	上、下游方向 夹线1		上、下游方向 夹线2		上、下游方向 回到初始状态（夹线1）		上、下游方向		
							差值	理论变化值 /mm	误差值 /mm
	初始电测量	初始测值 /mm	电测量2	测值2 /mm	初始电测量	初始测值 /mm	变化值 /mm		
PL1	0.1042	−3.04	0.0035	0.92	0.1039	−3.02	3.96	5.00	0.04
IP1	0.1891	8.51	0.0888	3.56	0.189	8.51	−3.95	−5.00	−0.05

（4）垂线故障的维护。

1）无法测量。

a. 垂线无法测量时，首先应检查测量模块电源或采集模块工作是否正常。此时可检查同一模块内其余仪器测量是否正常，若其余仪器测量正常，则判断为仪器故障或采集模块通道故障。

b. 采集模块通信正常，可采用互换法检查该仪器通道状态，即与另一个测量正常同类型仪器互换通道，通道测量异常则需对采集模块进行更换。

c. 采用对应类型的比测小仪表直接在模块端对传感器进行测量，若测量正常也可推断出采集模块或模块通道异常。

d. 比测小仪表直接在模块接线端无法测量，则进一步检查采集模块接线端至仪器安装处的电缆，可采用万用表检查仪器电缆是否断路、短路。

e. 检查仪器极线是否虚接，垂线仪中间极、AB极板接线脱落会导致无法测量。

f. 光电式CCD垂线仪光源被遮挡、线体搁置、内置地址丢失均导致无法测量；额定工作电压为（220±22）V，电源中断或电压不足也会导致无法测量。

g. 仪器电缆、通信线上存在干扰会导致无法测量。

2）测值异常检查。

a. 单个仪器突跳，采用中误差检定法，检查仪器测量稳定性，仪器测量精度达不到要求时，及时更换；仪器更换后应按3.4.3.7所述方法进行系数标定。

b. 仪器中误差检定合格，采用垂线坐标仪或垂线瞄准仪进行人工测量，选取上一次

或某次同一时间内的自动化与人工测值，同步比较自动化和人工两测次的变化值。如果一致，有可能线体搁置；如果差异较大，垂线坐标仪故障的可能性较大。

c. 仪器电缆或通信上存在干扰，会导致仪器测值稳定性较差。可采用 0.1mm 漆包线将垂线线体和垂线底座连接，连接前先将垂线钢丝用细纱纸轻轻擦拭除锈，再将漆包线紧紧缠绕在钢丝上，采用 102 胶进行紧固连接，不可采用焊接方式以免损坏钢丝；另一端焊接在垂线底座接地螺母上。同时用通信线外层屏蔽铜丝将垂线坐标仪底座与垂线支架相连，垂线支架做防锈处理时应先刮掉油漆层。采用万用表检查，垂线线体、垂线坐标仪底座、垂线支架三者应导通良好。

3.4.4 引张线法

3.4.4.1 概述

引张线是观测直线型大坝水平位移的观测装置，一般布设于大坝的坝顶、大坝廊道等部位，其装置结构简单、适用性强，是大坝水平位移观测相对经济、测量精确的监测方法。引张线与正、倒垂相结合，可观测各坝段的绝对位移。引张线装置一般由测线、测点、保护装置、固定端、张紧端五部分组成。测点布设于所需观测的大坝混凝土结构上，固定端和张紧端中间布设一条施加张力的不锈高强度钢丝（铟钢丝），保护管主要作用是保护线体不受损伤和防止受外力影响。固定端、张紧端一般与大坝垂线布设于同一坝段上，作为引张线测点的相对固定点。

3.4.4.2 工作原理

引张线法的原理是利用在两个固定的基准点（张紧端、固定端）之间张紧一根不锈钢丝作为基准线，通过布设在大坝上的各个观测点上的引张线仪或人工光学比测装置，测量各个测点相对于基准线的相对位移，从而求得各观测点相对于张紧端、固定端的相对位移。引张线两侧端点布设正、倒垂线，通过正、倒垂线得到两端点的绝对位移，即可求得引张线各测点的绝对位移。引张线与垂线联合观测示意如图 3-12 所示。

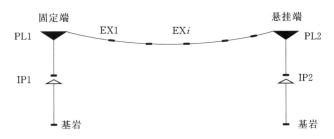

图 3-12　引张线与垂线联合观测示意图

3.4.4.3 监测设施

根据引张线的测量对象、精度要求、线体长度等，引张线监测分为浮托式引张线和无浮托式引张线法。坝体较长时，一般用浮托式引张线法。引张线结构如图 3-13 所示。

1. 线体

引张线装置线体一般采用直径 0.8～2.0mm 的不锈高强度钢丝，对于线体较短的无浮托式引张线，可采用高强度碳纤维。线体线径应均匀，应具有较高的抗拉强度。在保证

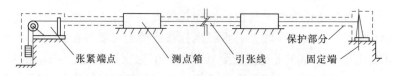

图 3-13　引张线结构示意图

安全可靠的情况下，为减轻线径自重的影响，线径选用相对较细的为宜，有利于提高观测精度。引张线体不宜过长，一般布设 200～600m。线体越长，张紧端所需施加的拉力就越大，拉力过大会导致钢丝安全系数降低，容易拉断。线体过长时，可进行分段处理。

2. 测点

测点主要由不锈钢标尺、浮托装置、保护箱组成，实现了自动化遥测的引张线系统，测点处安装有不同类型的遥测引张线仪。不锈钢标尺是引张线的人工测读光学比测装置，标尺采用不锈钢材质，一般长度取 10～15cm。标尺必须水平地安装在测点上且与引张线的方向相垂直，且一般设计为可调式，可自由调节标尺高度。

3. 保护装置

引张线保护装置主要包括固定端保护箱、张紧端保护箱、测点保护箱以及测线保护管。测线保护管主要起到对线体保护和防风的作用。风的干扰对引张线测量精度影响很大。引张线保护管应一般选用外径 120mm、厚度大于 3mm 的电焊钢管。

4. 固定端

引张线的端点是由混凝土墩及保护罩、固线装置组成的。固线装置起固定夹紧钢线的作用，使钢丝相对于混凝土墩有确定的位置。固定线装置固定在混凝土墩上，混凝土墩应与大坝坝体连接牢固，浇筑时一般采用插筋的连接方式。

5. 张紧端

引张线的张紧端点部分是由夹线装置、滑轮和重锤、混凝土墩及调线装置组成的。夹线装置主要起固定不锈钢丝位置的作用，为了保护钢丝在受压过程中不受损伤，夹线装置V形槽和压板都是由铜质材料做成的，其结构如图 3-14 所示。滑轮和重锤的主要作用是给引张线钢丝施加拉力，滑轮一般采用不锈材料，或者采用防锈处理工艺。重锤一般为表面喷塑的铸铁，整体结构如图 3-15 所示。

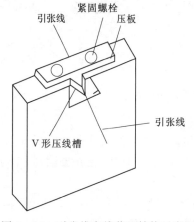

图 3-14　引张线夹线装置结构示意图

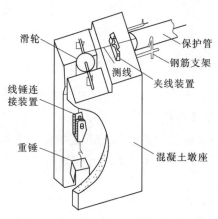

图 3-15　引张线挂重端结构示意图

重锤的重量一般应视选用钢丝的直径、容许应力、整条线及测点之间的距离而定，一般挂重 $W \leqslant 0.6\sigma S$，S 为钢丝截面积。

为保证引张线长期运性的可靠性，应保证钢丝有可靠的安全性，钢丝抗拉安全系数 $K \geqslant 2$。不锈钢丝的极限强度 σ 一般取 13000kg/cm^2。一般而言，$200 \sim 600\text{m}$ 的测线，一般采用 $40 \sim 80\text{kg}$ 的重锤张拉。

3.4.4.4 观测方法

引张线系统建立后，初期一般采用人工观测，具备条件的可以安装自动化采集装置。但建立自动化设备后，必须定期采用人工方式观测，以校核自动化监测设备的测量准确性，同时自动化设备故障、故障后修复，均需采用人工测值保持数据连续性。人工观测主要采用测读人工标尺方式，自动化监测设备主要有电容式引张线坐标仪、电感式引张线坐标仪、步进式引张线垂线坐标仪、CCD 光电式引张线坐标仪，其中电容式、CCD 光电式垂线坐标仪应用更加广泛。

1. 引张线不锈钢标尺观测

（1）测读前准备。对浮托式引张线，测计前应检查测点浮船内液体是否正常，杂质太多或太黏稠会导致线体未处于自由状态，导致测量数据未能真实反映大坝位移。同时检查线体是否搁置或触碰到管壁。检查过程中同时调正标尺面至钢丝间距为 $1 \sim 3\text{mm}$。

（2）人工测读。线体检查完丝后等待 $10 \sim 15\text{min}$，待线体充分稳定后，用读数显微镜人工测读。测读方法为：先用肉眼在钢标尺上读取毫米数 m；然后将读数显微镜置于引张线通过的标尺上，调节视度并转动显微镜内测管，使显微镜测微标尺像刻划线与钢丝平行，测读毫米以下的小数；左右移动显微镜，使钢丝像落在测微标尺像上某两整分划线间且较小的分划线与钢尺刻划线（即 m）重合；转动测微鼓轮使显微镜分划线对准钢丝像的左边缘，读取测微鼓轮读数 a；再转动测微鼓轮使分划线对准钢丝像的右边缘，读取测微鼓轮读数 b，由此可得钢丝中心在标尺上的读数为 $m+(a+b)/2$。同时为检验测量误差，可计算 $a-b$ 与钢丝的直径差值即为测量误差。每个测点测读 2 测回，各测回间误差不超过 0.3mm。测读完成后，将标尺调节与线体保持 $10 \sim 20\text{mm}$ 的距离，同时关好测点保护箱。

（3）测量成果整理。引张线标尺测读完成后，计算 2 测回平均值与初始测值的差值，即该测点相对初始的相对位移。计算时应考虑标尺的安装方向，计算时遵循坝体向下游位移为正的原则。

2. 引张线人工测读注意事项

（1）测读前确保线体处于自由状态；测点浮船无搁浅、翻船现象；检查钢标尺是否已调低、浮船与水箱是否相碰。

（2）测读完一个测点，应关好测点保护箱，防止窜风；测读时尽量选无风的晴天或阴天。

（3）测量过程中不得触碰线体，不小心误碰后，应等待线体充分稳定后继续测读。

（4）同一测回内测读误差不得超过 0.2mm，两测点间测读误差不得超过 0.3mm。

（5）测量时按照"五固定"原则，即固定观测仪器、固定观测路线、固定观测方法、固定观测时间、固定观测人员。

3. 电容式引张线仪的结构及原理

电容式引张线仪是由屏蔽罩、极板部件、中间极部件、仪器电缆及变送器、仪器底板、调节螺杆组成的。屏蔽罩起到保护感应部件的作用，同时消除外界对感应电容量影响。中间极和一组极板是感应部件，将测点相对于基准线（引张线）的位移变化量转变为电容比输出。仪器所用电缆为三芯屏蔽专用电缆，并接至变送器设备，将所测得的电容转化为标准量信号，从而扩大传输距离。调节螺杆主要是为了现场安装时调节仪器的高程、水平而设置的，仪器底板上 4 个 U 槽的主要作用是在仪器初次安装时调节仪器测量范围的起始点（即仪器调中），也可用于扩展量程，其原理如图 3-16 所示。

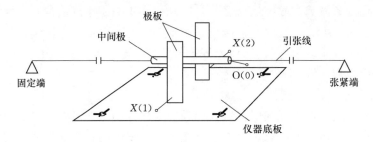

图 3-16 电容式引张线仪原理图

引张线变化量 Δx 计算公式为

$$\Delta x = (A_i - A_{基}) K_f \tag{3-6}$$

式中 Δx——本次测量相对于安装基准间的变位量；

A_i——本次仪器的电容比值；

$A_{基}$——建立基准时仪器的电容比值；

K_f——仪器的灵敏度系数。

4. 电容式引张线仪测量的注意事项

（1）引张线体装置要稳定可靠。引张线仪应可靠连接在混凝土基墩上，混凝土基墩也应与所监测的大坝结构连接牢固。

（2）现场必须采取措施防止雨水、冷凝水等流入引张线仪内。安装在大坝坝顶、廊道等相对潮湿环境中的引张线设备，需采取一定措施确保引张线仪极板上水介质均匀，使仪器测值可靠。布设于坝顶电缆沟的引张线测点应设置专用观测墩，做好电缆沟排水，防止测点浸泡在水中，影响传感器测量精度和使用寿命。

（3）中间极引出线是一根线径仅 0.05～0.1mm 的细漆包线，要注意防止非观测人员或参观人员看不清此线而将其碰断。

（4）温度变化导致引张线线体收缩或膨胀，有可能导致线体中间极与极板位置发生较大偏移。需定期进行人工比测和传感器精度标定，防止仪器灵敏度系数漂移导致测量数据失真。

3.4.4.5 主要技术参数

引张线仪主要监测顺河向位移，Z 向位移监测相对应用较少，主要技术参数见表 3-22。

仪器类型	Y 向	分辨力
引张线仪	0～20mm/0～40mm	≤0.05%F.S
	0～20mm/0～50mm	

3.4.4.6　引张线的安装调试

埋设、安装步骤如下：

（1）根据设计图纸，用全站仪沿布设方向放样测出端点、测点及管道支架的平面位置，并测出其相对高差以便按设计尺寸埋设时调整部件的高度。沿电缆沟布设时，应尽量保持与电缆沟平行。同时应测出测点与固定端、张紧端的平面距离，便于后期与垂线结合计算位移值、线性试验时计算理论位移值。

（2）根据测量的平面高差，在引张线固定端、悬挂端、测点处预浇混凝土基墩，各基墩高度差应限制在 5mm 内，同一测点墩混凝土基墩应保持平整。张紧端夹线装置的 V 形定位槽中心线、固定端固线装置中固线头的中心线均要与引张线方向一致，且 V 形槽的水平高程应略高于滑轮顶端。

（3）埋设安装各测点保护箱底板，采用水平尺进行精确找平。

（4）在同一高程面上，焊接好保护管支撑架，使得保护管安装后，引张线线体位于保护管中间位置。相邻两管用管箍或法兰连接，连接要考虑防风测点保护装置与管道之间要连接牢固。

（5）人工比测装置安装时，测量标尺采用水平尺进行精平，且垂直于引张线方向。

（6）线体安装后，采用设计挂重使其受拉，并采用 V 形槽固定，使线体有充足的拉力。安装时应考虑安装的季度性，9—10 月安装时，以混凝土大坝为例，张紧端、固定端所在坝段一般达到向左右两侧位移的最大值，故安装时线体应稍微拉紧。若夏季安装时线体偏松，冬季降温后，张紧端、固定端所在坝段向中间位移，两端点间距相对减小，会使线体变得松软，过于松软使得张力变小，导致引张体自由度受阻，影响测量精度。冬季安装时应相对偏松，以免夏季坝体向两侧位移时导致线体拉断。

（7）检查线体在测量范围内是否完全自由，在测线上分别选取测线靠左、右、中间部位的 3 个测点，每个测点分别向上、下游人为给定位移量，分别测读各测点读数并记录，最后放开线体使之自由并记录各测读数。分析观测数据，判断线体是否自由，若不自由，需排查处理。

3.4.4.7　引张线监测系统的维护

1. 日常运行维护

（1）测点和张紧端、固定端均要有保护设施，以免破坏。

（2）定期进行巡视检查，防止管道压线、测点保护箱窜风，保持线体处在自由工作状态。定期检查钢标尺是否已调低、浮船与水箱是否相碰，出现上述现象后要尽快排除，否则导致测量数据失真，无法反映大坝的真实位移。

（3）布设于坝顶电缆沟的测点应防止泥水进入，布设在坝体中的测点也应做保护措施，应按设计和规范要求，将测点布设于基墩上，防止水直接流入仪器。

（4）对于电容式引张线仪，中间感应部件与信号线为小于 $\phi 0.1\text{mm}$ 铜丝，要防止观测人员或非观测人员将其碰断。

（5）定期要检查引张线体轴向的伸缩量，伸缩量过大时要调节中间感应部件的位置，以免锰铜丝拉断，调整后应对测量系数进行标定。

（6）对浮托式引张线，定期检查浮船内的液体并进行更换，防止过于浓稠或杂质太多影响线体自由度。

（7）光电式 CCD 引张线仪内部为独立地址编码，采集服务器无法通信时，应采用地址查询软件检查共地址是否跳变或丢失。

（8）光电式 CCD 引张线仪应定期清理发射光源、镜片，发射光源及镜片被污染或遮挡、引张线线体直接搁置于射影板上时均无法正常测量。

（9）定期对仪器进行稳定性检测、人工比测；每半年应对引张线系统进行线性试验。

2. 系统稳定性检测

（1）单个测点稳定性和精度检定。根据大坝安全监测自动监测技术规范，连续测量 15 次计算仪器中误差，仪器中误差与仪器量程、仪器类型均有一定关联。

（2）定期进行复位检查。引张线因线体长度和所受拉力，其复位时间不一致，线体越短复位时间越短，但一般复位时间在 $5\sim10\text{min}$ 内。采用自动化测量时，各测点的复位差不超过 0.1mm 为合格；采用人工标尺测读时，其复位差不超过 0.3mm。

（3）线性试验。采用三角顶点测试方法对引张线进行线性试验，是检定线体拉力、传感器稳定性的又一重要手段。依据相似三角形原理，计算人工测值、自动化测值、理论值三者之间的差值，是检定线性自由度和传感器测值准确性的重要手段。一般选取测线长度 1/2 处测点为三角形顶点，使线体向上游或下游设定负偏离或正偏离。引张线线性试验原理如图 3-17 所示。

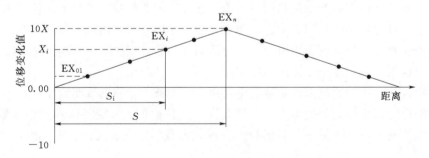

图 3-17 引张线线性试验原理图

理论值变化计算公式为

$$X_i = \frac{XS_i}{S} \tag{3-7}$$

式中 X_i——第 i 测点理论值位移变化量；

S——给定标准位移点至其中一侧端点的距离；

S_i——i 点至同一端点的距离。

通过三角形线性试验，可以检测引张线整体线性度和单个测点测量系数的准确度。当线性试验发现某测点测量误差较大，应对单个测点进行系数标定，若测点系数出现比例误差，需进行系数重新标定；若传感器出现故障，则应进行更换。

引张线采用方差分析的方法评价。人工测值、自动化测值与理论值变化误差是分别由人工两次读数误差、自动化两次测量误差引起的。设 δ 为实测位移量与标定量的差值限差，$\sigma_{自}$ 为自动化测量精度，$\sigma_{人}$ 为人工测量精度，则 $\delta_{人}=\sigma_{人}\sqrt{2}$，$\delta_{自}=\sigma_{自}\sqrt{2}$。

考虑遥测垂线、引张线仪的精度（0.1～0.2mm）及线体复位差等，自动化测量精度 $\sigma_{自}=0.2mm$；考虑现场人工测量时的综合误差，人工测量精度 $\sigma_{人}=0.30mm$，则 $\sigma_{自}=0.2\sqrt{2}=0.28$；$\sigma_{人}=0.3\sqrt{2}=0.42$。

根据以上标准，自动化测值差值与理论值差值限差不得超过 0.28mm，人工测量变化值与理论值限差为 0.42mm。

根据标定结果，根据自动化测值、人工测值、理论值来判定系统精度。①两种测量状态下，自动化变化值与理论变化值超过限差，但人工变化值与理论变化值基本相符，则说明自动化传感器存在偏差，引张线线体自由度良好；②两种测量状态下，自动化变化值、人工变化值均与理论变化值超过限差，说明引张线线性度受阻，需进一步对相关测点、线体检查是否搁置而未处于自由运行状态，检查过程中明显感觉线体松软或拉力不够时，则应根据引张线线体直径、长度及挂重情况，在保证安全系数情况下适当增加挂重。

3. 系数标定

（1）系数标定时，先行安装标定架，并预装 2 个 5mm 标准量块，并先采用自动化系统找准中间位置，即电测量接近零的位置。

（2）对于 RY - 20S 遥测引张线仪，系数标定测量范围为 20mm，将标定装置在电测量接近零的中间值位置固定后，采用自动化系统进行测量，记录电测量。

（3）在可伸缩夹具部位，依次加入 2 个 5mm 标准量块，每加 1 个量块测量 3 次并记录电测量，完成一侧标定；再依次取下已加装的 2 个标准量块，每取下一个标准量块则测量 3 次并记录电测量，完成上游侧往返行程标定。

（4）依次取下预装的 2 个 5mm 标准量块，测量并记录电测量，完成下游侧单行程标定，再依次加装 2 个 5mm 标准量块，完成下游侧往返行程标定。

（5）经过（3）、（4）步骤标定后，共计完成 0mm、5mm、10mm、5mm、0mm、-5mm、-10mm、-5mm、0mm 量程部位的标定，通过计算平均 5mm 标定步长电测量的变化值即可计算出灵敏度系数。

（6）系数标定完成，再将参数录入系统，直接通过标定 10mm 步长进行验证。

4. 故障处理

（1）无法测量。

1）单支引张线无法测量时，首先应检查测量模块电源或采集模块工作是否正常。

2）采集模块通信正常，可采用互换法，即与另一测量正常的同类型仪器互换通道检查该仪器通道状态，通道测量异常则需对采集模块进行更换。

3）采用对应类型的比测小仪表直接在模块端对传感器进行测量，若测量正常也可推断出采集模块或模块通道异常。

4）比测小仪表直接在模块接线端无法测量，则进一步检查采集模块接线端至仪器安装处的电缆，可采用万用表检查仪器电缆是否断路、短路。

5）检查仪器极线是否虚接，引张线仪中间极、AB极板接线脱落会导致无法测量。

6）光电式CCD引张线仪光源被遮挡、线体搁置、内置地址丢失均导致无法测量；额定工作电压为220V±10％，电源中断或电压不足也会导致无法测量。

（2）测值异常检查。

1）单支仪器突跳，采用中误差检定法检查仪器测量稳定性，仪器测量精度达不到要求时，及时更换；仪器更换后应按3.4.4.7所述方法进行系数标定。

2）整体突跳时，对测点进行检查，线体搁置会导致测值失真。标尺调节过高、测点浮船液面太低或浮船侧翻、保护管移位均导致线体搁置，影响自由度。

3）测点变化不符合正常变化规律，对线体全面检查后按3.4.4.7所述线性试验方法进行三角形试验和判断。线体搁置时，搁置部位远离标定点一侧的测点均会出现不符合线性变化的现象。

3.4.4.8 典型案例

1. 引张线布设

某大坝共设置3条浮托式引张线，其中坝顶布置1条，右岸162.00m高程廊道布置1条，左岸142.50m高程廊道布置1条，共计布设26个测点，3条线体两侧悬挂端和固定端分别布设有正、倒垂线测点，用于测量端点水平位移。某电厂引张线分布见表3-23。

表3-23 某电厂引张线分布表

引张线位置	线体直径/mm	悬挂重锤重量/kg	线体长度/m	测点编号	部位	校核端点	备注
坝顶	1.2	50	332	EL01～EL12	4#—19#坝段	IP1＋PL1 IP3＋PL3	120mm热镀锌保护管
162.00m高程坝基灌浆廊道	1.2	40	212	EX01～EX08	4#—12#坝段	IP1 IP2	
142.50m高程坝基灌浆廊道	1.2	40	115	EX09～EX14	14#—19#坝段	IP2 IP3	

2. 引张线线体应力复核

（1）复核必要性。引张线布设是否合理，直接影响到系统整体测值的可靠性和整个系统的可靠运行。引张线张力不够，造成线体悬链垂径增大，直接影响引张线自由度；张力过大，线体所受应力安全系数过小，运行中易造成钢丝拉断。为有效检测引张线系统的可靠性和合理性，对引张线系统应进行线体张力及最大垂径复核。

（2）引张线安装一般规范要求。根据DL/T 5178—2016相关规定：测线越长，其所需的拉力越大，长度200～600m的引张线，一般采用40～80kg的重锤张拉，线体直径一般采用0.8～1.2mm，并满足钢丝抗拉安全系数$K \geqslant 2$。

钢丝实际承受的应力为

$$\sigma_{实} = \frac{H}{\frac{\pi}{4}d^2} \tag{3-8}$$

式中 d——钢丝的直径，cm；

H——线体水平拉力，kg，近似于挂锤重量。

钢丝的安全系数为 $\sigma_{钢}/\sigma_{实}$ 的比值。不锈钢丝的极限强度 $\sigma_{钢}$ 一般取 13000kg/cm^2。

（3）线体应力及安全系数复核计算。根据以上引张线安装规范要求，可以计算出引张线不同线径下允许的最大挂重及一定挂重下线体的实际应力和安全系数，见表3-24和表3-25。

表3-24　　　　　　　　　　引张线不同线径下允许的最大挂重计算表

钢丝级限应力 /(kgf·cm^{-2})	安全系数	最大应力 /(kgf·cm^{-2})	线径 /cm	极限挂重 /kg
13000	2	6500	0.08	32.67
13000	2	6500	0.10	51.05
13000	2	6500	0.12	73.51

表3-25　　　　　　　　　某引张张线体的实际应力和安全系数计算表

垂线部位	实际挂重 /kg	线径 /cm	实际应力 /(kgf·cm^{-2})	钢丝级限应力 /(kgf·cm^{-2})	安全系数
大坝坝顶	50	0.12	4420.97	13000	2.94
162.00m高程坝基灌浆廊道	40	0.12	3536.78	13000	3.68
142.50m高程坝基灌浆廊道	40	0.12	3536.78	13000	3.68

从表3-25可以看出，某引张线各测线安全系数远大于规范要求挂重，具有较高的运行安全性。挂重越小，安全系数越高，但会造成线体测点间悬链垂径过大，影响线体自由度，因此还需进行引张线悬链垂径计算。

（4）引张线悬链垂径计算。受线体自重影响，两引张线测点间测线会形成一个向下的垂径，为保证引张线有足够的自由度，线体悬链垂径不能过大。因为在安装过程中，存在保护管垂直方向、上下游方向安装误差，如果线体悬链垂径过大，会影响线体自由度，甚至会影响仪器有效测量量程。

引张线最大悬链线垂径为

$$Y = \frac{S^2 W}{8H} \tag{3-9}$$

式中 S——两浮托点间距，m；

W——线体单位长度重，kg/m，取高强不锈钢丝约为0.0068kg/m；

H——线体水平拉力，kg，近似于挂锤重量。

通过式（3-9）可以计算出各引张线测点间的悬链垂径，见表3-26。

根据表3-26各线体最大悬链垂径分别是大坝坝顶EL11～EL12、162.00m高程坝基灌浆廊道EX14-固定端、142.50m高程坝基灌浆廊道EX05～EX06测点间，以40kg挂重为例计算大悬链垂径分别为24.19mm、7.27mm、20.78mm，各测线最大、最小悬链垂径差分别为15.77mm、5.26mm、14.82mm，各测点基本保持在同一水平线上。各引张线采用直径120mm镀锌保护管，线体活动范围充足，各测点线体高度可以通过测点浮船内防挥发性油液进行调节，有效保证线体自由性。

表 3 - 26　　　　　　　　　　某引张线不同挂重悬链垂径计算

部位	测点	两浮托点间距 S /m	不同挂重下垂径/mm			
			40kg	50kg	60kg	70kg
大坝坝顶	张紧端					
	EL01	26.30	13.70	11.76	9.80	8.40
	EL02	23.40	12.65	10.12	8.43	7.23
	EL03	22.81	11.06	8.85	7.37	6.32
	EL04	23.21	11.45	9.16	7.63	6.54
	EL05	23.41	11.65	9.32	7.76	6.65
	EL06	25.12	13.41	10.73	8.94	7.66
	EL07	23.35	11.59	9.27	7.72	6.62
	EL08	23.42	11.66	9.32	7.77	6.66
	EL09	28.31	17.03	13.62	11.35	9.73
	EL10	23.03	12.27	9.82	8.18	7.01
	EL11	33.36	23.64	20.07	16.73	13.34
	EL12	33.74	24.19	19.35	16.13	13.82
	固定端	19.90	8.42	6.73	5.61	3.81
162.00m 高程坝基灌浆廊道	张紧端					
	EX09	9.73	2.01	1.61	1.34	1.15
	EX10	17.22	6.30	5.04	3.20	3.60
	EX11	16.21	5.58	3.47	3.72	3.19
	EX12	18.39	7.19	5.75	3.79	3.11
	EX13	16.77	5.98	3.78	3.98	3.41
	EX14	12.49	3.32	2.65	2.21	1.89
	固定端	18.50	7.27	5.82	3.85	3.16
142.50m 高程坝基灌浆廊道	张紧端					
	EX01	26.42	13.83	11.87	9.89	8.48
	EX02	23.35	11.59	9.27	7.72	6.62
	EX03	23.52	11.76	9.40	7.84	6.72
	EX04	23.49	11.73	9.38	7.82	6.70
	EX05	23.46	11.70	9.36	7.80	6.68
	EX06	31.27	20.78	16.62	13.85	11.87
	EX07	16.75	5.96	3.77	3.97	3.41
	EX08	22.91	11.15	8.92	7.44	6.37
	固定端	18.01	6.89	5.51	3.60	3.94

3. 引张线线性试验检定

引张线标定装置固定在引张线仪底座上，电容式引张线标定示意如图3-18所示。

根据线性试验方法及步骤，对162.00m高程坝基灌浆廊道内的EX09～EX14进行线性试验。标定数据见表3-27。

根据测量数据绘制线性试验图，检测整条线体自由度，如图3-19所示。

从表3-27中可以看出，人工测值差值与理论值基本相符，但自动化测值差值与理论值相差较大，说明整体线性符合要求，但EX10测点测量存在偏差，需按单点标定方法进一步检定是否为系数漂移或故障。

图3-18 电容式引张线
标定示意图

表3-27   引 张 线 标 定 数 据 表

测点	距离 /m	状态1		状态2		自动化测值差值 /mm	理论值 /mm	人工测值差值 /mm	自动化测值差值-理论值 /mm
		自动化测值 /mm	人工测值 /mm	自动化测值 /mm	人工测值 /mm				
张紧端	0	0	0	0	0	0	0	0	0
EX09	9.73	1.7	86	0	83.5	−1.7	−1.6	−1.5	−0.1
EX10	26.95	3.1	88.3	0.4	83.9	−3.7	−3.4	−3.4	0.7
EX11	43.16	3.9	73.9	−2.1	66.9	−7	−7	−7	0
EX12	61.55	6.6	84	−3.6	74	−10.2	−10	−10	−0.2
EX13	78.32	3.7	76.5	−1.8	70.1	−6.5	−6.5	−6.4	0
EX14	90.81	3.4	73.4	−0.5	69.8	−3.9	−3.9	−3.6	0
固定端	109.31	0	0	0	0	0	0	0	0

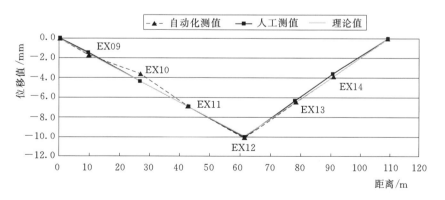

图3-19 某引张线线性试验图

3.4.5 激光准直法

3.4.5.1 概述

激光准直仪是一种比光学经纬仪更为先进的光学仪器，具有精度高、操作简便、稳定性好、使用灵活等优点。测量中发射的激光束是一条能量集中的直线，具有良好的方向性、单色性，在测量范围内，不存在弯曲、垂弧等问题，测量准确性高。激光准直系统分为真空激光准直系统和大气激光准直系统，两者布置形式基本一致，因真空激光准直系统采用了真空管道，故测量精度比大气激光准直系统更高。真空激光准直系统在一个人为制造的真空环境中完成各测点的测量，其观测精度受环境影响较小，长期工作稳定可靠，测量精度可达 $0.5 \times 10^{-6} L$（L 为激光准直系统发射端到接收端的长度）以上，可同时测量直线型混凝土大坝的水平方向位移和垂直方向位移。

大坝变形测量中应用较为广泛的为真空激光准直系统，它主要由激光发射装置、激光接收装置、真空管道、测点箱、真空发生装置、真空检测装置、系统控制箱及数据采集上位管理机等组成。

3.4.5.2 工作原理

真空激光准直系统采用 He－Ne 激光器发出一束激光，穿过与大坝待测部位固结在一起的波带板（菲涅耳透镜），在接收端的成像屏上形成一个衍射光斑。利用 CCD 坐标仪测出光斑在成像屏上的位移变化，即可求得大坝待测部位相对于激光轴线的位移变化。测值反映各测点相对于系统的激光发射端和接收端的位移变化。

激光发射装置发出的激光束在真空管道中传输，照满位移测点部位布设的波带板，在激光接收装置上形成圆形亮点（圆形波带板）或十字亮线（方形波带板）。通过测量接收装置上的亮点或亮线的中心位置计算出测点的位移值，原理如图 3－20 所示。

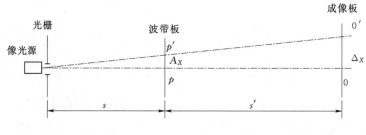

图 3－20 激光准直测量原理图

其计算公式为

$$\Delta X = KL$$

$$K = \frac{S}{S + S'} \tag{3-10}$$

式中　ΔX——测点测值，mm；

　　　　L——激光接收装置读数值，mm；

　　　　K——归化系数；

　　　　S——测点至激光发射装置的距离，m；

S'——测点至接收装置的距离，m。

3.4.5.3 监测设施

真空激光准直系统结构示意如图 3-21 所示。

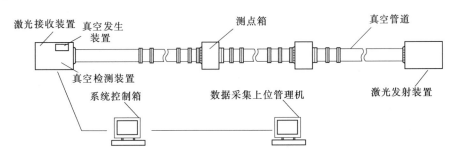

图 3-21　真空激光准直系统结构示意图

1. 激光发射装置

激光发射装置由定位扩束小孔光栏、激光器和电源适配器等组成，可产生一条用于真空激光准直装置测量的激光束。采用激光器作为准直系统的光源，具有单色性好、光束光强分布均匀的特点。

2. 激光接收装置

激光接收装置由 CCD 激光检测仪、图像卡等组成，主要用于测量经波带板形成的激光衍射光斑的坐标位置。CCD 坐标仪主要由成像屏和 CCD 成像系统两部分组成。CCD 成像系统将成像屏上的衍射光斑转化为相应的视频信号输出。

3. 真空管道

用于通过激光束的专用管道，由测点箱、保护钢管、软连接段以及平晶密封等部件组成，测量时管道内处于真空状态。

（1）测点箱。测点箱内安装有波带板、波带板翻转机构及控制翻转的电路板。波带板对激光束起衍射聚焦作用，是反映测点位移变化的部件。波带板分为圆形波带板或方形波带板两种。自动化控制测量时，由微机发送命令，通过自动控制装置举起波带板进入激光束内，完成测量后放下波带板，退出激光束。每次测量时，仅有被测点的一块波带板进入光束。

（2）保护钢管。根据不同的准直距离需要分段采用不同管径的无缝钢管焊制而成，其内径应大于波带板最大通光孔径的 1.5 倍，或大于测点最大位移量的 1.5 倍，但不宜小于 150mm。

（3）软连接段。一般采用不锈钢波纹管进行软连接，软连接段用来补偿真空管道的热胀冷缩，减少热应力对测点的影响。安装时由波纹管将真空管道和测点箱连接成一体。连接处采用 O 形圈密封。

（4）平晶密封。平晶真空管道两端用两块高精度的平晶密封，以形成通光条件，又不会影响激光束的成像。

4. 真空发生装置

真空发生装置由真空泵、真空截止阀和冷却系统组成。真空泵用于将真空管道抽成

63

真空。

5. 真空检测装置

真空管道的真空检测装置包括真空气压表、水银真空度计等。

6. 系统控制箱

控制箱为激光系统工作的电气箱，由箱内的智能模块控制真空泵、冷却系统、激光源及各测点电源组成。必要时可由人工直接启动，控制激光系统的工作。

7. 数据采集上位管理机

数据采集上位管理机用于真空激光准直系统数据采集、数据存储、数据编等。

3.4.5.4 真空激光准直观测方法

真空激光准直观测示意如图 3-22 所示。

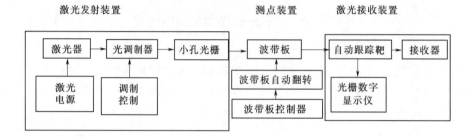

图 3-22 真空激光准直观测示意图

1. 人工手动测量

（1）将控制箱操作模式开关转动至手动状态。

（2）检查冷却水箱内的水位、真空泵油位，两者液位正常时开启下一步工作。

（3）打开系统电源，按下激光电源开关。

（4）开启冷却水泵电源，待冷却水泵正常工作后，再开真空泵电源开关；启动 5～10min 后，关闭真空泵，关闭冷却水泵。

（5）打开麦氏表阀门，进行人工真空度的测读，应反复多次缓缓转动麦氏表进行读数，一般在数次后其读数才趋向稳定。当真空度达到设计规定值时，进行测量工作。

（6）启动工控机激光准直系统运行程序进行各测点的单次、多次测量，各测点的巡测，各波带板的举起、落下等工序操作；每测点应往返观测一测回，两个半测回测得偏离值之差不得大于 0.3mm。

（7）完成操作后，将控制箱上的操作模式开关转至自动状态，系统即恢复按原间隔时间的定时自动工作状态。

2. 自动控制测量

（1）将控制箱操作模式开关转动至手动状态。

（2）定时间隔时间可根据用户要求预设定。考虑真空泵的使用寿命和实际需要间隔时间可设在 1～3 天，或更长一些。

（3）定期检查真空泵油位、水泵冷却水箱液位，应确保在正常位置。

（4）定期校测真空度。

（5）自动控制测量主要通过智能控制模块按预设流程自动控制执行抽气、开启冷却水泵、开启激光发射仪、自动测量工作、自动记录等。

3.4.5.5 主要技术参数

大气激光准直系统和真空激光准直系统的主要技术参数见表3-28和表3-29。

表 3-28　　　　　　　　两种激光准直系统的主要技术参数

仪器名称	测量范围/mm		分辨力/%F.S	适用准直距离/m
	水平位移	垂直位移		
大气激光准直系统	0～100	0～100	≤0.1	≤300
	0～200	0～200		
真空激光准直系统	0～100	0～100	≤0.1	>300
	0～200	0～200		
	0～300	0～300		

表 3-29　　　　　　　　真空激光准直系统的主要技术参数

名　称	参　数	名　称	参　数
测量真空度	<66Pa	漏气率	<120Pa/h
保持真空度	<20kPa	抽真空时间	<1h

3.4.5.6 真空激光准直系统的安装调试

1. 真空管道安装放样

（1）水平度放样。按测点及发射端、激光接收端的设计位置，以真空管道中心轴线的高程控制各墩安装面的高程，对真空管道的发射端、接收端、测点测墩以及管道的支墩放样和施工。采用DS05、DS1或同等级精度的精密水准仪控制各墩的安装面高程。测墩与设计值的偏差应控制在±3mm内，各支墩的偏差可适当放宽。待支墩底板安装完毕后，再用水准仪校测，求得各支墩的实际偏差，然后用钢垫柱补偿。

（2）轴线放样。采用J05或J1型高精度全站仪对真空管道轴线放样。以激光发射端、接收端基墩两中心点为控制基准线，控制各测墩中心线对轴线位置的偏差小于5mm。用钢带尺丈量各测墩中心线间距，相邻测墩间距偏差控制在±3mm内。整个系统长度的总偏差也应控制在10～20mm内。

2. 真空管道的焊接与安装

（1）每两测点间宜选用2～3管整段钢管采用双层焊进行焊接，钢管对焊端应在焊接前打30°坡口，焊接前钢管内壁必须进行除锈清洁处理。真空管道内径需大于波带板最大通光孔径的1.5倍。

（2）每段钢管焊成后，应用肥皂水或其他方法进行检查，不得有渗水、漏气现象。

（3）采用高精度经纬仪或全站仪对安装的钢管、测点箱进行定位。

（4）为确保抽气钢管与真空管道对接处焊接质量，真空泵的容量应与抽气钢管直径匹配。

（5）安装完成的真空管道应进行密封试验，用压缩空气或气泵将管道充气至

0.15MPa，涂抹肥皂水进行检漏，确保管道测箱密封达到要求后再进行测点仪器的安装。

3. 真空泵的安装调试

（1）将真空泵及其冷却系统的电缆接入控制箱，检查无误后，将控制箱面板上的工作方式选择开关打在手动位置。

（2）启动水泵开关（按电磁阀按键）检查，应确保排水循环管有水排出。

（3）启动真空泵开关（按真空泵按键）并注意皮带轮是否按正确方向旋转（按箭头方向）。如旋转方向相反，则应立即停止真空泵启动，并关掉控制箱内三相电源。将三相中的两根相线位置互换，再重复启动真空泵开关操作。

（4）真空泵启动后即进行计时，并观察节点真空表上的读数。一般表上指针应有明显变化，若变化很小，则应关真空泵，检查真空管道的密封性，检查各种阀门是否处在正常位置，排除漏气的可能再进行抽真空调试。要防止真空泵在高气压情况下的工作时间超过3min，以避免对真空泵产生损伤。正常情况下，一般在10～15min后即可将真空管道内的气压由1个大气压抽至20～40Pa，对于管道较短的情况下，真空度可达1～5Pa。管道内的真空度用麦氏水银真空表测量。

（5）真空度达到要求后，即关好各个阀（麦氏表、接点真空表的阀），关闭真空泵和水泵，记录时间，检查漏气状况。气压上升应不超过5～10Pa/h。

4. 波带板翻转机构的调整

（1）调整激光源位置，发出的激光束应均匀地照亮成像板。对于准直距离较长的真空管道，在大气状况下，由于温度梯度较自由空间更大，对光束传输的影响更大，在调整位置时应充分考虑其对位置调整的影响。

（2）在调整波带板及翻转机构位置时应考虑到管内气压和温度梯度对位置调整的影响。一般在白天，在大气压下传输比高真空度下传输形成的光斑位置要偏下。粗调以后，再根据高真空度下形成的光斑位置按系统各测点的放大倍率计算出翻转机构及波带板精确调整的位置进行精调。

3.4.5.7 真空激光准直系统维护

1. 日常维护

（1）应采取保护措施，防止渗水、雨水直接滴入激光发射端及接收端，一般激光系统的两端均设置在室内，并备有保护箱。根据室内现场条件，应设加热器、除湿机等装置，加热器根据现场条件季节性投运。

（2）定期检查水泵冷却水箱的水位，每2个月注水一次，水箱内的水位不得低于30cm；6个月更换一次，更换时应先清除水箱内陈水，注入干净无杂质的新水。

（3）定期校测真空度，定期校验真空度压力表，压力表不合格时应及时更换。

（4）定期检查真空泵油箱，每6个月更换一次，更换前先抽取油箱内的陈油，注入少量新油，手动转动皮带轮，将油泵内清洗干净后放出，最后注入新油，油位控制在油箱上限位刻度位置。

2. 故障排查

（1）启动冷却水泵、真空泵后，真空泵并未真正工作。

1）开启冷却水泵、真空泵旋钮后真空泵未工作，应检查真空泵开关上的指示灯是否正常，指示灯不正常时应检查供电电源是否正常或供电线路是否故障。

2）当指示灯均正常、冷却水泵工作正常时，应检查冷却水泵出水口的出水量是否正常，如无水或水量较少则需及时补水；检查循环水箱内的水位浮子是否能正常起、浮，不能正常工作时应进行调整。检查管路中是否有气泡堵塞等故障，若管路中气泡堵塞，则拧开真空泵出水口的出水管，开启水泵后抽水排出管路中的气泡。

3）检查各控制电磁阀是否能正常打开或有异常声响，电磁阀损坏时应采用同类型的备品更换。

4）检查水泵是否损坏，应及时更换相同功率的水泵。

5）真空泵抽气时间过长，可能原因为真空泵油箱内油液长期未更换或油箱内进水；真空管道存在漏气现象，应检查漏点，及时进行密封处理。

（2）真空度达不到要求。在真空泵工作结束后用麦氏表检测真空度，其值低于正常工作的要求，则可能由于以下原因：

1）启动后并没有正常工作。将控制箱选择为手动工作模式，按本节（1）所述办法检查真空泵及冷却系统的故障。

2）冷却水泵和真空泵工作正常。应检查管道各阀门是否处于正常状态，真空表与真空管道连接的橡皮管接嘴处是否由于真空泵的振动而有松动。

3）排除以上故障后，再启动冷却水泵。真空泵抽气 10～15min，检查管内真空度是否达到正常工作要求。并检查管道的漏气率，此时应将各阀门关紧。

4）检查定时测量时，若真空泵启动的待续时间设定为 3min 左右，则可重新设定为 5min，如定时间隔较长，由可适当设定为 5～8min。

（3）无图像信号。各测点测值光斑中心位置均为 0，则可能是激光源没有工作。应检查激光源电源是否正常；若激光管已点燃，则可能视频信号电缆有故障，检查其有无断口。

（4）测点故障及处理。

1）波带板无法正常起、落：波带板的起、落可分别利用现场控制盒内的控制盒按钮、测量程序主控制按钮进行控制，采用分级排查法确定故障点。

2）控制波带板的控制盒故障时，应先使管道内恢复到大气状态，打开盖板按正确接线更换同类型的控制盒。更换后采用现场控制盒检查波带板是否正常起、落。

3）控制波带板起、落的电机故障后，更换相同功率电机，并注意按正确接线方式进行接线，防止损坏波带板。

3.4.6 三角高程法

3.4.6.1 概述

三角高程测量是目前工程控制测量中的一种常用方法，其测量精度低于精密水准，随着高精度测距仪的广泛应用，已完全可以替代三等、四等水准测量。用三角高程代替几何水准建立高程网与平面网结合的控制网，大大加快了野外测量的速度，在高差较大的滑坡体、桥梁、工程边坡、库区等变形监测中都得到广泛应用。

全站仪观测三角高程应用较普遍，又称为 EDM 三角高程法。三角高程法可以分为单向观测法、中间法、双向观测法。

（1）单向观测法。单向观测时，将仪器架设在其中一点，另一点架设反光棱镜，分别量取仪器高和棱镜高，测量两点间的距离和竖直角，通过计算可得出两点间高程，通过其中一个已知点推算出另一点高程。

（2）双向观测法又称为往返观测（对象观测），即分别在两点架设仪器观测另一点，测量方法与单向观测法相同，测量高程取两点绝对值平均值，减少了大气折光和地球曲率的影响，测量精度较单向观测法有很大的提升。

（3）中间法。中间法一般用于放样测量中，由已知一点测量待测位移测点，但两点间无法正常通视时，可在两点中间位置选均通视的第三点，由第三点架设仪器，测量各点与第三中间点的相对高差，即可计算待测点高程。该测量方法不需要量取仪器高，减少了仪器高量取的误差。

三角高程法受大气折光和地球曲率的影响，测量过程中应根据测量精度要求进行气像元素的测定。

3.4.6.2 测量原理

三角高程测量是根据两点的水平距离和竖直角计算两点的高差，通过已知高程点计算出变形测点的高程。三角高程测量是一种间接测高法，适用于地面起伏变化较大，进行水准测量比较困难的场合。可用三角高程测量方法测定两点间的商差，其原理如图 3-23 所示。A、B 点间的商差计算为

$$h_{AB} = D\tan\alpha + i + t \tag{3-11}$$

式中　h_{AB}——A、B 两点间的商差，m；

　　　　D——A、B 两点间的水平距离，m；

　　　　α——竖直角，（°）

　　　　i——仪器高，m；

　　　　t——后视棱镜高，m。

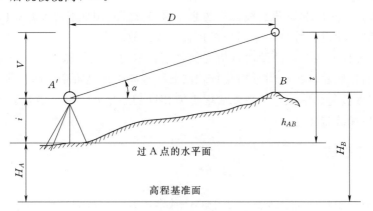

图 3-23　三角高程测量原理图

3.4.6.3 监测设施

三角高程法测量主要由测量基点、位移测点、观测仪器及观测工具组成。三角高程测量中的测量基点、位移测点、观测仪器与观测工具与交会法相同。通常进行交会法测量时，同步采用三角高程法测量变形的高程，以监测位移测点的垂直位移。

3.4.6.4 仪器参数

三角高程测量全站仪相关型号与对应参数表见3.4.1.5小节表3-15。

对于长期观测的三角高程点，一般与水平位移标点同步布设和建立，其测点浇筑如图3-1所示。

3.4.6.5 三角高程法观测

三角高程法主要测定两点间的距离和竖直角，通过气象元素改正、地球曲率改正、高程改正后计算所得。

1. 距离测定

三角高程测量时，其距离的测距和气象元素的测量、规范限差详见3.2.1.3所述。

2. 垂直角测定

垂直角又称为竖直角或高度角，是同一竖直面内视线与水平线间的夹角，其角值为$-90°\sim90°$。视线向上倾斜，垂直角为仰角，符号为正。视线向下倾斜，垂直角为俯角，符号为负。

垂直角测量所使用的仪器应遵守仪器检定相关规定。为消除仪器竖盘指标差，垂直角观测时应取正倒镜观测。垂直角测量时应符合相应规范要求。

3.4.6.6 仪器维护与保养

全站仪使用与保养与详见3.4.1.6保养与维护章节所述。

3.4.7 几何水准法

3.4.7.1 概述

几何水准法是采用水准仪和水准尺由水准原点或任一已知高程点出发，沿选定的水准路线逐站测定路线上地面上两点间高差，从而计算出待测点的高程的方法。其主要用于大坝变形监测、桥梁、工程施工等，监测建筑物的垂直向位移。

几何水准法由引基点、几何水准点、水准路线及监测仪器组成。

大坝变形监测几何水准测量系统中，一般大坝左右岸平硐或厂房相对稳定区域布设有水准工作基点，并需定期进行复测。几何水准点为待监测部位水准标点，与待观测部位紧密相连。几何水准路线分为闭合水准路线、附合水准路线和支水准路线三种。

3.4.7.2 监测设施

水准测量所使用的仪器为水准仪，工具为水准尺和尺垫。

1. 水准仪

水准仪有光学水准仪和数码水准仪两种。按其精度可分为DS05、DS1、DS2、DS3和DS10等5个等级。建筑工程测量广泛使用DS3级水准仪，大坝变形监测中常用为数码水准仪。根据水准测量的原理，水准仪的主要作用是在前后视线上提供一条水平视线，并能照准水准尺进行水准标尺的读数。水准仪主要由望远镜、水准器及基座三部分组成。DS03型光学水准仪结构示意如图3-24所示，DNA03型数码水准仪在光学水准仪基础上增加测量显示屏，其结构示意如图3-25所示，显示屏示意如图3-26所示。

（1）望远镜。水准仪望远镜主要由物镜、目镜、对光透镜和十字丝划板组成。十字丝划板上刻有两条互相垂直的竖丝与中丝，主要用于瞄准目标和读取读数。在中丝的上下有

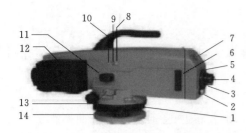

图 3 - 24 DS03 型光学水准仪结构示意图
1—度盘；2—检查按钮；3—目镜卡环；4—目镜；
5—护盖；6—封盖；7—读数显示屏；8—显示屏
照明键；9—电源开关；10—功能键；11—圆水
准读数棱镜；12—电池盒；13—圆水
准器；14—安平手轮

两条与中丝平行的用于测定距离的视距丝。

十字丝交点与物镜光心的连线称为视准轴或视线。对光凹透镜可使不同距离的目标均能成像在十字丝平面上。再通过目镜，便可看清同时放大了的十字丝和目标影像。从望远镜内所看到的目标影像的视角与肉眼直接观察该目标的视角比称为望远镜的放大率。DS3 级水准仪望远镜的放大率一般为 28 倍。

（2）水准器。水准器分为管水准器和圆水准器两种，管水准器用来指示视准轴是否水平；圆水准器用来指示竖轴是否竖直。

（3）基座。基座主要由轴座、脚螺旋、底板和三角压板组成，基座的作用是支承仪器的上部并与三脚架连接。

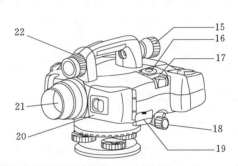

图 3 - 25 DNA03 型数码水准仪结构示意图
1—提柄；2—调焦手轮；3—键盘；4—测量键；5—脚螺旋；6—底板；7—水平度盘设置环；8—水平度盘；
9—防水多用端口；10—遥控器光束控测窗；11—目镜调焦旋钮；12—目镜；13—显示屏；14—瞄准器；
15—瞄准器目镜调焦旋钮；16—圆水准器；17—圆水准器观测镜；18—水平微动手轮；19—SD 卡槽
和 USB 口端口护盖；20—电池盒护盖；21—物镜；22—瞄准镜轴调整螺旋

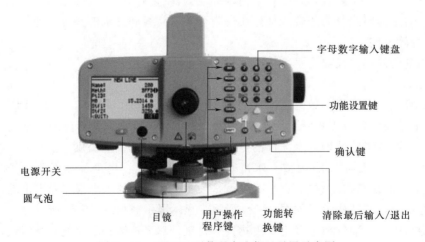

图 3 - 26 DNA03 型数码水准仪显示屏示意图

（4）显示屏。数码水准仪显示屏主要由功能设置键、功能转换键、数字及字母键盘、清除键、确认键、电源开关、圆气泡组成。

2. 水准尺

水准尺是水准测量时使用的标尺，采用不易变形的材料制成。早期常用的水准尺有塔尺和双面尺两种。塔尺多用于等外水准测量，其长度有 2m 和 5m 两种。双面尺多用于三等、四等水准测量。其长度有 2m 和 3m 两种。随着监测仪器的发展以及数码水准仪的广泛使用，其配套使用的数码水准尺测量精度更高，其材料采用不易受温度影响的铟钢材料制成，不易受温度影响或其他外力发生变形。尺面上采用二维条形码，采用数码水准仪照准直接扫描测量尺面读数，减少人肉眼读数误差。

3. 尺垫

尺垫是在水准路线上转点部位放置水准尺用的，一般为三角形铸件，中央顶部有一突起的半球体作为竖立水准尺和标志转点之用；下方有 3 个支脚，便于使用时将支脚牢固地插入土中，以防下沉。在长期监测且路线固定的几何水准测量中，可按测量等级要求，测量路线上按距离布设简易水准标，对测尺、测站摆放位置进行标识，可以极大提高工作效率。

3.4.7.3　外业测量

水准测量步骤及方法见 3.3.2.3（3）小节所述。

水准测量过程中会因仪器误差、观测误差、外界环境的影响而产生观测误差，测量作业时应遵守相应的规范，减小观测误差。

1. 仪器误差

（1）水准管轴应与视准轴平行误差。仪器使用前虽然进行严格的检验校正，但仍然存在残余的角残差。理论上水准管轴应与视准轴平行，但实际上不可能完全平行，这种误差的影响与仪器至水准尺的距离成正比，属于系统误差。观测时使前、后视距相等，可消除或减弱此项误差的影响。

（2）水准尺误差。水准尺刻划不准确、尺长发生变化、尺身弯曲等原因，会对水准测量造成影响。此外，由于水准尺长期使用导致尺底端零点磨损，或者水准尺的底端黏上泥土改变了水准尺的零点位置也会造成影响。可以在一水准测段中把两支水准尺交替作为前后视读数，或者测量偶数站来消除。

（3）水准管气泡居中误差。水准仪气泡本身会存在误差，将仪器整平后旋转 180° 后，看圆形气泡是否居中，存在居中误差时，气泡会偏移原中间位置，此时需要对气泡进行调节，直至仪器旋转前后气泡不发生偏离。

2. 观测误差

（1）仪器整平误差。观测时仪器气泡未完全整平，导致仪器存在置平误差，将在前后视线上产生与水平方向向下、向下的夹角，产生观测误差。

（2）读数误差。在水准尺上估读毫米数的误差，与人眼的分辨能力、望远镜的放大倍率以及视线长度有关。为减小人为误数误差，可选用高精度数码水准仪及配套数码水准尺。

（3）视差影响。当视差存在时，十字丝平面与水准尺影像不重合，若眼睛观察的位置不同，便读出不同的读数，因而也会产生读数误差。

（4）水准尺倾斜影响。施尺人员在摆放水准尺时，测尺水准气泡未完全居中，测尺倾斜将使尺面上读数增大。

3. 外界环境的影响

（1）仪器、尺垫下沉。测量路线上土质松软路段，测量前后视的过程中，仪器、尺垫下沉后导致视线、高程变化，从而引起高差误差。采用"后、前、前、后"的观测程序可减弱其影响。同时在架设脚架后踩紧脚架，减少沉降的发生。

（2）地球曲率及大气折光影响。由于大气折光原因导致视线并非是水平，而是一条曲线。测量中可严格控制前后站视距差，前后视距相等情况下，可消除或减小大气折光的影响。接近地面的空气温度不均匀，接近地面的温度梯度大，大气折光的曲率大，测量过程中抬高测量视线，选择合理观测时段，晴天一般只在上午 10 点之前作水准测量，阴天可全天进行观测。

（3）温度对仪器的影响。温度会引起仪器的部件涨缩，从而可能引起视准轴的构件（物镜、十字丝和调焦镜）相对位置的变化，或者引起视准轴相对于水准管轴位置的变化。由于光学测量仪器是精密仪器，不大的位移量也可能使轴线产生几秒偏差，从而使测量结果的误差增大。当烈日照射水准管时，导致水准管本身和管内液体温度升高，气泡会向着温度高的方向移动从而产生气泡居中误差，观测时应注意撑伞遮阳。

3.4.7.4　仪器参数

国内外不同厂家的水准仪参数各有不同，水准仪参数见表 3-30。

3.4.7.5　保养与维护

1. 仪器的维护与保养

（1）测量作业保养。

1）作业期间，仪器应加保护罩，防止天气变化的影响。

2）作业完成后应使用柔软的毛刷清扫灰尘，或用干净的抹布擦净水泡，并将仪器和标尺放入仪器箱保护好。

3）用脱脂软刷（或镜头纸）清理仪器的光学元件，不能使用其他物质清理。

4）长期从寒冷的地方移到暖和的环境里进入现场观测时，应给出足够的时间在现场停留，使仪器温度与外界温度达到平衡，避免仪器内部出现水气沉淀。

5）长期连续使用仪器可以减少霉菌产生的风险。

（2）日常保养。

1）长期停机或库存期间，应将仪器放在明亮干燥及具有良好通风条件的房间里（空气湿度应低于 65%）；盖上透气而且能挡灰尘的罩子。

2）每隔几周应用除霉剂进行一次杀菌，仪器箱里要存放杀菌剂和干燥剂。

3）在运输过程中，注意保护仪器不受剧烈的振荡，标尺应平放在车厢内。

2. 电池维护与保养

水准仪电池使用与全站仪相同，详见 3.4.1.6 所述。

3. 仪器的检验

水准仪、水准尺每年定期送专业检验单位进行检验，检验合格后方可使用。

表 3 - 30　　　　　　　　　　　　　　水 准 仪 参 数 表

型号	AC - 2S	DINI12	DL - 101C	DNA03	DSZ2 - FS1	NA2	PL1	SDL1X
名称	自动安平水准仪	数字水准仪	数字水准仪	数字水准仪	自动安平水准仪	自动安平水准仪	精密水准仪	数字水准仪
每公里往返测高差中误差（mm）	0.4（带测微器）	1.0（标准尺）、0.3（铟钢尺）	1.0（标准尺）、0.4（铟钢尺）	1.0（标准尺）、0.3（铟钢尺）	0.7（带测微器）	0.7、0.3（带测微器）	0.2（带测微器）	1.0（玻璃钢尺）0.3（BIS20/30钢钢尺） 0.2（BIS30A钢钢尺）

		AC - 2S	DINI12	DL - 101C	DNA03	DSZ2 - FS1	NA2	PL1	SDL1X
望远镜	成像方式	正	正	正	正	正	正	正	正
	放大倍率/倍	34	32	32	24	32	32、40	42	32
	物镜孔径/mm	45	40	45	45	45	45	50	45
	视角场			1°20′					1°20′
	最短视距/m	1	1.5	2	1.8	1.6	1.6	2	1.6
补偿器	补偿范围	±2′	±15′	±12′	±10′	±14′	±30′		
	补偿精度	0.3″	0.2″	0.3″	0.2″	0.3″	0.3″		
圆水准器		8′/2mm	8′/2mm	8′/2mm	8′/2mm	8′/2mm	8′/2mm	8′/2mm	8′/2mm
度盘	刻值/mm	0.1	0.01	0.01	0.01	0.1	0.1	0.1	0.01
	估读/mm	0.01	0.001	0.001	0.001	0.01	0.01	0.01	0.001
操作温度/℃		−20～50	−20～50	−20～50	−20～50	−20～50	−20～50	−20～50	−20～50
仪器重量/kg			3.5	2.8	2.8	2.5	2.4	3.8	3.7

（1）水准仪的校验。水准仪的检验与调整方法按照《国家一、二等水准测量规范》（GB/T 12897—2006）中附录 B 所规定的条款执行。具体检验项目及限差指标见表 3 - 31。

表 3 - 31　　　　　　　　　　　水准仪检验项目及限差指标

检 验 项 目	限差要求	检验周期
水准仪的检视	—	作业前
水准仪上概略水准器的检校	—	作业前
光学测微器隙动差和分划值的测定	＜2.0 格	作业前
视线观测中误差的测定	＜0.40″	每年
补偿误差的测定	＜0.10″	每年
调焦透镜运行误差的测定	＜0.50mm	每年
水准仪视准轴位置正确性（i 角）的检验	＜15.0″	作业前
双摆位自动安平水准仪摆差（2C）的测定	＜40.0″	作业前
测站高差观测中误差	＜0.08mm	每年
竖轴误差的测定	＜0.05mm	每年

（2）水准尺的校验。水准标尺的检验与调整方法按照 GB/T 12897—2006 中附录 B 执行。具体检验项目及限差指标见表 3-32。

表 3-32　　　　　　　　　　　水准尺检验项目及限差指标

检 验 项 目	限差要求	检验周期
水准标尺的检视	—	作业前
水准标尺上圆水准器的检校	—	作业前
水准标尺分划面弯曲差的测定	<3.00mm	作业前
标尺名义米长的测定	<100μm	作业前
标尺尺带拉力的测定	<1.0kg	作业前
一对水准标尺零点不等差	<0.10mm	作业前
基辅分划读数差的测定	<0.50mm	作业前
标尺分划偶然中误差的测定	<13μm	作业前
标尺中轴线与标尺底面垂直性测定	<0.10mm	每年

3.4.8　静力水准法

3.4.8.1　概述

静力水准系统是测量两点间或多点间相对高程变化的精密仪器，主要用于大型储罐、大坝、核电站、高层建筑、基坑、隧道、桥梁、地铁等垂直位移和倾斜的监测。静力水准系统一般安装在被测物体等高的测墩上或被测物体墙壁等高线上，通常采用一体化采集单元进行测量，采集数据通过有线或无线通信与计算机连接，从而实现自动化观测。静力水准系统属于高精度在线变形监测系统。静力水准测量各测点间的相对位移或倾斜，联合双金属标或水准标可监测绝对位移。

安装方式分为测墩式安装和墙壁式安装两种方式，视现场条件和设计要求选定。

3.4.8.2　监测设施

静力水准系统的结构由主体容器、液体、传感器、浮子、连通管、观测墩、固定配件、液体连通管及保温材料、采集装置、保护装置等组成。静力水准主体容器内装有一定高度液体，连通管用于连接其他静力水准测点，各测点间通过连通管形成自由连通的通道，使主体容器内各测点的液面始终保持在同一平面；传感器安装在主体容器顶部，浮子位于主体容器内随液面升降而升降，观测墩用于预埋安装配件，可通过调节螺母来调节主体容器的高度，保温管用于使连通管少受外界温度的影响。

静力水准仪根据所使用传感器的不同可分为电容式静力水准仪、CCD 式静力水准仪、电感式静力水准仪、钢弦式静力水准仪和光纤光栅式静力水准仪。图 3-27 和图 3-28 为电容式静力水准仪结构示意图和整体安装示意图。

3.4.8.3　工作原理

1. 计算原理

静力水准系统适用于测量多点的相对沉降，多个静力水准仪的容器用连通管连接，传感器的浮子位置随液位的变化而同步变化，由各测点传感器测量出自身液位相对安装初期

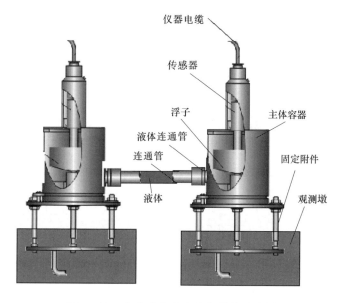

图 3-27 电容式静力水准仪结构示意图

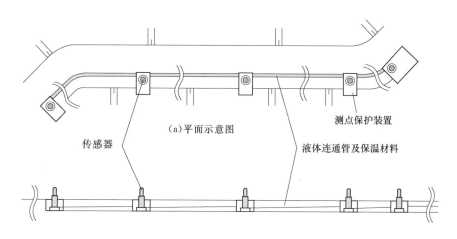

（a）平面示意图

（b）立面示意图

图 3-28 电容式静力水准仪整体安装示意图

的变化量。在静力水准仪的系统中，所有测点的垂直位移均是相对于其中的一点（又叫基准点）变化，该点的垂直位移是相对恒定的或者是可用其他方式准确确定，以便能精确计算出静力水准仪系统各测点的绝对沉降变化量。静力水准测量传感器形式多样，但无论何种形式传感器，其系统测量和计算原理一致。

（1）基点。静力水准系统的基点应是垂直方向的不动点，可以选择达到基础足够深度、并认为已不受外界环境影响的测点作为垂直位移基点。

（2）平硐。当坝顶或廊道有延伸至岸坡岩体的平硐，且其深度满足不动点的要求时，可以将该处岩体作为基点，并设立一个静力水准测点作为静力水准系统的基点。

（3）钻孔。当无符合要求的平硐可利用时，可采用钻孔方法以达到一定的深度，并设置双金属管标将深处的不动点引到可实施测量的部位作为基点，同时在其旁边设置静力水准测点，该测点和双金属管标的组合即为静力水准系统的基点。

（4）水准标准。在静力水准基点同一部位的水位标点，水准标点应联测至大坝工程一等、二等水准基点。

（5）测点。液体静力水准系统各测点采用相对测量方法，并利用基点进行补偿以求得绝对垂直位移测值，其测量原理如图 3-29 所示。

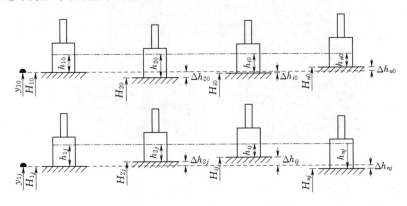

图 3-29　静力水准仪测量原理图

初始安装时，静力水准基点、测量点均在测量稳定的情况下取初值，设静力水准系统测点的初始测值为 h_{i0}（$i=1,2,\cdots,n$），第 j 次监测时，设于基准点处（设为第 1 点）的双金属管标同时测得绝对位移为 S_{1j}，则第 i 测点的绝对位移 S_{ij} 计算式为

$$S_{ij}=S_{1j}+\Delta h_{ij} \tag{3-12}$$

其中
$$\Delta h_{ij}=(h_{ij}-h_i)-(h_{1j}-h_1)$$

即测点中间值变化量与基点中间值的变化之差，再叠加基点的绝对位移量。

2. 电容式静力水准仪测量原理

当仪器位置发生垂直位移时，主体容器的液面将产生相应的变化，装在浮子上的屏蔽管随之发生垂直位移，采用接地方式的屏蔽管使电容 C_2 的感应长度改变，从而使电容 C_2 发生变化，通过测量装置测出电容比的变化，即可计算得测点处的相对垂直位移变化量。

电容式静力水准仪的电容比变化与位移的关系为

$$\Delta=(a_i-a_{基})K_f \tag{3-13}$$

式中　Δ——本次测量相对于安装基准的变位量，mm；

　　　a_i——本次电容比测值；

　　　$a_{基}$——建立基准时仪器的电容比测值；

　　　K_f——仪器的灵敏度系数，mm。

3. CCD 式静力水准仪测量原理

CCD 式静力水准仪是通过连通容器中的浮子跟踪液体，将被测点的垂直位移转换为标志杆的位移，通过对线阵 CCD 扫描的识别检测被测点垂直位移。最常见的有 BGK4676 智能型静力水准仪。CCD 静力水准传感器的优势在于无电学漂移问题，可靠性高。CCD 式静力水准仪测量工作原理图、CCD式静力水准仪内部结构分别如图3-30和图3-31所示。

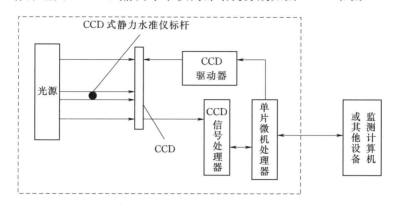

图3-30 CCD式静力水准仪测量工作原理图

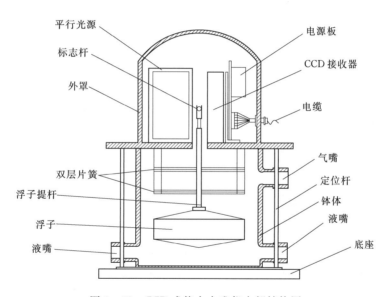

图3-31 CCD式静力水准仪内部结构图

CCD光电式静力水准仪直接输出数字信号，因传感器本身不具备数据存储功能，数据接收时需接入到智能型数据传感接收仪。

4. 钢弦式静力水准仪测量原理

钢弦式静力水准仪的主要原理为静力水准容器内的液位变化由精密振弦式传感器测量，该传感器内挂有一个自由浮筒，当液化变化时，浮筒的悬浮力发生变化，由传感器精确感应出浮力的变化，通过浮力的变化转换为测点位移。与传统的振弦式渗压计、振弦式量水堰测量原理一致，只不过相对量程更小，测量更精确。

3.4.8.4 静力水准系统观测

静力水准系统为自动化测量系统，主要通过所安装的采集模块定时进行采集并以一定的通信方式反馈至监测服务器，并实现自动计算、自动报警功能。为了保证垂直位移监测数据的连续性和校证其准确性，大坝变形监测一般需在相对应部位建立几何水准测量，定期进行几何水准测量，以便在静力水准系统故障时保证数据的连续性，并通过长周期监测数据的对比分析，验证静力水准系统的可靠性。

静力水准系统部分测点因变形过大而超出量程时，可通过调节主体容器底部的可调螺母进行位置调节，调节后对中间值进行连接。

3.4.8.5 主要技术参数

根据《混凝土坝监测仪器系列型谱》（DL/T 948—2005）的相关规定，静力水准仪主要技术参数见表 3-33。

表 3-33　　　　　　　　　　　静力水准仪主要技术参数表

仪 器 类 型	测 量 范 围/mm	分辨力
钢弦式	0～100、0～150、0～300、0～600	≤0.025%F.S
电容式、CCD 式、电感式	0～20、0～40、0～50、0～100、0～150	≤1.0%F.S

3.4.8.6 静力水准仪安装调试

1. 安装要求

（1）测点选择应依据观测设计要求；测点部分的埋设必须可靠，应能准确反映测点的垂直位移。

（2）安装埋设在混凝土（或岩石）面上的测点时需处理接触面，采用凿毛打孔插筋的方式使测点的混凝土墩与坝体（或岩体）完全结合成一体。安装在结构物侧壁上的可采用混凝土牛腿或钢结构支架，应确保其支承结构同结构物结合牢靠，并具有足够的刚度。

（3）连通管应连接平顺，不得承受大的压力和弯曲。

（4）测点基墩预浇筑时应进行测量放样，各测点的高程误差在±5mm 内。预埋仪器底盘时应精准找平。

（5）静力水准测点及连通管应包扎保温材料和做好安全防护设施。冰冻地区，液体内应加入冰点为−25℃防冻液，一般防冻液与蒸馏水配比为 4∶1。

（6）静力水准系统要考虑电缆的保护，一般将电缆置入专用电缆桥架内并在电缆上做好标识。

（7）传感器与浮桶、浮子应配套使用，不得互换，否则影响传感测量精度。各接头及连通部位应连接牢固，防止漏水。

（8）仪器主体容器及塑料连通管安装前应预先用蒸馏水进行冲洗。

2. 安装步骤

（1）预埋底板组件或安装支架。建于坝面或混凝土结构上的测点，先对测点安装部位进行初步水平放样，确定各测点基墩应浇筑的高度，保证浇筑完成后测点墩高度误差在±5mm 内。为保证浇筑基墩与所测结构面连接牢固，基墩与结构面可采用插筋方式。不适合或不需要浇筑混凝土墩的测点，可以采用角钢制作的悬臂式三脚支架，支架与被测点要求刚性连接，其安装高度误差同样控制在±5mm 内。

（2）仪器底盘安装。主体容器底盘螺杆采用预埋方式，在浇筑基墩时同步完成，各测点安装底盘高度误差控制在±5mm。同一测点 3 根预埋螺杆、底盘安装时均需采用水平尺进行找平，以保证定位螺杆与仪器墩面垂直。

（3）主体容器安装。主体容器安装在经过初平的底盘上，通过调节定位杆的两个螺母对主体容器进行精确找平。

（4）连通管安装。安装前根据预设的线路，按实际长度量取连通管。连通管长度截取时应考虑安装季节。夏季温度高时安装，连通管因受温度影响有一定膨胀，同时坝体表面有向左右两侧位移的趋势，故各测点间连通管应预留一定余量，防上冬季温降时收缩导致脱落。连通管与主体容器采用配套铜质螺母、O形铜质垫圈进行紧密连接。连通管一般采用增强型PVC软管，安装时可采用热水泡胀后接入钵体连接口。

（5）连通管充液。连通管内液体一般主要为蒸馏水，为防止滋生细菌，配以一定甲醛达到防腐效果，冰冻高寒地区根据实际情况配以一定比例的防冻液。加液时应由一侧测点缓慢均匀加入，同时由一人将连通液管抬升并缓慢向另一侧移动。加液过程中液管内不小心产生气泡时，可采用抬高另一侧并轻轻敲打连通管的方式将气泡排至未加液那一端。为防止液体蒸发，可在钵体内放入少量硅油。

（6）传感器安装。传感器安装时，应记录各测点对应传感器编号。安装过程中，用双手拿传感器，并保持传感器垂直，将浮子插入传感器O形槽内缓慢放入，防止液体溅入传感器内。

（7）仪器电缆连接。将仪器按芯线颜色焊接牢固，仪器电缆预先敷设在专用电缆桥架内引至采集观测站内，仪器电缆两端做好标识。焊接处采用热缩套管、防水胶进行密封处理。系统内根据传感器编号对应录入计算公式和参数，待稳定后取初值，并连续定时测量24h；单个测点采用连续单检方式测量15次，检测传感器稳定性。测量不稳定传感器先检查接头，仪器测量不稳定的进行更换。

根据仪器测量出的电测量、仪器标定量程来判断仪器安装相对高度，静力水准主体容器安装太高或太低的，需重新进行调节高度，保持静力水准各测点钵体高度差控制在5mm内。

测量取初值稳定后，采用标准配套量具抬升1个测点，设置5min间隔定时测量，检测整体管路的连通性，连通性检验详见6.3节相关内容。

3.4.8.7 静力水准系统的维护

1. 静力水准测点维护

定期检验传感器稳定性。可通过自动化连续多次单检验传感器测量是否稳定。根据相应规范要求，可通过连续测量15次计算测点测量中误差。其计算公式为

$$\Delta = |X_i - X_0|, \quad i = 1, 2, \cdots, n$$
$$M = \pm \sqrt{\frac{\sum [\Delta\Delta]}{n}} \tag{3-14}$$

式中　X_i——为某次测值；

　　　　X_0——连续测量平均值；

　　　　Δ——本次测值与平均值差值；

　　　　n——测量次数。

定期检验传感器测量精度。以电容式静力水准仪为例，打开静力水准钵体顶端螺丝，使钵体与传感器脱开，在传感器与钵体间先加垫标准标定工具，稳定几分钟后测读一次作

为初值，再加垫小量程标准量具，待稳定后再次测读，两次间自动化变化量与第二次加垫标准量具之差即为测量误差，一般根据量程标定往返 2 个行程共计 5 个测量状态。

定期检查测点液面高度，液面位于静力水准钵体 1/2～2/3 为宜，液面低于静力水准钵体连接口时，管路内会产生气泡，影响整体管路连通性。

2. 静力水准系统一般性维护

（1）一般应对静力水准仪管路进行保护，尤其在坝顶等外露部位应采用隔热材料进行保温，避免温度变化对观测值的影响。

（2）测点静力水准仪和连通管应进行隔热保护，同时应防止泥水进入。

（3）应定期检查仪器和连通管接头处是否存在漏水情况。存在漏水时应采用生料带、防水胶进行有效处理。

（4）定期检查管路是否有气泡。测点钵体连接处有气泡的，可输液管与针管配合进行抽取；管路中间存在气泡的，采用轻微抬升一侧轻轻敲击液管的方式将气泡慢慢拍至测点处排出。

（5）廊道环境潮湿的应定期清理传感器气孔，钢弦式传感器定期更换干燥剂。

（6）测点应设专用保护罩，防止雨水、冷凝水直接淋在传感器上；电缆沟内应做好沟内排水，防水积水浸泡传感器。保护完好与受浸泡的静力水准测点对比如图 3-32 所示。

图 3-32　保护完好与受浸泡的静力水准测点对比

（7）传感器顶端螺丝孔应拧紧，防止雨水、冷凝水通过螺孔进入传感器钵体；传感器底盘调节螺母、螺孔定期喷除锈剂或润滑油，防止生锈。

（8）线路连通性较差时，可从一侧测点慢慢取出液体，至另一侧缓缓加入，反复操作多次，增加液体流动性。

（9）静力水准系统每年应定期进行线性试验，或整体线路测点变化趋势异常时，可进行线性试验检查其连通性。

3. 静力水准线性试验

（1）线性试验前准备。对静力水准线体进行初步检查及维护，有气泡的应先排除气泡。根据线体长度稳定 30～120min 后，采用自动监测系统对测点进行连续 3 次选测，测值稳定后，将其中某次选测值作为线性试验的初值并保存。

为避免标定点液面偏低影响标定，根据各测点的选测值，选择中间值相对较大的测点作为标定点，即测点位置偏低的点。对于受温度变化影响较大的部位或线体，标定时尽量选择温度相对稳定的时段内进行。

（2）线性试验。用配套十字启将传感器与底座的连接螺丝松开，将传感器缓慢抬升至一定高度，将外径130mm、厚10mm或20mm环形专用标定量块垫入传感器底部。环形标定量块与传感器钵体吻合对齐并位于底座的中间部位。采用5mm×25mm的长螺杆将传感器钵和量块紧固在静力水准底座上。拧紧时应均匀受力，避免受力不均导致传感器钵体产生倾斜，影响标定成果。

静力水准钵体抬升时，如果受液管影响无法抬升，需另行选择测点，以免强行用力使静力水准钵体与液管连接接头松动，造成漏液或脱落。

（3）标定成果整理。标定量块安装完毕后，根据线体长度，稳定30~120min后，采用自动化监测系统选测。选测测值稳定后，可取其中一次选测值作为线性标定数据。将两次选测值制成表格，并绘制标定过程线。线性试验成果见表3-34，静力水准线性试验如图3-33所示。

表3-34　　　　　　　　　　　线性试验成果表

测点	状态1		状态2		理论值 /mm	变形值差值 /mm	变形值差值－ 理论值 /mm
	电测值	变形值 /mm	电测值	变形值 /mm			
SL01	1.5322	0.03	1.3621	2.58	2.5	2.55	0.05
SL02	1.5949	0.78	1.413	3.21	2.5	2.43	−0.07
SL03	1.595	0.21	2.0821	−7.56	−7.5	−7.77	−0.27
SL04	1.549	0.26	2.0821	2.78	2.5	2.52	0.02

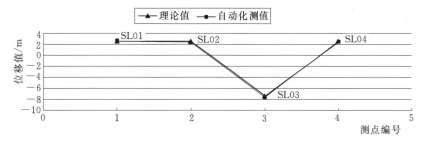

图3-33　静力水准线性试验图

表3-32中状态1、状态2的测值即标定前后的两次选测值，两次选测值中间值之差即为自动化的中间值变化量。理论值为线体上各测点理论上应变化的量。

非标定点的理论值变化量为

$$\Delta s = \frac{s_1}{n}$$

式中　s_1——标定块的总厚度；

　　　n——线体上的总测点个数。

标定点的理论值变化量为

$$\Delta s = \frac{s_1}{n - s_2}$$

式中　s——标定块的总厚度；

　　　n——线体上的总测点个数；

　　　s_2——本测点标定时块的厚度。

整条线体只有一个标定块时，$s_1 = s_2$。

标定时应注意测点的方向性，当传感器钵体底部垫加量块时，相当于测点抬升，中间值变小，理论值变化量应为负值。对于线体较长、测点较多的线体，应选择两点测点同时加垫量块进行线性试验。

图表采用 Excel 中图表插入的方法进行绘制。

（4）线性试验成果分析。根据整理的成果及绘制的图表对静力水准系统运行情况进行分析与判断。成果分析时应充分考虑静力水准仪的量程、精度、长期稳定性、温度影响及整条线体的综合误差。

根据静力水准仪的传感器的类型及量程，综合考虑传感器测量精度 m 取 $0.05 \sim 0.1$mm，由于液面变化为两测次读数差，故实测误差 $\sigma_{\text{实}} = \sqrt{2}m$；同时需要考虑现场标定时的综合误差，一般标定精度 $\sigma_{\text{标}} = 0.1$mm，则理论标定误差 $\sigma_{\text{理}}$ 按 $\sqrt{\sigma_{\text{实}}^2 + \sigma_{\text{标}}^2}$ 计算。当测量误差小于理论标定误差，则认为静力水准系统测量正常；当超过限值时，则需根据具体情况进行分析。以 50mm 量程静力水准仪为例，当仪器测量误差取 0.1mm 时，计算允许误差应小于 0.17mm。但静力水准系统受静力水准管路、气温变化等诸多因素影响，一般变形值差值与理论值之差在 0.2mm 内可以认定线路连通正常。

当静力水准线路中间受阻影响连通时，线路上测点离标定点距离越远，其实测变化值与理论值越大。

当线路上除个别点误差较大，其他各点实测值与理论值基本相符时，说明整体连通性良好，其误差较大可能为测量系数误差所致，应进行单点测量系数标定。

3.4.8.8　典型案例

某水电厂坝顶设计静力水准 20 个测点，整体线路长 430m 左右，考虑到线路太长影响线路连通性，会导致测值失真，根据现场实际情况在中间部位将线体分为两段，编号分别为 SL2-01～SL2-10、S3-10～S3-20，传感器类型为 RJ-50 型电容式静力水准仪，其中 S2-10、S3-10 位于同一部位，于大坝左岸 SL2-01 坝段布设一组双金属标，S2-10、S3-10 为两件线路传递点。该系统建立后，每年均于汛前进行全面检修工作。

1. 通过计算多次连续测值中误差检验传感器稳定性

对各仪器连续 15 次单检，检定表见表 3-35。SL3-10 中误差满足测量要求，S3-16 仪器中误差为 0.4mm，超出《混凝土坝安全监测技术规范》（DL/T 5178—2016）规定的相关规定，故需对传感器进行更换。

2. 传感器测量精度标定

采用备用静力水准仪对 SL3-16 进行更换，更换完成后在采集系统内对参数进行相应更改并在台账内进行记录。采用标准量块加垫在静力水准仪钵体与传感器间，待稳定后测量初值并记录，分别两次加垫 3.5mm 标准量块，待稳定后记录测值，往返共测量 5 个状态，见表 3-36。通过标定数据可以看出，传感器测量精度满足要求，测量系数准确。

表 3 - 35　　　　　　　　　　　　　　　　　传感器中误差检定表

仪器编号	电测量	测值/mm	测量中数/mm	中误差/mm	仪器编号	电测量	测值/mm	测量中数/mm	中误差/mm
SL3 - 10	2.4808	0.5	0.57	0.06	SL3 - 16	2.2016	0.98	0.52	0.40
	2.4778	0.54				2.2231	0.38		
	2.4738	0.6				2.2006	1.08		
	2.4743	0.59				2.2175	0.46		
	2.4705	0.64				2.2120	0.53		
	2.4690	0.66				2.2216	0.78		
	2.4762	0.56				2.2100	0.56		
	2.4815	0.49				2.2261	−0.08		
	2.4808	0.5				2.2192	0.44		
	2.4817	0.49				2.2207	0.41		
	2.4727	0.61				2.2006	1.08		
	2.4720	0.62				2.2261	−0.08		
	2.4711	0.64				2.2223	0.39		
	2.4751	0.58				2.2271	−0.18		
	2.4744	0.59				2.2016	0.98		

表 3 - 36　　　　　　　　　　　　　　　　　SL3 - 16 测量精度标定表

测量状态	电测量	变形值/mm	变形值差值/mm	标定量/mm	误差/mm
初始状态	1.9563	9.53			
标定状态 1	2.2112	6.06	−3.47	−3.50	0.03
标定状态 2	2.4711	2.53	−3.53	−3.50	0.03
标定状态 1	2.2114	6.06	3.53	3.50	0.04
回复初始	1.9555	9.55	3.49	3.50	0.01

3. 静力水准仪线性试验

以 SL3 线体线性试验为例，选取 SL3 - 16 测点为标定点，测量出的线性试验数据见表 3 - 37，两次间距时长约 35min。

从表 3 - 37 中可以看出，以 SL3 - 16 测点为分界点，靠近 SL3 - 20 一侧，各测点实际变化值略大于理论变化值，靠近 SL3 - 10 一侧，各测点实际变化值略小于理论变化值；从整体变化量来看，实际变化值由 SL20 至 SL10 一侧逐渐减小，说明线体上存在影响管路连通的因素且连通管受影响位于 SL3 - 16 的 SL3 - 10 侧，需进一步检查。

对 SL3 管路进行详细检查，发现 SL3 - 13、SL3 - 15 传感器三通接头处存在小气泡，且 SL3 - 15 连接处因桥架内电缆较多，导致液管弯曲受压，在一定程度上影响了液体流通。采用注射器排除三通接头处的气泡，对受压的液管进行整理。采用干净的大型量杯和干净一次性水杯，从 SL3 - 20 测点处缓慢取出钵体内液体约 1.5L，再至 SL3 - 10 侧点处

表 3-37　　　　　　　　　　　SL3 静力水准仪线性试验数据表

测点名称	初始值		抬升后		变形值差值/mm	理论值/mm	变形值差值-理论值/mm
	电测值	变形值/mm	电测值	变形值/mm			
SL3-10	2.2387	0.4	2.2025	0.97	0.57	0.91	0.34
SL3-11	2.3356	1	2.2815	1.72	0.72	0.91	0.19
SL3-12	2.4326	0.12	2.3745	0.96	0.84	0.91	0.07
SL3-13	1.8596	0.68	1.7994	1.54	0.86	0.91	0.05
SL3-14	2.2435	1.13	2.1839	1.98	0.85	0.91	0.06
SL3-15	2.2577	0.17	2.1863	1.15	0.98	0.91	−0.07
SL3-16	2.5481	1.47	3.2043	−7.52	−8.99	−9.09	−0.10
SL3-17	2.2482	−0.42	2.1716	0.63	1.05	0.91	−0.14
SL3-18	2.2575	0.17	2.1705	1.36	1.19	0.91	−0.28
SL3-19	2.1961	−0.03	2.1101	1.18	1.21	0.91	−0.3
SL3-20	2.1179	−0.42	2.026	0.82	1.24	0.91	−0.33

缓慢加入，如此循环 8～10 次，通过一端加入、一端取出液体的方式，增加管内液体的流动。

待线体稳定后，再选以测线上的某一点进行线性试验，检查液管流动性。

绘制线性试验图，横坐标为测点编号，纵坐标为理论值、实测变化值，见表 3-38 和图 3-34。

表 3-38　　　　　　　　　　SL3 静力水准仪（维护后）线性试验数据表

测点名称	电测值	变形值/mm	电测值	变形值/mm	变形值差值/mm	理论值/mm	变形值差值-理论值/mm
SL3-10	2.2497	0.29	2.3933	1.23	0.83	0.91	−0.08
SL3-11	2.2636	0.04	2.1991	0.97	0.93	0.91	0.02
SL3-12	2.4468	−0.09	3.0705	−9.11	−9.02	−9.09	0.07
SL3-13	2.3629	0.64	2.2996	1.48	0.84	0.91	−0.07
SL3-14	1.8709	0.52	1.8141	1.33	0.81	0.91	−0.10
SL3-15	2.2533	0.98	2.199	1.77	0.79	0.91	−0.12
SL3-16	2.2587	0.15	2.1965	1.011	0.86	0.91	−0.05
SL3-17	2.2383	−0.29	2.1772	0.55	0.84	0.91	−0.07
SL3-18	2.244	0.36	2.1723	1.33	0.97	0.91	0.06
SL3-19	2.1784	0.22	2.1113	1.14	0.94	0.91	0.03
SL3-20	2.0903	−0.05	2.0203	0.90	0.95	0.91	0.04

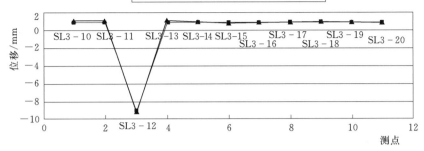

图 3-34 SL03 静力水准仪线性试验图

从以上图表和过程线可以看出，经过对测量不稳定传感器更换，对影响液体连通管稳定的因素进行排除后，线体整体线性连通性良好。

3.4.9 双金属标法

3.4.9.1 概述

双金属标一般用于坝体、坝基及岩体垂直位移的绝对位移监测，大坝变形监测中，一般用作静力水准系统和真空激光准直系统的竖直位移工作基点。

双金属标是采用两根不同材质、不同膨胀系数的金属钢管、铝管，将其底部埋设在基岩或稳定可靠的土层中，通过不同类型的位移计测定两种金属管顶部相对地表面的位移值，同时对两根金属管的膨胀系数进行温度修正，计算出双金属管口地面相对管底锚固点（基岩部位）的竖直位移变化量。钢管标、铝管标测量的位移值均为孔口位置相对基岩的位移值与金属管受温度影响膨胀值之和，钢管标、铝管标测得位移公式为

$$S_钢 = \Delta h + \alpha_钢 R_钢$$
$$S_铝 = \Delta h + \alpha_铝 R_铝 \tag{3-15}$$

式中　$S_钢$、$S_铝$——钢管标、铝管标的位移读数值；

$\alpha_铝$、$\alpha_钢$——铝管、钢管的热膨胀系数；实际选材时，一般 $\alpha_铝 = (23 \sim 24) \times 10^{-6}$，一般取 $\alpha_铝 = 2\alpha_钢$。

因钢管、铝管长度一致，$\Delta h = 2R_钢 - R_铝$ 即可消除温度影响，计算出测点部位的基础位移。

3.4.9.2 监测设施

双金属标系统由测管、埋设于测管内的钢管及铝管、位移计、传感器配套附件组成，如图 3-35 所示。

（1）测管。双金属标钻孔直径一般为 $\phi220$mm，内置一般为 $\phi168$mm、厚度 5mm 以上无缝钢管，将金属管与外层混凝土或岩体隔离。

（2）金属管。一般为 $\phi50$mm×3mm 不锈钢管、铝管，每根长度 2～3m，每根金属管两端分别有内螺纹、外螺纹，便于在测孔内旋紧连接牢固。每隔 2m 设置一个厚 25mm 的橡胶环。管的顶盖和底盖应采用青铜棒专门加工，顶盖应带有人工测量基座，底盖应能密封止水。

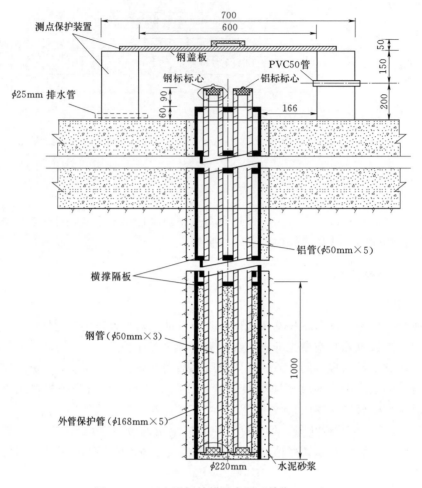

图 3-35 双金属标结构示意图（单位：mm）

（3）位移计。位移计用于测量测孔顶部管标与待测部位位移。根据传感器测量原理，有电位移器式位移计、振弦式位移计、光电 CCD 式位移计等多种类型。

（4）传感器固定装置。位移计通过固定装置固定在待测部位的混凝土基墩上。安装时要求保持与地面垂直。

3.4.9.3　观测方法

双金属标位移测量法是由安装在钢管标、铝管标上的位移计分别测量钢管、铝标顶部相对待测地面相对位移 $R_{钢}$、$R_{铝}$，根据钢管受温度变形的热膨胀系数近似为铝管热膨胀系数 2 倍的特性，采用 $\Delta h = 2R_{钢} - R_{铝}$ 消除温度的影响，从而计算出双金属标安装部位基础的绝对垂直位移。

（1）电容式位移计。电容式位移计钢管标、铝管标测得的位移分别为 $R_{钢}$、$R_{铝}$，其位移量与电测量为线性关系，计算公式为

$$R_{钢} = (C_{钢i} - C_{钢i0}) f_{钢}$$

$$R_{铝} = (C_{铝i} - C_{铝i0}) f_{铝} \tag{3-16}$$

式中 $R_钢$——钢管标顶部的位移值；

　　　$R_铝$——铝管标顶部的位移值；

　　　$C_{钢i0}$——钢管标顶部安装的电容式位移计初始仪表的读数；

　　　$C_{铝i0}$——铝管标顶部安装的电容式位移计初始仪表的读数；

　　　$C_{钢i}$——钢管标顶部安装的电容式位移计测量时仪表的读数；

　　　$C_{铝i}$——铝管标顶部安装的电容式位移计测量时仪表的读数；

　　　$f_钢$——钢管标顶部安装的由厂家给出的电容式位移计的灵敏度系数；

　　　$f_铝$——铝管标顶部安装的由厂家给出的电容式位移计的灵敏度系数。

根据 $R_钢$、$R_铝$ 结果，按 $\Delta h = 2R_钢 - R_铝$ 即可计算出双金属管锚固点至孔口之间基岩的竖直位移变化量 Δh。

（2）光电式 CCD 双金属标位移计。光电式 CCD 双金属标位移计是采用 CCD 器件实现的一种非接触式高精度位移测量设备，通过测量钢管标、铝管标标杆在 CCD 上的投影位置而计算出钢管标、铝管标垂直位移的变化。

光电 CCD 式传感器投影产生的像元经过处理后直接转化为数字量输出，通过初始测值计算出 $R_钢$、$R_铝$ 的位移量，通过 $\Delta h = 2R_钢 - 2R_铝$ 计算即可得出双金属标安装部位的绝对垂直位移量。

3.4.9.4　主要技术参数

双金属标位移计参数见表 3-39。

表 3-39　　　　　　　　　　双金属标位移计参数表　　　　　　　　　　单位：mm

仪器类型	电容式	振弦式	电位器式	CCD
测量量程	0~5 0~20 0~45 0~50 0~100	0~5 0~10 0~15 0~20 0~30 0~50 0~150 0~100	0~5 0~10 0~15 0~20 0~30 0~50 0~150 0~100	0~5 0~12 0~25 0~40 0~100
分辨力/%F.S	≤0.1	≤0.025	≤0.1	≤0.1

3.4.9.5　使用及维护

1. 日常维护

（1）双金属标外部做好保护措施，防止雨水进入测量传感器；测量传感器、钢管标、铝管标应做好标识，通常情况下钢管标会产生锈迹。

（2）测管内严禁进入水泥砂浆、雨水，测管内进入水泥砂浆后会影响金属管的自由度。

（3）电容式、电位器式、振弦式位移计安装时应双管标端面垂直，位移计应固定牢固。

（4）每年定期对位移计进行标定、稳定性检查。

（5）定期对位移计测杆进行检查，防止卡死导致测值失真。

（6）对位移计测量方向应进行检定，垂直位移下沉为正，抬升为负。

（7）定期用清洁抹布对光电 CCD 显示屏进行清理。

2. 故障处理

（1）测值异常。

1）采用连续单检或选测方式，测量 15 次计算传感器测量中误差，根据各仪器量程计算允许误差值，超过规定测量误差，即可判定仪器测量不稳定，应进行更换。

2）仪器测量稳定，但测值发生突跳，应分别对钢管标、铝管标测值进行检查，确认是单支仪器突跳还是钢管标、铝管标位移计同时突跳；位移计固定不牢松动或金属管丝扣未旋紧松动，会导致测值发生突跳。

3）位移计活动杆长期卡死后，受变形影响后会产生突跳。

4）位移趋势明显不符合实际，应检查位移计算方向是否正确。

5）CCD 式位移计受外部异物影响导致测值异常或失真。

（2）无法测量。

1）自动测量装置无法测量时，采用与传感器类型匹配的读数小仪表直接对位移计进行比测，采用排查法确认是采集模块故障还是位移计故障。

2）位移计无法测量时，应检查采集模块端至传感器端仪器电缆是否断开。

3）传感器故障更换时，应更换同类型传感器，安装前采用小仪表进行连续测量，检查仪器是否测量稳定。

4）CCD 式双金属标光电显示屏有异物或遮挡时会导致无法测量。其电源额定工作电压为（220±22）V 的交流电，匹配有独立 NDA 地址，地址丢失或错误均会导致无法测量。

5）振弦式位移计防震性较差，维护或使用过程中禁止发生碰撞。

3.4.10　收敛变形法

3.4.10.1　概述

地下洞室开挖后，开挖面各点都会发生位移变化，尤以断面方向变形最为明显。因此，对断面收敛变形情况进行监测并预测变形趋势，对施工及工程安全具有重要意义。收敛变形一般采用收敛计进行观测，条件具备的情况下，也可以用全站仪采用交会法进行测量。本小节主要对收敛计相关测量方法进行介绍。

收敛计是一种测量两基准点间微小距离变化的精密仪器，适用于隧道及地下开挖体断面的收敛观测。收敛计分为自动测量收敛计与人工测量两种，主要用于固定在建筑物、基坑洞室、边坡及周边岩体的锚栓测点相对变形的监测。人工收敛计是一种普遍应用的收敛变形便携式仪器，以最常见的钢尺收敛计为例，主要由读数装置（百分表或数字显示器）、钢卷尺、测量拉力装置、连接吊钩及安装在待测墙体上的锚栓点等组成。自动测量收敛计以振弦式收敛计应用最为广泛，主要由连接杆、振弦式传感器、锚固点组成。

（1）钢尺收敛计。钢尺收敛计是一种直接测读仪器，测量时将收敛计一端的连接挂钩与测点锚栓上的不锈钢环相连，展开钢尺使挂钩与另一测点的锚栓相连。进行张力粗调、细调来恒定张力，记录钢尺计读数和百分表微调读数。

（2）振弦式收敛计。振弦式收敛计张力与弹簧的伸长量成正比。当连接杆带动传感器滑块移动时，弹簧受力变化从而导致张力的变化，通过振弦式传感器测量出应力的变化。

3.4.10.2 监测设施

1. 钢尺收敛计

钢尺收敛计示意如图 3-36 所示。

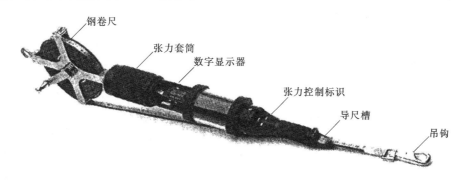

图 3-36 钢尺收敛计示意图

（1）钢卷尺。钢卷尺每 2.5cm 或 5cm 孔距用高精度加工穿孔，卷尺上的刻度标明了尺孔的具体位置。测量时，卷尺横跨在两个待测点之间放置。

（2）导尺槽。卷尺导尺槽位于仪器前端。测量时，将卷尺穿进导尺槽里，并将配套附件插销插入适当的尺孔内，可使卷尺充分张拉，用以控制测量。

（3）吊钩。钢卷尺的前端自由端有一个吊钩，用于钩挂待测变形体。

（4）张力套筒和张力控制标识。张力套筒给卷尺施加张力，控制标识对准时，卷尺处于正确的张拉状态。

（5）测读装置。主要为百分表或数字显示器，用于微距离的精确测读。

2. 振弦式收敛计

振弦式收敛计主要由连接杆、振弦式传感器、锚固点组成。其结构示意如图 3-37 所示。

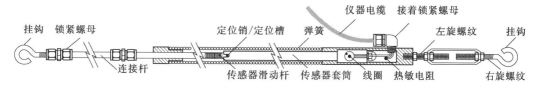

图 3-37 振弦式收敛计结构示意图

（1）连接杆。连接测量传感器滑动块与另一锚固点挂钩，一般为碳纤维材质。

（2）测量传感器。振弦式收敛计测量传感器由一个振弦元器件和经过热处理并消除应力的弹簧组成，弹簧分别连接振弦和连接杆。

（3）锚固点。锚固点与待监测断面结构紧密相连，用于连接收敛计对应部位。

3.4.10.3 收敛计的观测

1. 钢尺收敛计观测与计算

（1）钢尺收敛计观测。

1）将钢卷尺与收敛计挂在两基准点的固定端内，挂钩插入相应的钢卷尺孔内。

2）逆时针方向旋转调节圈直至挂端上的刻线与刻线尺上的刻线对齐，给钢卷尺加载恒定张力，记录数显卡尺数值 X_0，同步记录挂钉插入的钢卷尺处的读数 L_0。

3）基点间产生相对位移变化后，按2）再旋转调节圈使刻线对齐再读数，数显卡尺显示 X_n，同步记录钢卷尺读数 L_n。

（2）钢尺收敛计计算。两基准点间收敛值 δ 为

$$\delta = (X_0 + L_0) - (X_n + L_n) \tag{3-17}$$

式中　X_0——首次数显卡读数值，mm；

　　　L_0——首次钢卷尺读数值，mm；

　　　X_n——第 n 次数显卡读数值，mm；

　　　L_n——第 n 次钢卷尺读数值，mm。

如果第 n 次测量与首次测量时的环境温度相差较大，就要进行温度修正，修正后钢卷尺长度 L'_n 为

$$L'_n = L_n - \alpha(T_n - T_0)L_n \tag{3-18}$$

式中　α——钢带尺线膨胀系数，取 $\alpha = 12 \times 10^{-6}/℃$；

　　　T_n——第 n 次测量时的环境温度，℃；

　　　T_0——首次测量时的环境温度，℃。

修正后的收敛值 δ' 为

$$\delta' = (X_0 + L_0) - (X_n + L'_n) \tag{3-19}$$

2. 振弦式收敛计观测与计算

（1）振弦式收敛计观测。

1）初始安装时，应测量记录传感器的频率和温度。

2）采用 BGK-403 或 BGK-408 振弦式读数仪进行测读时，将仪器连接线分别对应接入传感器的红、黑、绿、白芯线，蓝色（黄色）接屏蔽线。

3）打开振弦式小仪表，可进行相应设置，读数时可设为频率和电阻、模数和温度两种模式。

4）无法测量或读数不稳定时，应检查芯线是否连接牢固或线路上是否存在干扰，参照 3.4.10.6 维护方法进行检查。

（2）振弦式收敛计计算。振弦式收敛计未进行温度、连接杆修正时，其计算式为

$$D = (R_1 - R_0)f \tag{3-20}$$

式中　D——未考虑温度、连杆计算的变形值；

　　　R_1——当前读数；

　　　R_0——初始读数，在初期安装时测得；

　　　f——仪器灵敏度系数，仪器出厂时会一同标定。

因为环境温度发生变化，测量过程中还需进行温度修正。连杆受力变化后，还需根据连杆材质进行连杆伸长修正。不同材质的弹模会有所不同。

3.4.10.4　主要技术参数

常见钢卷尺收敛计、振弦式收敛计主要技术参数见表 3-40。

型　　号	GK1610	BGK4425	GK4125
量程/m	15、20、30	12、25、50、100、150	12.5、25、50、100
分辨力	0.01mm	0.025％F.S	0.025％F.S
重复性	0.1mm	＜0.5％F.S	＜0.5％F.S
测力装置	卷尺	连杆	
测量温度		−40～60℃	−40～60℃
测量频率		1200～2800	1200～2800
线圈电阻		180Ω±10Ω	180Ω±10Ω
钢尺张力	10kgf		

3.4.10.5 收敛计安装

收敛计应安装在待监测断面上。安装结构示意如图 3－38 所示。

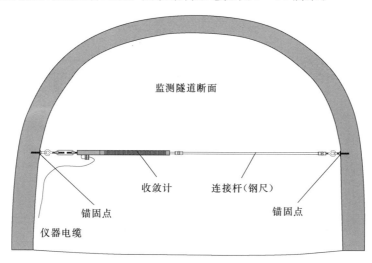

图 3－38 收敛计安装结构示意图

1. 锚固点安装

根据收敛计监测部位不同，其安装部位及安装方式会存在差异，锚固点的安装有 3 种方式。

（1）可灌浆锚固器。在洞室内壁内先钻出一定直径的小孔，小孔内采用速凝水泥或环氧树脂预埋螺纹钢筋，挂环螺栓固定在螺纹钢筋的一端，如图 3－39（a）所示。

（2）锲形膨胀锚固器。在洞室内壁先钻一定直径的小孔，小孔内装入膨胀螺栓并固定牢固，钻孔与安装的膨胀螺栓尺寸应相匹配。不锈钢锚固环安装在膨胀螺栓上，如图 3－39（b）所示。

（3）可焊接锚固器。观测断面为隧道拱顶、钢接头、钢板桩上等钢结构上时，用螺栓将锚固器连接在小块铁板上，并将铁板焊接在钢结构上，如图 3－39（c）所示。

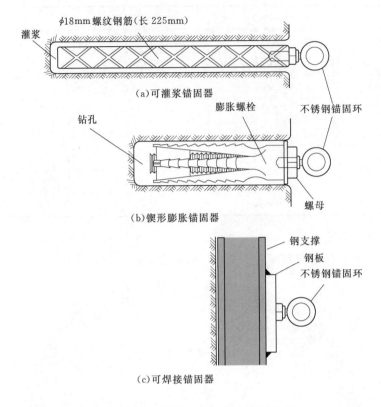

图 3 - 39 锚固点安装方式示意图

2. 振弦式收敛计安装

（1）在左旋螺纹部分用螺丝将紧线器连接在收敛计上，螺纹旋入到进入两端 10～12mm 并用螺纹锁固剂将螺母固定。

（2）测量从环眼挂钩内侧到接头锁紧装置上的螺母端部长度并记录测值。

（3）测量两个锚固点孔栓间的内侧距离，并减去收敛计的长度，计算标准连杆长度。

（4）采用专用连接紧锁装置或适合的扳手将连杆与传感器相连，将杆推入紧锁装置直到底部，用两把扳手分别固定传感器主体和拧紧螺母，将连杆固定牢固。采用同样方法固定连接另一端。

（5）将挂钩、传感器分别连接在测杆的两端。

（6）将挂钩安装在一侧锚固点的挂环内，收敛计挂在另一侧锚固点的挂环上。在此安装过程中，应保证弹簧未受力拉长。

（7）接入振弦式读数仪，根据测量量程调节测量位置。传感器安装在中间位置时，调节旋紧器使仪器模数读数约为 5500F，全量程仅测伸长时，调节旋紧器使读数约为 2500F，全量程仅测收敛时，调节旋紧器使读数约为 8000F。

（8）传感器位置调节完毕，拧紧旋紧器螺母，收敛计即安装完毕。

3.4.10.6 使用和维护

1. 钢尺收敛计的维护

（1）定期保养仪器，保持仪器清洁；使用时避免沿地面拖拉钢尺。

（2）使用时禁止使钢尺扭结或遭交通工具及其他重物碾压。

（3）回收钢尺时，应用清洁的软布擦拭钢尺表面的污物。

（4）仪器保存存放时，应使滑杆缩回，使读数仪显示在 3～5mm。

（5）钢尺收敛计带有 9V 电池提供电源，当仪器长时间不使用时，应取下 9V 电池。

（6）数字显示钢尺收敛计在使用过程中，显示字符暗淡不稳定或显示屏上显示小写字母 B，应采用专用工具更换电池；长时间保存时，应关掉数显屏的开关。

（7）调节环逆时针转动时，注意不要露出螺纹。

（8）由于钢卷尺的读数采用公制，故数显卡尺应选用公制。

（9）本仪器结构精密，不能自行拆卸，有故障无法排除时应返回维修。

2. 振弦收敛计的维护

（1）仪器电缆应敷设专用保护管进行保护，并远离动力电缆、变压器、点焊机等，免受电气干扰。

（2）禁止与交流电源沿同一线路敷设，当仪器电缆受交流电干扰时，会产生 50～60Hz 的感应频率，此时可在采集装置和读数仪上使用滤芯波器装置防止干扰。

（3）仪器电缆接头应做好防水，要求采用环氧树脂电缆接头套件。

（4）收敛计读数不稳定时，应检查读数仪挡位是否正确，检查收敛计传递杆位置是否超出仪器测量量程。当传感器的传递杆连同定位销完全缩回定位槽时，传感器处于小于最小量程状态。

（5）测量不稳定时，检查仪器屏蔽线是否接地，采用 BGK-403 或 BGK-408 振弦式小仪表读数时，将蓝（黄）色芯线与屏蔽线相连。

（6）收敛计无法读数时，应采用万用表检查仪器电缆是否断开或压坏。传感器导线芯线正常电阻为 $180\Omega\pm10\Omega$，同时考虑电缆电阻，此类型电缆电阻为 $48.5\Omega/km$。当检测芯线电阻异常大时则电缆断开；电阻值低于 100Ω 或明显低于额定值，则电缆可能存在短路。

（7）检查出线路上存在断路或短路时，应按正确接线方法对电缆进行焊接或更换。

（8）收敛计内进水或故障时，联系厂家进行更换。

3.5 内部变形监测

内部变形监测主要指坝体、坝基（肩）、边坡、地下洞室等工程及岩体内部（或深层）变形监测。内部变形监测是安全监测工作中的重要组成部分，由于其监测成果直观、可靠、分析简便，因此通常作为工程安全稳定性评价的重要依据之一。

3.5.1 引张线式水平位移计

由于坝体受库内水压力作用，坝体抗剪强度下降产生的侧向位移等原因，可能会使坝体产生向下游方向的水平位移，因此需在可能发生较大位移的部位布设引张线式水平位移计，用于监测大坝在施工期和运行期间坝体内部的位移情况，同时结合水管式沉降仪观测等资料，可对坝坡的稳定性进行综合分析和评价。

3.5.1.1 概述

引张线式水平位移计主要应用于混凝土面板堆石坝下游堆石体的水平位移监测，通常与水管式沉降仪组合埋设。其特点是结构简单、便于操作、运行稳定、受外界因素影响小，是对大坝内部变形进行长期监测的有效手段。

3.5.1.2 工作原理

引张线式水平位移计是在坝体内部设计位置埋设锚固板，自锚固板引出受外界环境影响很小的铟钢丝，在观测房内固定标点，经导向滑轮与末端平衡砝码相连的装置。当测点水平方向发生位移时带动钢丝位移，在固定标点处可通过游标卡尺或位移计测量出钢丝的相对位移，与观测房位移标点变化量相加得出内部位移量，原理如图3-40所示。

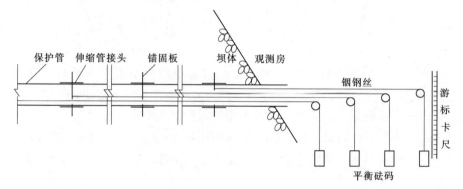

图3-40 引张线式水平位移计工作原理图

3.5.1.3 监测设施

引张线式水平位移计根据工作方式不同分为人工引张线式水平位移测量装置和自动引张线式水平位移测量装置两种。人工引张线式水平位移测量装置采用人工读数方式测量，主要由锚固板、铟钢丝、钢丝分线盘、保护管、平衡砝码及升降子部件、伸缩接头、固定标点台、位移测量游标卡尺等组成，如图3-41所示。自动引张线式水平位移测量装置可

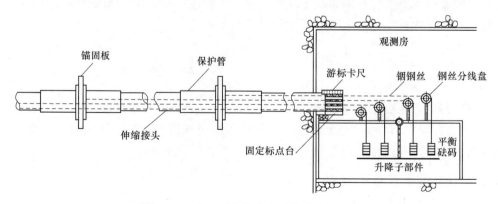

图3-41 人工引张线式水平位移计剖面图

实现自动控制测量，因此其组成还包含电机、位移传感器（位移计）及行程开关、测控单元等测量、控制部件等。

3.5.1.4 观测方法

1. 首次测量方法

（1）沟槽回填过程中，应实时监测各测点的水平位移变化，确认坝体内部埋设点埋设稳定牢固。若位移变化量较大，需至现场进行检查确认。

（2）沟槽回填完毕后马上进行仪器初始读数测量。在钢丝末端挂重 1.2kN 的拉力，稳定 30min 后开始读数，以 15min 为间隔读数，直至间隔两次读数相同时作为初始读数记录，单位精确到 0.1mm。同时使用视准线法测出观测房内位移标点的初读数。记录测点相关信息。

（3）测量结束后，为减轻钢丝因长期承受拉力自身产生变化，必须将钢丝挂重调整至 0.6kN 挂重状态。

（4）铟钢（4J36）在室温 −80～230℃ 时比较稳定，其膨胀系数为 $1.6\times10^{-6}/℃$。为了修正温度对水平位移大小的影响，应在坝体测点位置上设温度测点。当环境温度与坝体内温度变化较大时，应对测值加上温度影响修正值 ΔL_t，其修正公式为

$$\Delta L_t = \frac{(t_i - t_0) + (t_{ci} - t_{c0})}{2} aL \tag{3-21}$$

式中　α——钢丝的线胀系数；

　　　L——测点至观测房标点之间的距离；

　　　t_i——现场气温；

　　　t_{ci}——坝体内测点处的温度；

　　　t_0——现场首次测量时的温度；

　　　t_{c0}——坝体内测点首次测量时的温度。

2. 日常测量方法

（1）调整平衡砝码托盘位置，使各测点平衡砝码悬空，引张线体处于挂重状态。

（2）等待 30min，人工在各测点线体游标卡尺上读数，15min 后再次读数。若前后两次读数相同，此读数为本次测量成果，读数精确到 0.1mm；若前后两次读数不同，再次等待 15min 后进行人工读数。

（3）读数完毕后，调整平衡砝码托盘位置，使各测点平衡砝码稳固安置在砝码托盘上，避免砝码倾斜拉断测点钢丝。

3.5.1.5 技术参数

参照《引张线式水平位移计》（DL/T 1046—2007）相关规定，测量范围误差规定见表 3-41，各部件材质尺寸规定见表 3-42，铟钢丝张力规定见表 3-43。因自动化测量设备可进行人工测量，且生产厂家不同，技术参数各异，目前以南瑞集团公司生产的自动引张线式水平位移测量装置（NYW—B1 型）使用最为广泛。

3.5.1.6 设备安装及调试

1. 设备安装

引张线式水平位移测量装置埋设与坝体填筑同时进行。在安装过程中对已埋与未埋部

表 3-41　　　　　　　　　引张线式水平位移计测量范围误差规定

测量范围 /mm	标尺分度值 /mm	两示值之差 /mm	系统综合误差 /mm	保护管允许参考总长 /m
0～500	≤1	≤±2	≤±5	≤200
0～800	≤1	≤±2	≤±10	≤400
0～1000	≤1	≤±2	≤±10	≤400

表 3-42　　　　　　　　　引张线式水平位移计各部件材质尺寸规定

名称	尺寸/mm	材质	转角/(°)	厚度/mm
引张线（铟钢丝）	直径≥2	铟钢丝（4J9）	—	—
锚固板	≥300×300×8	Q235-1 钢	—	—
伸缩节管	长度≥180～300	热镀锌管	≥5	≥4
保护管	长度≤3000	热镀锌管	—	≥4

表 3-43　　　　　　　　　引张线式水平位移计铟钢丝张力规定

名　称	数值/N	名　称	数值/N
常加张力	490～736	增加张力	490～883

分交接处应设置警戒标志，避免出现人为损坏、丢失情况。现场施工采用分段埋设，先埋设坝轴线下游侧的测量装置，后埋设上游侧测量装置。尽量避免因进行埋设工作而影响其他项目施工进度。

（1）埋设方法。常见的引张线式水平位移计埋设方法有沟式法和槽式法，通常根据现场实际情况择优选择埋设方法进行埋设。

1）沟式法。当坝面填筑到埋设高程以上 0.8～1.2m 时，粗粒料坝体段需挖深到埋设高程以下 30cm，用碎石料填平补齐压实到埋设高程以下 10～15cm，再进行保护管埋设；细粒料坝体中，可直接挖深到埋设高程以下的 10～15cm，同时应仔细操作，避免超挖，然后整平压实基床，保证压实密度与周围填筑的坝体相同，再进行保护管埋设。

2）槽式法。当坝体填筑到埋设高程以下 30cm 时，在埋设剖面线两边用填筑坝体的块石砌墙，墙高 0.6～0.8m，在槽内铺垫 10～15cm 碎石料，在伸缩节、保护管周边覆盖 20cm 碎石料，然后沿管线分层填筑，压实坝体料。当坝筑到埋设高程以上 1.2m，即可正常填筑坝体。需要注意不能将块石直接卸在槽内。

（2）锚固板、固定盘的埋设。在埋设锚固板、固定盘的基床处开挖一个尺寸为 0.8m×1.2m×60cm（长×宽×深）的基坑并填入碎石料压实，使碎石料基床面低于埋设高程 30cm，在锚固板、固定盘处建立尺寸为 1.0m×0.35m×0.6m 的框架。待安装管线、测试仪器、性能符合要求后，方可填筑混凝土且不可将固定盘两端的保护管封牢。锚固板、固定盘混凝土封包剖面如图 3-42 所示。

（3）保护管的配置。施工前可预先将保护伸缩接头、螺盖、浸油石棉盘组装成分线盘管路。将组装后的管路段按观测设计要求预先分置于沟槽旁坡，待穿线时再逐段抬到沟槽基床上。连接管路时须用专用扳手进行组装。

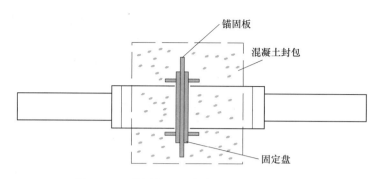

图 3-42 锚固板、固定盘混凝土封包剖面图

（4）观测钢架的安装。观测钢架的纵轴线应与保护管路中心线大致在同一轴线，观测钢架台面高程与保护管路中心线高程应相同或不高于保护管中心线高程。观测钢架应与管路端头留出不少于1m的距离。观测房地面高程视现场情况应比管路中心线高程低1.4～1.7m。钢架与观测房地面固定必须使用膨胀螺丝或地脚螺丝，要求铟钢丝挂重后钢架无任何位移。

（5）钢丝的检查与整理。从测点穿线至观测房需先将钢丝套上紧线夹并做好标识，安置在专用穿线工具引线盘内。穿线时需保证穿线工具方向固定，避免钢丝旋转，逐段穿过保护管，并预留3～5m长度，以保证观测房挂重钢丝有足够的余量。盘绕钢丝时切忌交叉和弯折，微弯的钢丝应用木锤调整，不可用铁锤敲打，有强烈弯折的钢丝不允许使用，避免挂重后拉断钢丝。钢丝缠绕至小半径绕线轮盘上并进行固定，观测房穿线后观测台面立面示意如图3-43所示。

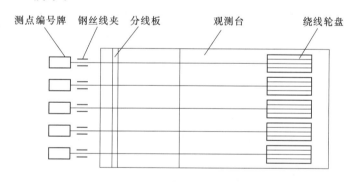

图 3-43 观测房穿线后观测台面立面示意图

（6）锚固板立模。按照全包围的方式对锚固板进行立模，尺寸为 80cm×35cm×60cm（长×厚×高），使各个测点的锚固板固定。浇筑前可进行试验以保证立模能承受 2.4kN 的拉力。

（7）观测钢架水平位移计钢丝的安装。使用直径 2～3mm 的钢丝在大半径导向轮上顺时针缠绕 2～3 圈，并从其缺口边绕过专用压紧螺丝，再逆时针绕过旁边的压紧螺丝，最后压在垫片与导向轮之间，固定压紧螺丝。另一段路连接平衡砝码盘，在砝码盘上挂重 60～75kg 砝码，可使引张线钢丝承受 1.2～1.5kN 拉力，绕线轮盘穿线图如图 3-44 所示。

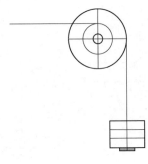

图 3-44 绕线轮盘穿线图

（8）测尺与位移计的安装。若使用人工测量方式观测，可将游标卡尺固定安装在观测钢架测量水平面板上。滑尺部分与引张线钢丝牢固连接，引张线体进行挂重的情况下，将滑尺固定在该钢丝的适当位置，保证该测点水平位移达到最大值时，滑尺仍在有效测量范围内。在滑尺与引张线体固定点两侧进行标识，用于后期校核，滑尺固定点即水平变形游标卡尺初始读数。在滑尺旁安装位移计，位移计接入自动测量控制台，即可实现自动控制测量。

2. 设备调试

按照正确方法进行安装后，即可开始调试工作。在各测点平衡砝码盘添加砝码使线体承受约 2.0kN 拉力，在此拉力下查看引张线体是否被拉断。调整砝码重量，使钢丝承受约 1.2kN 拉力，稳定挂重 30min 后读数，并隔 15min 读数一次。当连续两次读数相同，即认为仪器正常。随后即可紧固各伸缩接头连接螺丝，对锚固板固定盘浇混凝土块体，进行沟槽回填工作。

如果测值不正常，出现如读数不符合、钢丝断裂现象，则必须查找原因，重穿钢丝。

自动化测量装置可在观测房建成后进行安装，临时测量采用人工或半自动测量。

3.5.1.7 设备维护

引张线式水平位移计故障以机械传动部分故障居多。设备维护时需一人在现场操作，一人在机房进行配合，或携带现场操作仪接入测量模块进行操作。

1. 日常维护

日常维护以巡视检查为主，主要检查在未进行测量的情况下，托盘位置是否处于托起平衡砝码状态；人工调节控制开关，查看电机带动托盘进行抬升及下降是否正常；平衡砝码挂起状态下检查观测台上各测点钢丝是否紧绷。

2. 人工比测

人工比测是检验自动化测值是否准确的重要手段，一般每月需对自动化采集系统进行一次人工比测。人工比测时，先将控制模块箱上控制开关由自动状态调整为手动状态，操作动作开关至下降位置，调整托盘下降使平衡砝码处于挂重状态，待所有测点处于挂重状态 15min 后，视线垂直于观测台游标卡尺尺面进行人工读数，读数完成后调整托盘上升，托起所有测点平衡砝码后停止，将控制开关调整为自动状态。对比人工和自动化测值误差是否合格。

3. 故障处理

设备自动测量流程为采集模块发送测量命令至控制模块，控制模块操作电机动作使托盘下降挂起平衡砝码，待所有平衡砝码均处于挂重状态时，托盘上安装的磁铁吸引安装在支架上的下限位开关闭合，限位开关信号返回控制模块停止托盘下降，稳定一段时间后采集模块进行测值采集，采集完成后采集模块发送信号至控制模块操作电机动作使托盘上升，托盘托起所有平衡砝码后，控制模块接收到上限位开关的信号后，停止托盘上升。

（1）无定时测值。此类故障一般多见于控制部分，常见于传动电机卡死导致控制模块始终处于操作电机动作状态，长时间处于此情况下，可导致电机发热烫手，控制箱内电阻、电容烧坏，甚至烧坏控制模块。现场检查应将控制箱上开关由自动模式改为手动模式，手动操作电机动作至托盘上限及下限位置，查看托盘运行是否顺利。

1）若电机无反应，首先检查控制箱内电阻、电容是否烧毁，使用万用表检查电阻及电容参数是否正常；排除电阻及电容问题后，再次操作电机动作。

2）若电机仍无反应，则判断为控制模块故障，更换控制模块后，人工再次进行调整托盘至上、下限位置的操作。

3）托盘进行动作时，同时需要检查电机传动轴与引张线支架传动杆连接是否牢固。以某工地故障为例，因观测房沉降变形，电机传动轴与托盘支架传动轴之间的传动装置因不规则受力导致传动装置破碎损坏，出现电机无法带动托盘动作的情况。

4）所有测控装置确认运行正常后，将托盘调整手动调整至托起状态，再将控制箱内动作开关调整至自动状态，现场操作或配合人员在机房设置自动测量，现场查看测量流程是否正常。

（2）测值突跳。此类故障应现场进行多次自动化测量，若测值跳动较大，应现场检查平衡砝码挂起时是否完全悬空，托盘限位开关位置是否松动掉落，并检查引张线线体与游标卡尺、绕线轮盘、平衡砝码线夹是否牢固，再进行人工比测。

3.5.2 水管式沉降仪

3.5.2.1 概述

水管式沉降仪又称水管式沉降测量装置，是利用液体在连通管两端口保持同一水平面原理制成，具体结构如图 3-45 所示。在观测房内读出量测管内液面高程便可知沉降测头内的液面高程，间隔两次高程读数之差即为该测点的沉降量，计算式为

$$S_1 = (H_0 - H_1) \times 1000 \tag{3-22}$$

式中 S_1——测点的沉降量，mm；

H_0——埋设时沉降测头的溢流测量管口的高程，m；

H_1——观测时刻测得的液面高程，m。

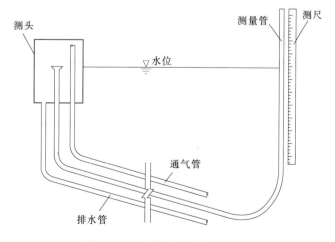

图 3-45 水管式沉降仪结构图

水管式沉降仪是用于监测土石坝的内部各分层沉降位移量的装置，主要应用于路堤、地基处理过程中的堆载实验、基坑开挖或回填作业中引起的隆起和沉降的测量，也可监测一般堤坝的水平位移。

3.5.2.2　监测设施

水管式沉降测量装置根据工作方式不同分为人工测量装置和自动测量装置两种。人工测量装置主要由沉降测头、管路和观测台三部分组成，如图3-46所示。自动测量装置还包含有压力传感器、测控单元及电磁阀等自动控制、测量部件。自动水管式沉降测量装置一般均包含有人工测量的功能。

1. 沉降测头

沉降测头是一个密封筒，它由外径200mm、高约440mm的无缝锈钢管制造，并经电镀、防腐处理，安装在坝体内部，底部分别引出进水管、排水管、通气管至观测房内。沉降仪内部装有两根竖管，分别为连通水管和通气管。沉降测头外部筒身一般贴有标牌，标明连通水管管口至容器口的距离h。现场安装时，沉降测头顶部高程减去h则为该测点测头埋设高程，具体构造如图3-47所示。

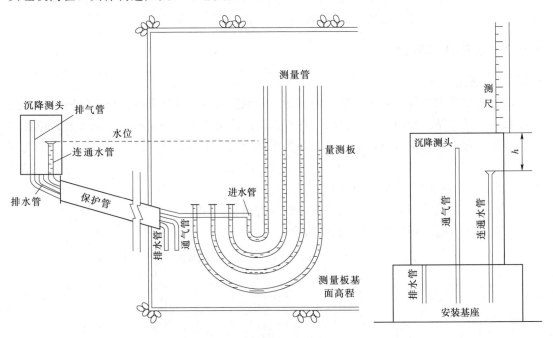

图3-46　人工水管式沉降测量装置构造示意图　　　　图3-47　沉降测头结构图

2. 管路

管路由连通水管、排水管、通气管组成。管路必须用镀锌钢管或硬质塑料管保护。连通水管与观测房的测量板编号对应的透明有机玻璃量管相连。排水管、通气管也必须接至观测房内。

（1）进水管。进水管通常采用 $\phi10\times1$ mm 尼龙管，其作用是将沉降测头连通管与观测台的测量管相连，形成 U 形管。进水管应避免使用接头，确保管路的可靠性。

（2）通气管。通气管通常采用 $\phi10\times1$ mm 尼龙管，其作用是保证沉降测头内的气压与大气压平衡，使连通管与观测台的测量管符合 U 形管原理。同时沉降测头的通气管也必须引至观测房，不可几个测头共用一根通气管，并尽可能避免使用接头。

（3）排水管。排水管采用 $\phi 14 \times 1mm$ 尼龙管，其作用是使沉降测头筒中连通水管杯口溢出的水排出。

（4）保护管。沉降测头内的进水管、通气管、排水管等管路必须连通至观测房内，坝体沉降变形极易导致管路破裂，故沉降测头至观测房的管路必须外套保护管。每个测点采用独立的保护管，一般采用 1.5in 的热镀锌钢管或聚乙烯管。并且多根保护管还需采用 2in 的热镀锌钢管连接作为伸缩保护管，接头用土工布包裹并用铅丝扎紧，可保证伸缩保护管内有足够的伸缩余地，能适应土石坝内部的沉降、水平位移。土工布的作用是防止泥沙进入保护管内。

3. 观测台

观测台一般布置在土石坝沉降测头埋设高程下游坡面处的观测房内。量测板安装有透明有机玻璃管，旁边装有不锈钢测尺，最小刻度为 1mm。从沉降测头引至观测房的排水管、通气管也应固定在观测台附近。管路埋设高程必须低于沉降测头内连通水管杯口的高程且埋设坡度一般倾向于观测房 1‰ 左右。此方法有利于进水管排气、排水管排水，通气管内也不易积水。

人工观测台由沉降测头、测量管、储水桶、供水分配器、压力水罐、气压罐、压力表、空压机组成，如图 3-48 所示。自动观测台由水泵、储水桶、压力传感器、沉降测头、测量管、手动阀、测量电磁阀、压力传感器、控制模块、采集模块等部件组成，如图 3-49 所示。

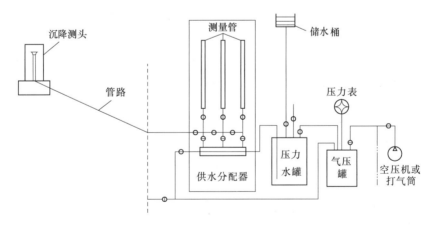

图 3-48　人工观测台结构示意图

3.5.2.3　观测方法

1. 首次测量

（1）打开压力水罐上的排气堵头，让压力水罐内气压与大气压相同。

（2）打开压力水罐进水口上的阀门，让储水桶内的水流入水压罐，充满压力水罐后关闭进水阀门，并关闭排气堵头。

（3）使用打气筒对气压罐充气，使压力水罐内压力为 0.2MPa。

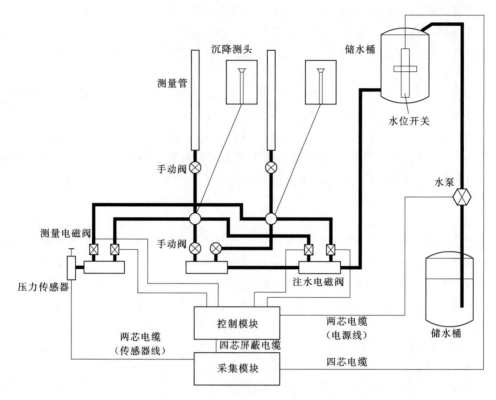

图 3-49　自动观测台结构示意图

（4）打开气压罐出气口阀门，空气压力将压力水罐内的水压向沉降测头。

（5）对沉降测头排水管和充气管进行排气，当管中的气泡排净时，打开量测柜测量管下部的阀门，水冲到量测管顶部时，关闭进水阀门，让沉降测头杯口与测量管形成 U 形管。每隔 20min 进行一次读数，当连续两次读数相同时，作为该测点初始值记录。

2. 日常测量

（1）打开观测柜内下安装板上各测点的手动进水阀。

（2）冲水一定时间后，打开观测柜测量管下方的阀门，当水面接近测量管顶部时，关闭手动进水阀，让沉降测头杯口与测量管形成 U 形管，当水面稳定时读数。

（3）测值是否稳定的判定方法为：每 20min 读数一次，直至最后两次读数不变为止。若数值与排气前的读数相同或稍大均属正常，若差距较大则测值有误，其原因主要应考虑前后管路排气是否正确。

（4）每次观测时，均应测读各测量水管的稳定水位，人工测量各测点量测板不锈钢测值零刻度高程，从而换算得出沉降测头的实际变化量。

3.5.2.4　技术参数

（1）水管式沉降仪材料及尺寸。沉降测头内径应大于 100mm，壁厚应不小于 4mm；管路应采用坚固、径向变形小、吸湿量小的材料；进水管内径应不小于 6mm，通气管内径应大于 8mm，排水管直径应大于 12mm，当管路总长大于 200m 时，各管径需相应加大。

（2）环境温度在 0℃ 以上时，测量液体可采用蒸馏水或冷开水，环境温度在 0℃ 以下时，测量液体应用防冻液代替无汽水。

（3）根据《土石坝监测仪器系列型谱》（DL/T 947—2005）的规定，水管式沉降仪在 0～1000mm、0～1500mm、0～2500mm 范围内分辨力必须不大于 1.0mm。

3.5.2.5 设备安装及调试

1. 设备安装

沉降测量装置的埋设与土石坝施工必须同步进行，施工面较广，其他施工干扰大，且埋设技术复杂，容易因小差错导致设备报废，因此必须做好各项施工规划，保证埋设质量，以便设备长期正常运行。

（1）准备工作。

1）埋设方案。按设计要求确定具体合理的埋设方案。各相关单位需共同研讨施工方案，确保施工细节实施到位，同时根据现场实际情况及时讨论调整。

2）仪器设备的检查。设备安装单位应及时对设备状况、数量、规格、合格证进行验收。

3）培训。设备供货单位对安装、调试、运行人员进行技术培训，确保安装准确到位。

4）工具与材料。设备安装单位准备好施工用工具、材料、场地等。做尼龙管气密性试验，将尼龙管的一端密封，另一端连在气压罐上并加压至 0.1MPa，若可维持该压力 5min，则说明管路气密性完好；若出现漏气，则仔细检查破损处，必要时可使用接头进行拼接。

（2）管路坡降设计。为保证观测精度，符合 U 形连通管原理，沉降测头杯口与观测房连通管路出口间有一定的高差，这样设计的作用为：①使沉降测头多余积水顺利通过排水管排至观测房的排水沟；②避免因坝体沉降使沉降测头高程低于引出管路高程，导致积水倒灌至沉降侧头内；③若管路较短，测头内积水可经由排水管自行排出。应根据管路长度、预估沉降变形量等因素决定管路坡降大小和方式，既满足沉降测头到观测房连通管出口有一定高差，又避免过度开挖导致工作量增大。

对于粗粒料坝体，一般采用局部坡降法。此方法是在距沉降测头 10～20m 的一段管路上设置较大坡降（0.5%～15%），其余部分则采用水平埋设。它比均匀坡降法好，可节省埋设工作量和碎石保护料。对于细粒料坝体，一般采用均匀坡降法，此方法是从沉降测头至观测房管路出口为止采用均匀下沉的方式埋设。两种埋设方法如图 3-50 所示。

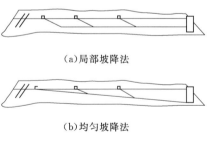

（a）局部坡降法

（b）均匀坡降法

图 3-50 管路埋设方法示意图

（3）管路埋设施工。按施工方式不同，水管式沉降仪的埋设方法有挖沟法和预留沟法。具体使用何种方法应根据设计要求灵活变通。

1）挖沟法。当坝体填筑到高于沉降测头高程 0.8～1.2m 后再沿埋设剖面挖沟埋设。该方法的优点是对管路保护较好，回填料易压实；缺点是挖沟耗费时间，对其他工作面干扰较大。

2）预留沟法。当达坝体填筑到仪器安装高程时，在安装中心线两侧预留深度为 1m

左右的仪器安装沟，然后进行仪器安装。

（4）沉降测头的埋设。沉降测头的埋设应选择夯实的坝面基础，不可埋设在碎石料上。基础可用混凝土浇筑或浆砌石砌成一个尺寸为 50cm×50cm 的安装面，安装面必须使用水平尺检校，不平度不大于 2mm。基础安装面高程比沉降测头杯口高程低约 45cm，如图 3-51 所示。沉降测头安装完毕后需再次校准沉降测头顶部水平。

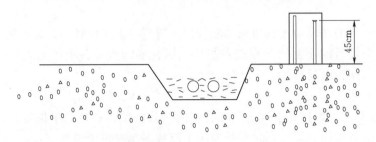

图 3-51　沉降测头埋设示意图

（5）观测房与观测固定标点。水管式沉降测量装置观测房一般建在坝后坡上，应提前或同时与仪器安装同步进行浇筑。观测房采用钢筋混凝土结构，在上游侧设置挡土墙并在观测房内外布设排水沟。观测房若只布设水管式沉降仪，其面积为 12～15m²；若同时布设有引张线式水平位移观测装置，则面积需增大至 16～20m²，观测房高度约 3.5m。

（6）埋设部位填筑。为保证测量装置沉降测头和管路所在坝体填筑碾压质量达到设计要求，应使埋设部位符合设计要求的填筑厚度和可承受的机械碾压，沉降测头部位填埋应选择易压实的碎石保护料并进行人工夯实，尽量减小因埋设仪器对坝体强度产生不利影响。

2. 设备调试

水管式沉降仪安装完毕后，若需进行自动化观测，需结合现场情况对自动化测量设备进行调试。自动化测量设备主要分为数据采集部分和控制部分，以南瑞 NSC-B1 型水管式自动沉降仪为例，NDA1564 模块负责沉降仪的自动化测量，NDA6700 模块负责控制水泵、各测量通道继电器等。

（1）自动化测量调试流程。

1）对沉降测头内的通气管使用打气筒进行排气，确保沉降测头内部、通气管、排水管无积水，从而避免影响测量精度。

2）根据储水桶中的最高水位对桶内浮子与限位开关位置进行调整，避免在预设充水时间内水泵持续充水导致溢出储水桶。

3）控制模块依次打开各测点量测管注水电磁阀，在预先设定的充水时间内对量测管进行注水，时间到后断开各测点量测管注水电磁阀。

4）各测点量测管注水至管内高位后，待预先设定量测管内水位平衡时间过后，控制模块依次开通测量电磁阀，使量测管与沉降测头连通。经过预先设定的平衡时间后，控制模块打开连通各测点底部的压力传感器电磁阀，采集模块同步进行周期性测量。出现两次相同测值测值后，保存测量数据，随后控制模块关闭测量电磁阀。

（2）调试注意事项。

1）沉降测量装置内电磁阀、水泵均使用220V交流供电，若无220V供电则该装置无法正常工作。

2）该装置在进行单通道重复检查时，不会进行量测管注水、平衡操作，仅对压力传感器进行测量。

3）在自动测量装置进行选测和定时测量之前，应对采集部分设置储水罐充水时间、量测管注水时间、沉降测头与量测管连通后平衡时间，详情可参照各厂家水管式沉降测量装置使用说明。需要注意的是，使用蒸馏水作为连通管内介质进行观测时，平衡时间为15min；使用防冻液进行观测时，平衡时间为30min。

3.5.2.6 设备维护

水管式沉降仪故障以控制部分故障居多。设备维护时携带现场操作仪配合拷机软件，接入测量模块进行设置操作。

1. 日常维护

日常维护以巡视检查为主，主要检查储水桶内水位是否足够，或根据测量周期，定期添加纯净水至储水桶内；人工调节控制开关，检查水泵工作是否正常；定期使用打气筒对各测点通气管打气，排除沉降测头内积水，保证沉降测头内气压与大气压相同。

2. 人工比测

人工比测是检验自动化测值是否准确的重要手段，一般每季度需对自动化采集系统进行一次人工比测。比测前，先读取各比测点测量管读数，做好记录；手动关闭测量管阀门，使用打气筒连接通气管，对各测点沉降测头排气，确认排水管有无水流及气体流出；接通水泵对储水桶内泵水，保证储水桶内储水足够；接通注水电磁阀，对各测点测量管内注水，注水至各测点管体3/4处停止；打开测量管手动阀，使测量管内液体流动至沉降测头处，查看各测点排水管是否有水流出；每隔20min对测量管液面进行人工读数，两次读数相同时作为人工测值进行记录；操作现场操作仪，控制采集模块对各比测测点进行自动化测量；检验自动化测值与人工测值是否在误差范围之内；人工测值与比测前读数进行比较，若相差太大则需重复对测量探头进行排气。

3. 故障处理

设备自动测量流程为：采集模块发送测量命令至控制模块，控制模块接通水泵将水从低处储水桶泵至高处储水桶内，储水桶水位上升带动浮子上升至设定液面，浮子安装有磁铁，吸引行程限位开关闭合，返回信号至控制模块关闭水泵泵水，控制模块接通注水电磁阀，对各测点测量管内进行注水，一定时间后关闭注水电磁阀，等待一段时间使测量管内与沉降测头水位平衡，打开测量电磁阀，使U形管内水压与压力传感器连接，平衡一段时间后采集模块采集自动化测值。

（1）无定时测值。此类故障一般多见于采集模块故障，出现地址丢失、测量周期丢失、各测量步骤时间丢失等情况，使用现场操作仪连接采集模块，检查采集模块内测量时间参数 t_0（储水桶注水时间）、t_1（测点冲水时间）、t_2（测点平衡时间）是否正常。需要注意的是，在测点管路畅通的前提下，t_0 可根据各测点单次测量所需用水量及水泵单位时间泵水量进行设置，避免出现储水桶内存水过多或不足的情况，一般以 $10\sim15s$ 为标准进行设置；t_1 可根据模块接入测点数量及各测点管路内总体可容纳液体体积进行计算，避免冲水过量浪费液体，一般以 $10\sim20\mathrm{s}$ 为标准进行设置；t_2 必须以测量模块内管路最长的测点平衡时间为基础进行设置，管线较短的测点可在 $10\sim20\mathrm{min}$ 内稳定，管线较长的测点可在 $20\sim40\mathrm{min}$ 内稳定。

（2）测值突跳。此类故障应现场进行多次自动化测量，若测值跳动较大，应检查压力传感器探头是否出现气泡，若有气泡则需对气泡进行排除并再次进行多次测量检查；并进行人工比测。

（3）测值长期无变化。此类故障的原因较多，一般以控制部分故障为主，主要表现为电磁阀故障导致测量流程无法继续；沉降测头内积水无法自主排出堵塞沉降测头导致 U 形管两侧水位无法平衡；储水桶内缺水导致无水注入测量管等。以某工地水管沉降仪故障为例，当日补充完低处储水桶内液体并进行排气后，隔日进行巡视发现低处储水桶内液体全部流失，观测房地面积水、水泵无水持续运行，断电并补充液体后，操作模块进行测量发现水泵无泵水动作，判断为水泵长期无水运行导致烧毁。更换水泵后，设置模块定时测量并现场观察，水泵注水动作为 $15\mathrm{min}$，导致储水箱内水满溢出，且限位开关无动作，判断为采集模块故障导致测量时间参数丢失，且储水桶限位开关失效。更换采集模块并重新配置参数，更换储水桶行程限位开关后，自动化测量流程恢复正常。

3.5.3 测斜观测法

3.5.3.1 概述

测斜仪分为便携式测斜仪和固定式测斜仪。便携式测斜仪又称为活动测斜仪，按其监测类型可分为便携式垂直测斜仪和便携式水平测斜仪。便携式测斜仪常用于监测滑坡区和深洞开挖土体的侧向位移，也用来监测堤坝结构的变形。一般应用较多的为便携式垂直测斜仪。

采用活动测斜仪进行测斜观测时，需预先钻设地下测斜孔管并安装测斜管。活动测斜仪一般由测斜仪测杆、带有刻度标识的仪器连接电缆、便携式测量读数仪、便携式电缆盘组成。本章主要对活动测斜仪进行介绍。

测斜管通常安装在待监测的不稳定结构滑移面、由表层至下部稳定层的垂直钻孔内。

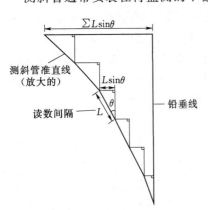

图 3-52　测斜管测量示意图

由便携式活动测斜仪测杆、仪器连接电缆、便携式测量读数仪和便携式电缆盘组成的活动测斜装置来监测测斜管的变形。一般以深入基岩面底部的管底端点为不动点，计算不同深度各部位相对初始的相对位移值，并逐步向上叠加计算绝对位移。测斜管测量示意如图 3-52 所示。

3.5.3.2 监测设施

边坡岩体、滑坡区内部深层位移变形监测主要采用便携式垂直测斜仪进行监测，其主要由表面测斜仪器及地下测斜管两部分组成，其组成和结构示意如图 3-53 和图 3-54 所示。

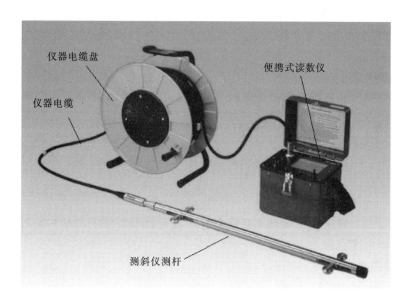

图 3-53　测斜仪组成示意图

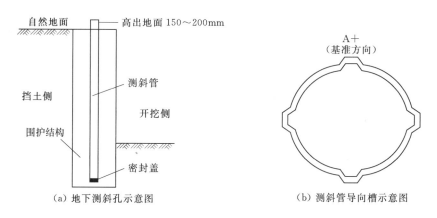

（a）地下测斜孔示意图　　　　　　（b）测斜管导向槽示意图

图 3-54　地下测斜管结构示意图

1. 地下测斜管

（1）土体或岩体的钻孔内安装如图 3-54 所示测斜管，或预埋在混凝土结构中。

（2）测斜管有两对方向互相垂直的定向槽，其中一对要与基坑边线垂直。

（3）测斜管埋入开挖面以下，岩层不少于 1m，土层不少于 4m。

2. 测斜仪测杆

测斜仪内置测斜敏感部件，外部壳体上、下各有一对带有弹簧压力的滑轮，上、下轮距 500mm，顶端连接有抗拉强度较高的仪器电缆，底部安装有橡胶垫，缓冲测杆可能掉落在坚硬物体上引起的震动。

内置敏感元器件分为伺服加速度式、电阻应变片式、差动电容式、钢弦式等多种。比较常用的是伺服加速度式、电阻应变片式两种，伺服加速度式测斜仪精度较高，目前应用较多。其工作原理是利用重力摆锤始终保持铅直方向的性质，测得仪器中轴线与摆锤垂直线间的倾角，倾角的变化可由电信号转换而得，从而可知被测结构的位移变化值。

3. 仪器连接电缆

仪器连接电缆为高强度抗拉电缆，每 0.5m 有永久性刻度标识。主要用于测量数据传输、带动测斜传动杆上下行。

4. 便携式测量读数仪

便携式测量读数仪主要用于相关测量的孔深、测孔编号的设置、测量过程中数据的显示，并用于数据存储、输出。

5. 便携式电缆盘

便携式电缆盘主要用于将仪器连接电缆有序进行盘卷，便于测量和搬运。电缆盘上设有旋钮，可控制电缆盘转动。

3.5.3.3　活动测斜观测

1. 外业测量

（1）将测斜探头引出电缆上的 5 芯插头与读数仪上的 5 芯插座对接，开启读数仪开关，在显示器屏幕上进入主菜单，设置测孔的编号、孔深、测量间距，一般为 0.5m 间距。

（2）每测孔应测 A＋、A－两个方向，为统一计算，A＋方向测量时，测杆探头高轮一侧指向测孔主位移方向，边坡深层位移测孔指向河床侧。

（3）将测杆放置在测孔凹槽内，电缆缓慢将测斜探头放入孔内，按仪器电缆刻度标识，将测杆放置于待测孔深位置；待小仪表读数稳定，将数字显示器上的 enter 确认后将测值保存；将电缆垂直提升 0.5m，逐步对测孔进行测量，直至提升至孔口，A＋测量完毕。

（4）将测杆缓慢地从孔中抽出，然后将传感器测斜探头旋转 180°后按上述（3）测量方法逐步对测孔进行测量，完成 A－方向的测量，测量完毕后确认保存，测量数据自动保存在便携式测量读数仪内。

（5）通过数据传输线及专用数据传输软件，将小仪表内测量数据导出到计算机进行数据处理。

2. 成果测量

（1）将本次测得的 A＋、A－数据进行处理，对应测孔深度，用式（A＋）－（A－）消除力平衡伺服加速度仪零偏的影响。

（2）将本次测值与初次测值数据相比较，计算出各测孔相对初始测值的变化值。

（3）以管底基准值为基点，沿孔底向上逐步叠加，计算出不同孔深及孔口最表层的绝对位移量。

（4）以孔深为纵轴（Y）、以位移量为横（X）轴，绘制某一时间测孔高程与位移关系的过程线。通过历次测量位移过程线对比，即可判断该测孔的位移变化趋势。

3.5.3.4　主要技术参数

活动测斜仪主要技术参数见表 3-44。

表 3 – 44　　　　　　　　　　　　活动测斜仪主要技术参数

仪器名称	测量范围/(°)	分辨力
钢弦式测斜仪	0～±5	≤0.05％F.S
	0～±10	
	0～±20	
	0～±30	
电阻应变片测斜仪	0～±10	≤9″
	0～±15	≤18″
伺服加速度计测斜仪	0～±23	≤0.01mm/500mm
	0～±53	≤0.02mm/500mm

3.5.3.5　测斜仪的使用维护

1. 日常测量维护

（1）测斜孔孔口应设保护罩，防止人为破坏或进入泥沙；测点标识完整。

（2）测杆放入测孔时，对应测孔凹槽放置，放入后上下滑动进行检测，防止测杆移位卡在测管内；测头放入时应缓慢放入，防止测头与孔底发生碰撞。

（3）测量完成时，测量探头应擦拭干净，放入仪器存储室后打开测量探头保护盖风干几小时后再合上保护盖。

（4）测杆底部探头保护盖严禁拧得太紧，以免损坏密封圈的密封性。

（5）探头严禁碰撞，并禁止探头在阳光下暴晒；测头连接口进水时，可用电吹风慢慢吹干，禁止连续使用高温挡，以免温度过高损坏器件。

（6）仪器故障时，禁止自行拆开，应送回厂家修理。

2. 定期维护

（1）定期采用 O 形润滑剂清洁测头底部 O 形密封圈。

（2）便携式读数仪定期充电，每 3 年更换蓄电池。

（3）探头接头处定期采用棉花团蘸湿少量酒精进行清洁，禁止直接喷射润滑剂或采用电动清洁器直接清洁接头。

3.5.4　围岩变形

3.5.4.1　概述

围岩发生流变、蠕变、徐变、位移、沉降及底鼓均可称为围岩变形。松散、破碎围岩体的冒落、塌方，软弱和膨胀性土岩土体的局部和整体的径向大变形和塌滑，山体变形，以及坚硬完整岩体中的岩爆都属于围岩变形。

围岩变形监测是隧道、水电站地下室厂房交通洞施工过程中，对围岩支护体系的稳定状态进行的相关监测。隧道支护结构和岩体产生各种破坏形式前，通常会产生比较大的位移和受力、变形。通过围岩变形监测，可以验证施工方案的正确性，确定二次衬砌合理的施工时间；验证支护结构的效果，确定支护参数或为调整支护参数和施工方法提供依据。

围岩变形通常监测项目有岩体内部变形、隧底隆起、二次衬砌净空变化、拱顶下沉、地表下沉等。除岩体内部变形外，其余均可采用全站仪、水准仪进行相应监测，内部变形则采用深埋式多点位移计进行监测。

多点位移计在孔口安装预埋管及测量基座为相对基准，将锚头按设计要求依次锚固于指定位置。采用灌浆方式使锚头与基岩固紧密相连，当岩体沿孔轴产生位移时，传感器测杆将锚头的位移变位传递到安装在孔口的位移计，通过检测传感器的电测量与初始电测量的变化，由对应参数即可计算出各不同深度断面的岩体变位量。

多点位移计适用于长期埋设在水工结构物或土坝、土堤、边坡、隧道等结构物内，测量结构物深层多部位的位移、沉降、应变、滑移等，可兼测钻孔位置的温度。

3.5.4.2 监测设施

多点位移计主要由锚头、测杆保护管、测杆（不锈钢杆或玻璃纤维测杆）、过渡管、安装基座、测量传感器、传感器保护罩组成，其结构如图 3-55 所示。

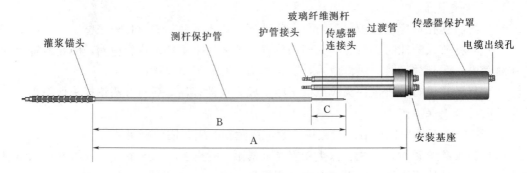

图 3-55 多点位移计结构示意图

1. 锚头

（1）灌浆锚头。一般由长 26cm 的 ⏀18 的螺纹钢制作，根部有 M5 和 M11 的内外螺纹，分别与测杆和保护管连接。

（2）液压锚头。安装时，将测杆、测杆保护管和加压管连接，使用液压泵通过外径 8.0mm、壁厚 2mm 加压管加压 3～5MPa 直至 3 个爪均收拢，保持压力将设备推入到钻孔中预定位置，释放加压管内的压力。3 个爪自动弹开后，组件安装完毕，剪断加压管后进行钻孔的灌浆回填。液压锚头适用于硬质土壤及岩石结构的钻孔中，液压泵通过加压管加压至 7～9MPa，适用于软土和黏土钻孔中。

2. 测杆保护管

测杆保护管对测杆起保护作用，防止测杆与灌浆间粘连。其一端面与锚头直接相连，并随结构共同变形。不锈钢传递杆保护管一般采用外径 14mm，壁厚 2mm 的 PVC 保护管，玻璃纤维传递杆保护管一般采用外径 12.8mm、内径 8.8mm 柔性保护管。

3. 测杆

主要用于传递锚头位移变化，测杆一端连接锚头，一端通过不锈钢传感器连接头与传感器相连，其材质有不锈钢杆和玻璃纤维杆两种，是中间无接头的整体结构。

4. 过渡管

主要作用是保护仪器滑动杆，使滑动杆与传递杆连接时易于定位。其出厂时已与灌浆安装基座焊接好。

5. 安装基座

安装基座分为灌浆安装基座和仪器安装基座。仪器安装基座是进行测量用的装置，分为带传感器的电测基座和带深度测微计的机械测量基座。灌浆安装基座主要作用是灌浆时固定传递杆及保护管，防止灌浆时发生移动甚至脱落。出厂前，灌浆安装基座与灌浆保护管已焊成整体，且灌浆保护管外表面已刻毛处理，方便孔口固定牢固。

6. 测量传感器

多点式位移计测量传感器常见的仪器类型有振弦式、电容式、电位器式、差阻式等，传感器安装在保护罩内，以振弦式多点位移计为例，主要由温度传感器段、外筒、滑动杆定位槽、定位销、传感器组成。

7. 传感器保护罩

传感器保护罩与仪器安装机座相连，主要对测量传感器起保护作用。保护罩上设有将测量传感器电缆引出的电缆出线孔。

3.5.4.3　多点位移观测

1. 振弦式多点位移计观测

（1）多点位移计安装完成后，采用振弦式小仪表量取初始基准值；若初始读数为 R_0，后期观测值读数为 R_1，则位移为

$$S1=(R_1-R_0)G \tag{3-23}$$

式中　S——多点位移计位移；

G——提供的仪器系数。

当位移为正时，表示伸长，反之表示压缩。

（2）温度修正。振弦位移计的工作元件主要由钢和不锈钢制成，在一定的可测量范围内，温度对位移的影响较小，通常情况下可以忽略。需要进行修正时，修正公式为

$$S=(R_1-R_0)G+K(T_1-T_0) \tag{3-24}$$

式中　K——传感器修正系数；

T_1——传感器当前温度；

T_0——传感器初始温度。

2. 电位器式、电容式多点位移计观测

电位移式、电容式多点位移计采用一次函数计算公式，其位移为

$$\Delta S=(X_i-X_{i0})K_f \tag{3-25}$$

式中　ΔS——本次位移值；

X_{i0}——初始位置时的仪表读数；

X_i——本次测量时的仪表读数；

K_f——本次仪表的灵敏度系数。

3.5.4.4　主要技术参数

位移计的主要技术参数见表 3-45。

表 3－45　　　　　　　　　　　位移计的主要技术参数

仪器类型	电容式	振弦式	电位器式	差阻式
测量量程/mm	0～5 0～20 0～45 0～50 0～100 0～200	0～5 0～10 0～15 0～20 0～30 0～50 0～150 0～100 0～200	0～5 0～10 0～15 0～20 0～30 0～50 0～150 0～100 0～200 0～500	0～5 0～12 0～25 0～40 0～100
分辨力/%F.S	≤0.1	≤0.025	≤0.1	≤0.1

3.5.4.5　多点位移计的安装调试

多点位移计安装主要步骤为钻孔、灌浆保护管及孔口基准埋设、锚头与传递杆的安装、灌浆、位移计安装。其整体安装结构示意如图 3－56 所示。

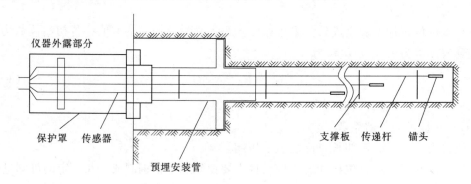

图 3－56　多点位移计安装结构示意图

1. 钻孔

多点位移计钻孔直径为 75～200mm，钻孔深度要求比设计最深锚头深度深 1m，施工时孔口 φ200mm 应与钻孔 φ76mm 同心。测头采用埋入式安装方式时，孔口 1～1.4m 段直径不小于 170mm；测头外置时，孔口 0.5m 段不小于 110mm。钻孔施工完毕后对钻孔进行清洗，要求钻孔通畅，孔壁光滑。

2. 灌浆保护管及孔口基准埋设

灌浆保护管一般采用水泥砂浆或环氧锚固剂锚固，套管的外侧与孔口平齐。安装时先将灌浆基座用 3 个 M8 膨胀螺栓固定在孔口，调整保护管位置，使预埋管与钻孔同轴，然后用水泥砂浆固定。测头外置式保护管安装时，套管外端与孔口平齐；测头采入嵌入安装方式时，套管外端应深入孔口 320mm 以上，如图 3－57 所示。

3. 锚头与传递杆的安装

传递杆一端与锚头拧紧并检查连接是否牢固，另一端与传递杆采用螺纹连接，传递杆间连接螺纹涂上少许胶黏剂后拧紧，然后外套上护管，护管间用 PVC 胶粘牢，依次连接传递杆与护管。传递杆上每隔一个传递管长加支撑环，当各测点安装到达指定位置后，在

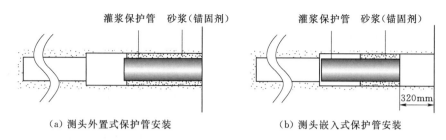

（a）测头外置式保护管安装　　　　　（b）测头嵌入式保护管安装

图 3-57　灌浆保护管安装

孔口安装管上用螺母将传递杆固定在安装板上。如有必要布设温度计时，温度计依据布设位置与传递杆同时送入孔中。安装示意如图 3-58 所示。

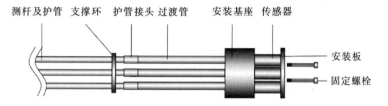

图 3-58　锚头与传递杆的安装示意图

4. 灌浆

孔口封堵可采用水泥砂浆或环氧锚固剂，封堵时保证测量基座与孔壁密实。采用速凝水泥或环氧锚固剂封堵比较快捷，采用水泥砂浆时，细砂直径宜小于 1mm，推荐水灰配置比例为 1∶0.5，灌浆压力宜小于 5kgf/cm²。灌浆过程中，排气管内会不断有空气从孔内排出，排气管中开始有回浆时即表明已灌满，此时可停止灌浆，堵住灌浆和排气管。

5. 传感器的安装

待灌入的砂浆凝固后，剪去排气管和灌浆管。用专用接头将传感器与传递杆连接在一起，将传感器固定在仪器安装盘上，依据测量范围，在仪器安装盘上调整传感器的初始位置。安装完毕后，将位移计及温度计电缆从保护罩的电缆出孔引出，再安装保护罩。

3.5.4.6　多点位移计的维护

1. 日常维护

（1）仪器电缆应敷设专用保护管进行保护，并远离动力电缆、变压器、点焊机等，免受电气干扰。

（2）禁止与交流电源沿同一线路敷设，当仪器电缆受交流电干扰时，振弦式传感器会产生 50～60Hz 的感应频率，此时可在采集装置和读数仪上使用滤芯波器装置。

（3）仪器电缆接头应做好防水，要求采用环氧树脂电缆接头套件。

（4）测量不稳定时，检查仪器屏蔽线是否接地，振弦式采用 BGK-403 或 BGK-408 振弦式小仪表读数时，将蓝（黄）色芯线与屏蔽线相连。

（5）位移计无法读数时，应采用万用表检查仪器电缆是否断开或压坏。振弦式传感器导线芯线正常电阻为 190Ω±10Ω，同时考虑电缆电阻，此类型电缆电阻为 48.5Ω/km。当检测芯线电阻异常变大时则电缆断开；电阻值低于 100Ω 或明显低于额定值，则电缆可能存在短路。

（6）检查出线路上存在断路或短路时，应按正确接线方法焊接或更换电缆。

2. 仪器电缆连接

传感器安装完成后，接入自动化监测系统实现远程采集时，应将仪器电缆加长，电缆更换或断开均应进行焊接，下面以电位器式位移计电缆加长为例进行介绍。

电位器式位移计可采用专用五芯电缆按照相同颜色芯线将仪器电缆接长，电缆接头采用热缩管密封电缆接头技术。为保证电缆焊接后的密封性，芯线焊接时采用交错焊接方法。

（1）剥线。

1）采用美工刀或刀片将需焊接电缆两端切整齐，然后距端面 6～10cm 处用刀片或美工刀轻轻用力环切一周，沿环形切口部位至端面将电缆外层切开。操作时切不可力道过大，以免损坏仪器芯线。仪器芯线损坏或破损时，应切断重新剥线。

2）将仪器芯线从屏蔽线内逐分离，屏蔽线保持完整，并拧成股，剪断毛刺。

3）如图 3-59 所示，将电缆 A、电缆 B 按芯线颜色剪成阶梯状态，各色芯线总长保持一致。仪器芯线采用对应直径剥线钳剥除外层，剥线钳选用直径过小时会导致芯线断裂。各色芯线剥开长度约大于 1.5cm 为宜。

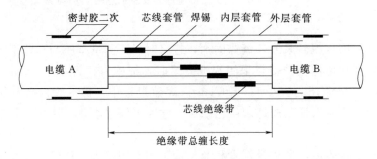

图 3-59　仪器芯线焊接示意图

（2）电缆焊接。

1）在电缆外层套上两根热缩套管，长度分别为 14～16cm、16～18cm。热缩套管以 ϕ18.0mm 为宜。其他不同类型电缆焊接时，热缩套管直径为 1.5～2 倍电缆外径为宜。

2）将仪器其中一根芯线按同色进行对接并拧紧，将气焊枪加热后进行焊接，焊接前芯线外层应预套长度 3～4cm 的热缩套管，热缩套管直径选用小于 2 倍芯线外径为宜。焊接牢固后将热缩套管套在焊接部位，并用气焊枪由中间向两边反复运动加热。

3）逐一按上述 2）方法对各芯线进行焊接。焊接时各芯线长度尽量保持一致。

4）采用电工自粘绝缘胶带将芯线分别缠紧，长度要求覆盖住每根芯线。

（3）绝缘处理。

1）在电缆 A、电缆 B 剥开部位用锉刀轻轻锉毛，选取约 1cm 宽的密封胶先进行加热并缠粘在电缆上一圈左右。

2）将预套的外层较短的大热缩套管套在密封胶上，用气焊枪对热缩套管反复加热，加热时由中间向两边运动将套管内气泡排出。

3）采用同样方法用约 1cm 宽的密封胶进行第二次密封，将最外层大密封套管套上后进行反复加热、排气。

3.6 裂缝与接缝变形监测

水工建筑物的裂缝监测，主要包括裂缝的宽度、长度、深度及分布情况，以及是否存在漏水，如果存在还须对漏水情况进行监测。

水工建筑物的接缝，主要是为满足施工要求，适应温度变化及基础的不均匀沉降，在水工建筑物不同部位设计的结构接缝。接缝的开合度主要受坝体自身温度、水温、环境温度、水位等因素影响。接缝监测是在接缝部位不同高程及断面埋设不同类型的测缝计来实现的。

3.6.1 测缝计

3.6.1.1 概述

测缝计，适用于长期埋设在水工建筑物或其他混凝土建筑物内或表面，测量结构物伸缩缝或周边缝的开合度（变形），并可同步测量埋设点的温度。加装配套附件可组成基岩变位计、表面裂缝计、多点变位计等测量变形的仪器。

1. 测缝计组成及测量原理

测缝计是一种感受线性变形并将其转换为与变形成线性关系的数字信号输出的装置。其典型结构由线性拉簧、感应体、振弦、线圈、拉杆、密封导向体、电缆密封系统、密封护管和屏蔽电缆等组成。

如图 3-60 所示，待测线性变形通过拉杆传递给线性拉簧产生一个与变形成线性关系

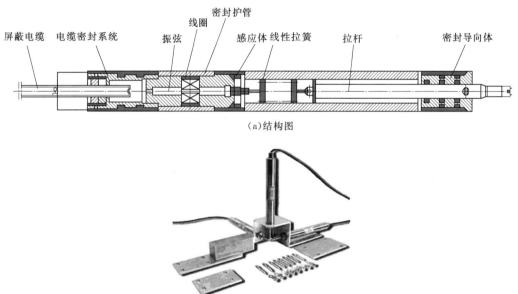

（a）结构图

（b）安装示意图

图 3-60 测缝计结构及安装示意图

的力 ΔF 作用于感应体上，引起振弦的自振频率发生变化，由二次仪表通过线圈对振弦激振并接收数字信号，即可按照仪器参数表上的计算公式求得作用在测缝（位移）计两端线性变形的大小。

2. 计算原理

测缝计测剂的变形值一般计算式为

$$J_i = K(F_i - F_0) + b\Delta t \tag{3-24}$$

式中　J_i——测缝计所测到的变形值，mm；

　　　K——测缝计灵敏度系数，mm/F；

　　　F_0——测缝计的测量基准值，F；

　　　F_i——对应于 J_i 的实时测量值，F；

　　　b——温度修正系数，mm/℃；

　　　Δt——相对基准测点的温度改变量，温度升高为正，下降为负，℃。

3.6.1.2　主要技术参数

测缝计主要技术参数见表 3-46。

表 3-46　　　　　　　　　　　测缝计主要技术参数表

参　　数	VWD-20J	VWD-50J	VWD-100J
测量范围/mm	0～20	0～50	0～100
灵敏度 k/(mm·F^{-1})	≤0.01	≤0.02	≤0.04
测量精度/% F.S	±0.1	±0.1	±0.1
温度测量范围/℃	−40～+150	−40～+150	−40～+150
温度测量精度/℃	±0.5	±0.5	±0.5
仪器外径/mm	30.5	30.5	30.5
仪器长度/mm	300	340	400
耐水压/MPa	≥1	≥1	≥1
绝缘电阻/MΩ	≥50	≥50	≥50

注　F.S 表示满量程输出，$F = \text{Hz}^2 \times 10^{-3}$。

3.6.1.3　安装方法

在岩土工程中，测缝计主要用于观测混凝土分缝及裂缝的开度变化，混凝土与岩体接缝的开度变化以及岩体裂隙的变化。测缝计安装埋设时，应确保测缝计波纹管能自由伸缩。安装埋设过程中应注意检测，测缝计安装前后电组比差值应小于 30 字。

1. 埋设步骤

（1）在先浇的混凝土上预埋测缝计套筒，如图 3-61 所示。当电缆需要从先浇块引出时，应在模板上设置储存箱，用以储存仪器和电缆。为了避免电缆受损，接缝处的电缆用布包条包上。

（2）当后浇的混凝土浇到高出仪器埋设位置 20cm 时，振捣密实后挖去混凝土，露出套筒，打开套筒盖，取出填塞物，安装测缝计，回填混凝土。

（3）在岩体中钻孔，孔径应大于 90mm，深度 0.5m。岩体有节理存在时，视节理发

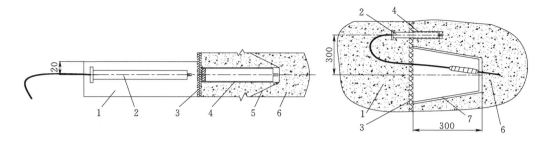

图 3-61　混凝土内埋设示意图（单位：cm）

1—后浇注混凝土；2—VJ400 测缝计；3—模板；4—测缝计套筒；

5—张拉钢丝；6—先浇混凝土；7—储藏箱

育程度确定孔深，一般应大于 1.0m。

（4）在孔内填满水泥砂浆，砂浆应有微膨胀性，将套筒或带有加长杆的套筒挤入孔中，筒口与孔口平齐。然后将螺纹涂上机油，筒内填满棉纱，旋上筒盖，如图 3-62 所示。

2. 埋设方法

测缝计作为裂缝计观测混凝土和岩体预计形成裂缝或已有裂缝的开度及其变化时，主要有以下埋设方法：

（1）混凝土内预计裂缝观测。除加长杆弯钩和测缝计凸缘外，将测缝计全部用

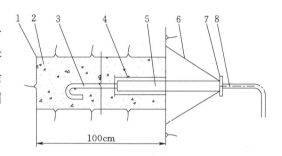

图 3-62　混凝土与岩体接触缝测缝计埋设示意图

1—钻孔；2—砂浆；3—加长杆；4—测缝计套筒；

5—测缝计；6—支撑三脚架；7—预拉垫板；

8—屏蔽电缆

塑料布缠上并包封。在埋设位置上将捣实的混凝土挖出深约 20cm 的槽，放入测缝计，回填混凝土，如图 3-63 所示。

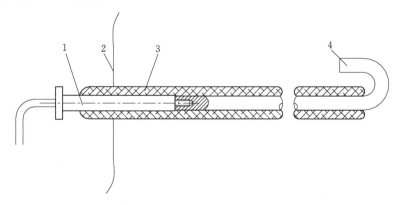

图 3-63　混凝土或岩体裂缝测缝计埋设示意图

1—测缝计；2—裂缝；3—包装塑料布涂沥青；4—加长杆 ϕ32mm 钢筋

（2）岩体内部裂缝观测。在岩体内钻孔，使钻孔跨越待测裂缝，将测缝计埋入孔内跨越裂缝。测缝计加长杆长度应根据岩体结构确定。

（3）混凝土和岩体表面裂缝观测。可采用表面专用安装夹具将测缝计垂直横跨在裂缝上进行观测，对如钢结构表面缝的观测同样适用，对于大量程需要调节拉压范围的表面安装情形，如图3-64所示。

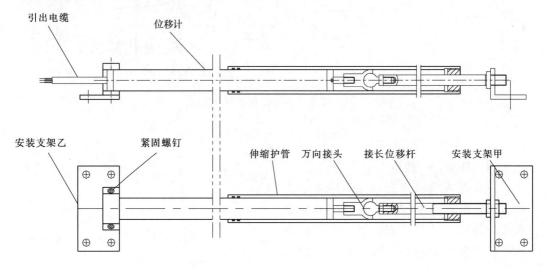

图3-64　混凝土和岩体表面裂缝埋设示意图

3.6.1.4　设备运行与维护

1. 维护的一般规定

（1）监测数据出现异常时，应对相关的监测仪器设备进行检查。

（2）监测自动化系统采集的数据出现异常时，应对系统及时进行检查，并对相关传感器的人工测值进行比较。

（3）每季度对安全监测自动化系统进行1次检查，每年汛前应进行1次全面的检查，定期对传感器及其采集装置进行检验。

2. 人工比测

（1）传感器有集线箱。集线箱内应设置测点信息表，表中标注每个通道接入的测点名称、编号、传感器类型等信息。测读时将集线箱信号线按线顺序与测量仪表连接。先将切换按钮旋转1～2周，检查设备工作状态；打开测量仪表，待测值稳定后，读取、记录和存储传感器测值；按顺序旋转按钮，切换至下一通道进行测读；测读完成后，保护好集线箱信号线。对接入安全监测自动化系统的集线箱，人工测读完成后，应将集线箱恢复至自动化监测状态。

（2）传感器无集线箱。测读前，应保持传感器电缆清洁、干燥，无锈蚀、氧化现象。测读时，将传感器电缆与测量仪表直接连接。用夹线夹连接传感器电缆对应颜色的芯线，待测值稳定后再读数、记录，测读时禁止用手直接接触传感器电缆芯线。测读完成后，应将传感器电缆整理整齐并妥善保护。

3. 传感器检查与维护

日常（1次/季）主要检查传感器电缆标识、敷设保护、工作环境等情况，及时对电缆线头进行维护，清除氧化层，保持接触良好。对安装在建筑物表面的传感器或传感器外露的，日常检查其保护装置的完整性，对出现松动、外壳破损、积水、电缆敷设异常等情况，应及时进行处理。应定期对传感器的工作性态进行检测，评判其测值的可靠性。日常（1次/季）检查集线箱的工作温度，保持环境清洁干燥，检查集线箱通道切换开关工作状况和指示挡位的准确性。

差阻式仪器测值异常的常见原因有：①仪器绝缘度低，仪器或电缆损坏；②集线箱绝缘度低，接线接触电阻大，旋转定位按钮接触不良；③日常测读的仪器或安全监测自动化系统未正常标定维护，测值不准确。差阻式传感器芯线示意图如图3-65所示。

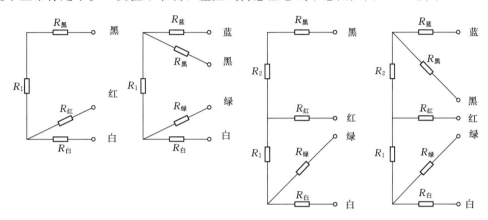

图3-65 差阻式传感器芯线示意图

振弦式传感器的线圈电阻一般为180～200Ω。线圈电阻值非常大（数kΩ以上）为断路，电阻很低（小于100Ω）为短路。

热敏电阻25℃时为3kΩ，温度高、电阻小，温度低、电阻大。电阻非常大（－40℃时阻值为101kΩ）为断路，电阻非常低（＋80℃时阻值为376.9Ω）为短路。振弦式传感器芯线示意如图3-66所示。

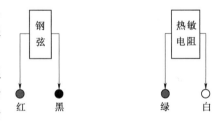

图3-66 振弦式传感器芯线示意图

参 考 文 献

[1] 中华人民共和国发展和改革委员会. DL/T 5209—2005 混凝土坝安全监测资料整编规程 [S]. 北京：中国标准出版社，2005.

[2] 中国国家标准化管理委员会. GB/T 17942—2000 国家三角测量 [S]. 北京：中国标准出版社，2000.

[3] 水利水电规划设计总院. 水工设计手册·11 [M]. 2版. 北京：中国水利水电出版社，2013.

[4] 国家能源局. DL/T 5178—2016 混凝土坝安全监测技术规范 [S]. 北京：中国电力出版社，2016.

[5] 中国国家标准化管理委员会. GB/T 12897—2006 国家一、二等水准测量规范 [S]. 北京：中国标准出版社，2000.

[6] 王向明. 倒垂孔施工及垂线安装技术 [J]. 甘肃水利水电技术，2011，47（10）：60-61.

第4章 渗 流 监 测

渗流监测是大坝安全监测中的一个重要监测项目，渗流状态的变化对大坝安全有极其重要的影响。通常在坝体内部或基础设置渗透压力测点，在大坝两岸设置绕渗测孔，在混凝土坝坝基设置扬压力，在坝后设置渗流量测点。扬压力是影响坝体稳定的重要荷载，渗透压力对于土体的局部渗透稳定或坝坡稳定具有决定性作用，而渗漏量是大坝整体或部分抗渗性能的直观反映。

4.1 测 压 管

4.1.1 概述

测压管是一种常见的渗流监测设施，依据管中管水位的高度来了解渗透压力（扬压力）的大小及其变化趋势。在水工建筑物渗流监测中，测压管常用于监测扬压力、绕坝渗流和坝体（坝基）渗透压力等。

4.1.1.1 扬压力监测

扬压力是指建筑物及其地基内的设施中的渗水对某一水平计算截面的浮托力与渗透压力之和。扬压力是一个铅直向上的力，它减小了混凝土坝作用在地基上的有效压力，从而降低了大坝底部的抗滑力。同时，坝体内也产生扬压力，从而影响坝体内的应力分布。

扬压力包括上浮力和渗透压力。上浮力是由坝体下游水深产生的；渗流压力是由上下游水头差产生的。在水头的作用下，水流通过裂隙、软弱破碎带产生了向上的静水压力。

对于岩基上的混凝土坝，扬压力是假定混凝土和基岩均不透水，由于水渗入建筑物和地基内的水平或接近水平的接触面（含裂缝、建基面的接触缝和坝体的水平施工缝）而产生的作用在锋面上的面力。一般把渗水作用在缓倾角裂隙面或夹层面上的面力也称为扬压力。实际上，混凝土和基岩都是透水材料，渗流水通过材料孔隙形成对材料骨架的作用力，是一种体积力。只有当缝隙的透水性远大于坝体和岩体的透水性时，上述假定才接近实际。实践表明，在抗滑稳定计算的刚体极限平衡法和应力分析的材料力学法中，把渗流水对建筑物的作用按面力来处理是一种近似但能基本满足要求的方法。

坝基扬压力的大小和分布情况，主要与基岩地质特性、裂隙程度、帷幕灌浆质量、排水系统效果以及坝基轮廓线和扬压力的作用面积等因素有关。向上的扬压力减少了坝体的有效重量，降低了坝体的抗滑稳定性，在大坝的稳定计算中，扬压力的大小直接关系到大坝的安全性。此外渗透压力还影响坝基（体）的渗透稳定，因此对坝基（体）内存在的断层破碎带或软弱夹层，不能忽视对渗透压力和水力坡降的监测。

4.1.1.2　绕坝渗流监测

绕坝渗流是指上游水库水环绕于大坝两岸肩连接的岸坡产生的流向下游的渗透水流。绕坝渗流是一种正常现象，但如果大坝与岸坡连接不好，岸坡过陡产生裂缝或岸坡中有强透水层，就有可能造成集中渗流，引起渗透变形和漏水，导致坝坡失稳，威胁大坝的安全与蓄水效益。因此，需要进行绕坝渗流监测，以了解坝肩与岸坡接触处的渗流变化，判断这些部位的防渗性能和稳定性。

4.1.1.3　渗透压力监测

测压管一般用于坝体渗透系数比较大条件下土坝的渗透压力监测，当渗透系数比较小时一般采用埋设渗压计的方式进行监测。渗透压力监测主要用于获得坝体浸润线分布、计算渗透坡降和间接获取对应断面的渗流量。对于分层坝体/坝基结构，可以采用多只测压管，通过透水管段的分层布置，实现坝体或坝基分层渗透压力的监测。

4.1.2　特点

4.1.2.1　优点

测压管具有结构简单、取材方便、技术性要求低、便于制造和安装、价格便宜等优点。测压管在实现监测自动化时，可以进行人工比测，从而校核自动化测值的可靠性。仪器运行一段时间后，可以对仪器进行重新率定，以了解仪器参数的变化和仪器性能，同时可以检校测值的稳定性，当测量仪器损坏时可以更换。

4.1.2.2　缺点

易受人为破坏、降水量影响，固体和化学沉淀物淤堵，长期监测费时费力，滞后时间长。

4.2　渗　压　计

4.2.1　工作原理

4.2.1.1　振弦式压力传感器原理

由渗透水压力进入进水口，经透水石作用在渗压计的弹性膜片上，将引起弹性膜片的变形，并引起振弦应力的变化，从而改变振弦的振动频率。振弦式压力传感器的电磁线圈激振振弦并测量其振动频率，频率信号经电缆传输至读数装置，即可测出水荷载的压力值，同时由仪器中的热敏电阻可同步测量测点安装位置的温度。振弦式压力传感器结构示意图如图 4-1 所示。

振弦式压力传感器计算公式如下：

（1）直线式。

$$P = G(R_1 - R_0)K(T_1 - T_0)$$
$$H_1 = 101.97P + H_0 \tag{4-1}$$

式中　P——压力，MPa；

　　　G——传感器率定系数；

　　　R_1——当前传感器测量频率模数，$Hz^2/10^{-3}$；

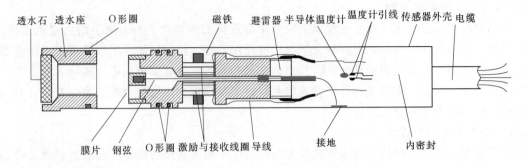

图 4-1　振弦式压力传感器结构示意图

R_0——传感器初始测量频率模数，$Hz^2/10^{-3}$；

T_1——当前传感器测量温度，℃；

T_0——传感器初始测量温度，℃；

K——温度系数；

H_0——水头高程，m；

H_1——传感器安装高程，m。

（2）多项式。

$$P = AR_1^2 + BR_1 + C + K(T_1 - T_0)$$
$$H_1 = 101.97P + H_0 \qquad\qquad (4-2)$$

式中　　　P——压力，MPa；

A、B、C——传感器率定系数；

R_1——当前传感器测量频率模数，$Hz^2/10^{-3}$；

T_1——当前传感器测量温度，℃；

T_0——传感器初始测量温度，℃；

K——温度系数；

H_0——水头高程，m；

H_1——传感器安装高程，m。

4.2.1.2　电感式压力传感器

电感式压力传感器采用恒弹材料制作承压敏感膜片，膜片经特殊的工艺处理，具有较高的稳定性、较低的弹性后效及优良的耐腐蚀性能。在水压的作用下，承压膜片中心产生微小的挠度变化，采用差动电感位移传感器，将膜片中心挠度变化转化为频率信号输出。在检测装置选通开关的控制下，分别输出差动电感传感器两支电感线圈的振荡频率信号 $f_上$ 和 $f_下$，并由测量仪表或检测装置测得两频率之差 Δf，该频差信号与膜片上的水压大小呈线性关系，其转换系数由实验室标定求得并提供给用户。

电感式压力传感器的灵敏度较高、稳定性较好。由于输出的频率信号具有较高的抗干扰性能，且传感器采用差压式结构，即在背水一面的腔体与大气相连通，从而消除了气压变化对仪器测量水压的影响，避免了采用在测量现场设置气压计来扣除气压的测量方式。

电感式压力传感器计算公式为

$$H_i = K(\Delta f_i - \Delta f_0) + H_0$$
$$H_0 = H + h_0 \tag{4-3}$$

式中　H_i——本次测值，m；

　　　　K——仪器的最小读数（即转换系数），由厂家提供；

　　　Δf_0——扬压力计首次测值；

　　　H_0——扬压力计首次测值时相应的水位高程值，m；

　　　h_0——首次测值时的人工测量值，m；

　　　H——对于无压孔为孔口高程，对于有压孔为压力表中心高程，m。

对于压力不大的有压孔，因为压力表在接近始端的测量精度较差，可以将有压孔的人工测孔盖打开，使压力释放，再读取扬压力计的首次测值。此时因为测压管的流量很小，可近似认为仪器承受的动压等于静压，即 $H_0 = H$，也就是 $h_0 = 0$。

4.2.1.3　压阻式压力传感器

压阻式压力传感器采用硅压阻芯片作为承压的敏感元件，利用硅芯片的压阻效应，即其电阻率的变化与材料所受的应力有关。当承压的敏感芯片所受压力发生变化时，在硅晶体不同的晶面方向上受的应力变化是不同的，其电阻率变化也是不同的。选择合适的方向扩散成两组电阻条，在芯片受压时，两组电阻条的电阻发生相反的变化，即一组增加，一组减小。将两组电阻条接入检测电路中，即可将敏感元件上所受的压力变化转换为电量变化输出。

压阻式压力传感器计算公式为

$$H_i = K(I_i - I_0) + H_0 \tag{4-4}$$

式中　K——仪器的最小读数，由厂家提供；

　I_0、I_i——首次和本次读数。

其余参数的意义同电感式压力传感器的计算公式。

压阻式压力传感器具有如下特点：

1）采用硅晶体做承压敏感元件的晶体刚度大、变形小、迟滞小、响应快。

2）传感器灵敏度高，在低量程无死区，线性好。

3）在线路中采取了温度补偿，温度影响小。

4）体积小，便于在一些小口径的测压管中安装。

5）传感器输出为 $4\sim20\text{mA}$ 的恒流信号，抗干扰性能好。

4.2.1.4　差动电阻式压力传感器原理

差动电阻式压力传感器，通过引入一对镜像电流（I_1、I_2）分别流经差动电阻式传感器的两端进行正向测量，将差动电阻式传感器的两端置换进行反向测量，镜像电流大小相等或近似相等，方向相反，通过正向测量、反向测量分别获得差动电阻式传感器两端的电压（U_1、U_2），再根据获得的差动电阻式传感器两端的电压与镜像电流之间的比值关系获得差动电阻式传感器的被测物理量，实现差动电阻式传感器的测量。

差动压阻式压力传感器计算公式为

$$P = f\Delta Z + b\Delta t \tag{4-5}$$
$$H = 101.97P + H_0 \tag{4-6}$$

式中 P——渗透压力，MPa；

$\quad f$——渗压计最小读数，MPa/0.01%；

$\quad b$——渗压计的温度修正系数，单位为 MPa /℃，由仪器出厂所附卡片给出；

ΔZ——电阻比相对于基准值的变化量；

Δt——温度相对于基准值的变化量，温度升高为正，降低为负，℃；

$\quad H$——水头高程，m；

$\quad H_0$——传感器安装高程，m。

4.2.2 主要技术参数

电感式压力传感器、压阻式压力传感器、振弦式传感器的主要技术参数见表 4 - 1。

表 4 - 1 各规格型号传感器参数

型号规格	NGY - 100S NYZ - 100S	NGY - 200S NYZ - 200S	NGY - 500S NYZ - 500S	NGY - 700S NYZ - 700S	NGY - 1000S NYZ - 1000S
测量范围/kPa	100	200	500	700	1000
最小读数	≤0.05%F.S				
环境温度	0~40℃				
型号	4500S		4500AL		4500SV
标准量程	0.35、0.7、1、2、3MPa		70、170kPa		0.35、0.7MPa
非线性度	直线：≤0.5%F.S；多项式：≤0.1%F.S				
灵敏度	0.025%F.S				
过载能力	50%				

电感式压力传感器和压阻式压力传感器均分为 A、B、C 3 个精度等级，其技术性能满足表 4 - 2 的要求。

表 4 - 2 电感式压力传感器和压阻式压力传感器精度指标

精度等级	A	B	C
非线性误差 δ_1/%F.S	0.20	0.35	0.70
重复性误差 δ_2/%F.S	0.10	0.25	0.50
迟滞误差 δ_3/%F.S	0.10	0.25	0.50
基本误差 δ/%F.S	0.25	0.5	1.0
温度误差 δ_T/(%F.S/℃)	0.025	0.05	0.05

4.2.3 渗压计的安装

4.2.3.1 测压管内安装

1. 安装前的准备

（1）整理待测点的测压管历史测量资料，确定测压管的工况，即确定测压管的最低水位，最高水位、是有压孔、无压孔还是时有压时无压孔。

（2）确定传感器的安装方式。对于无压孔和时有压时无压孔可采用时有压时无压孔的安装方式；对有压孔则可采用有压孔或时有压时无压孔的安装方式。

（3）确定传感器入孔电缆及孔口至 DAU 检测装置的电缆长度。一般传感器放置于测压管最低水位之下 1m 左右、孔底之上 1m 左右。如根据实测资料，两者不能同时满足，可以进行适当调整，主要防止传感器安装过低造成测孔内沉积污物淤埋，过高又测不到较低水位的工况。孔深大于 35m 后，无压孔需用钢缆在孔口固定。

（4）根据测压管口径加工配套的安装附件，一般推荐使用图 4-2 所示的结构，也可将测压管的口径参数提供给传感器厂家进行设计加工。

（5）将以上资料提供给厂家以确定传感器的封装电缆长度。

2. 初步检验及率定

（1）浸透透水石，并在透水石和膜片之间的空腔里充满水。

（2）用电缆将渗压计沉到测量孔的底部以测量实际深度。

（3）让渗压计热平衡 15～20min，用读数仪记录该液面的读数。

（4）将渗压计提升一个已知的高度，记录读数，通过读数计算该位置的率定系数，获得压力和读数的变化。与率定表（率定表为仪器出厂时附带）中的值进行比较，必要时可重复这个试验。

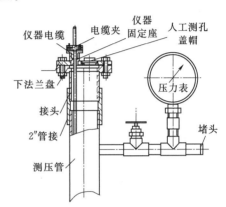

图 4-2　测压管管口附件示意图

（5）采用 0.05 级的标准活塞式压力计率定是最恰当的率定方式。

3. 传感器的安装

（1）将安装附件与测压管连接，连接处应在水压作用下无渗漏。

（2）传感器安装前检查是否正常，防止由于运输等原因造成损坏的传感器装入孔中。然后将传感器放入孔内历史最低水位以下 1～2m 处，将传感器固定在孔口安装附件上。

（3）将传感器电缆做好编号标识并敷设至 DAU 监测装置处。应注意电缆的保护，特别是绕坝渗流测孔，其电缆需用钢管保护，两节钢管间最好用扁钢点焊连接，连成整体的钢管应有一端有良好的接地。

（4）将扬压力计的电缆接入采集单元箱中的模块，电缆的红芯、黑芯分别接在模块接线通道的"V+""GND"端子上，绿芯接在"S"（信号端子）上，黄芯接在"CK"（控制开关）端子上。将 NYZ 型扬压力计的电缆接入 DAU 箱中的 NDA1504 模块，电缆的红芯、黑芯分别接在模块接线通道的"+"（电流信号输入端）"−"（电流信号流出端）端子上。

4. 初值读取

压力传感器所测的量是测压管内的水位变化量，因此为了能测得测压管内的水位高程值，必须结合人工测量水位高程值的方法来读取压力传感器的首次测值。

一般在压力传感器放置在孔内一天以后或更长一些时间以后，利用测量装置进行采样，读取其首次测值，此时 NGY 扬压力计输出频率 Δf_0，而 NYZ 压阻式扬压力计输出电流为 I_0，同时用人工方法测出此时测压管内的水位高程为 H。（对于无压孔用测绳测取液面离孔口为 h_0，对于有压孔用压力表测出读数为 h_0'，利用已知孔口高程 H 求得无压孔内的水位高程 $H_0 = H - h_0$，利用已知的压力表中心高程 H，求得有压孔内的水位高程为 $H_0 = H + h_0'$，如假设液面低于孔口的 h_0 值为负值，高于孔口的为正值，则两公式可统一为 $H_0 = H + h_0$）（图 4-3）。

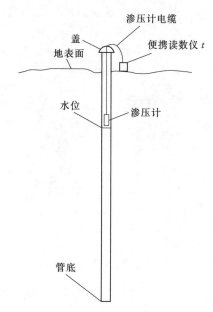

图 4-3　传感器读取零值状态示意图

4.2.3.2　坝体坝基埋设

1. 安装前的准备

渗压计在安装之前应先进行检测，合格后方能使用。因为渗压计的透水石存在渗透系数，而渗透压力是穿过透水石作用在渗压计的感应膜片上，所以透水石与感应膜片前的储水腔没有注满水，若存在空腔或者含有气泡，将会造成渗压计测值的误差。

安装埋设前渗压计端部的透水板必须注满水并且排除空气。具体实施方法为：先将透水石从渗压计顶端拆下，然后将渗压计及透水石均放入水中浸泡 60～120min，用以排除透水石中的气泡，使其充分饱和。最后将渗压计主体和透水石浸泡在水中重新连接安装。

排除透水石中气泡也可以采用另一种方法，即先将透水石放入沸水中煮透，然后将用于煮透水石的少量热水连同透水石共同倒入盛有冷水和渗压计的容器内，在水中进行组装。

2. 安装埋设方法

（1）在混凝土浇筑层面埋设。混凝土浇筑层达到设计要求中安装埋设渗压计的高程时，在浇筑下一部分混凝土前，在埋设位置的层面预留一个深 300mm、直径 200mm 的孔。然后在孔底铺垫约 20mm 细砂，将渗压计放在孔内细砂垫层上，再用粗砂填埋在渗压计四周，布置好渗压计观测电缆后再浇筑下一部分混凝土，如图 4-4 所示。

（2）在基岩面上埋设。在渗压计埋设的基岩位置钻一个孔深 1000mm、孔径 50mm 的测压孔。测压孔必须经过渗水试验合格，再用细砂将包裹好的渗压计放在测压孔中。

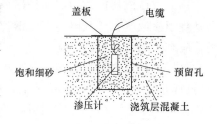

图 4-4　混凝土浇筑层面渗压计埋设示意图

细砂包的装填过程为：将一布袋放入盛水大容器内，袋内充填适量级配砂，将渗压计放在袋中央，并继续在渗压计周围充填级配砂，待充满后将袋口扎紧。如不用砂包也可用土工布把渗压计裹严后埋设，砂包在埋设前都应浸没在水中保存，如图 4-5 所示。

（3）在水平浅孔内埋设。地下洞室围堰内或边坡基岩表面浅层埋设渗压计，需要用水平浅孔埋设和集水法。在埋设渗压计的位置钻一个水平孔深500mm、孔径150～200mm的浅孔，如孔无透水裂隙，可根据需要的深度在孔底套钻一个30mm的小孔。钻好的孔必须进行渗水试验，且实验合格，然后在小孔内填入砾石，在大孔内填入细砂。再将渗压计埋在细砂中，孔口用盖板封上，引出仪器电缆后用水泥砂浆敷设，如图4-6所示。

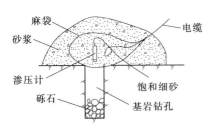

图4-5 基岩面渗压计埋设示意图

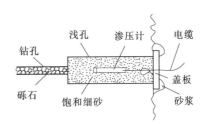

图4-6 平水浅孔内渗压计埋设示意图

4.2.4 系统设备维护

4.2.4.1 测压管式渗压计维护

测压管式渗压计一般指位于测压管内用于监测扬压力、渗透压力以及绕坝渗流的监测仪器。

1. 一般性维护

（1）定期巡视检查扬压力装置的防水效果，是否存在渗水、漏水情况，水龙头是否完全关闭。

（2）定期将压力表送检，确保压力表工作正常，一般压力表检验期限为一年。

（3）定期对扬压力测点进行比测，对比传感器与压力表及人工测量值之间的误差是否在允许范围之内。

2. 仪器性能检验

传感器的稳定性检验就是定期用对应的便携式仪表或自动化数据采集单元进行测量。一般情况下，可以用便携式仪表或自动化监测装置对仪器进行多次测量，以重复检验仪器的稳定性情况。对于传感器测量精度，以振弦式渗压计为例，打开传感器电缆固定接头，用笔记本对传感器进行提升实验，每次提升0.5m，记录每次自动化测量值，比较测量值与实际变化量之间的差值，持续4～6个状态，再进行复位。

3. 人工比测

（1）要求。

1）利用自动化监测系统将所有要进行人工比测的扬压力、绕坝渗流传感器选测一次，将测值保存。

2）携带人工比测必备工器具，如可调大小的扳手、测绳、记录本、铅笔、手电筒、电工包等。

3）在办公室先将要比测的扬压计按比测顺序和编号制成比测表格。

4）按照 4.1.4 节初值读取方法对有压孔和无压孔采用不同的读取办法，对扬压力孔水位进行现场读值，连续读数两次，并将结果记录于比测表中。人工最终读数为两次人工读数均值。

5）现场人工比测读数完成后，将现场恢复比测前状态，再利用安全监测自动化系统选测一次，并保存测值，自动化最终结果为两次自动化读数均值。

6）对有压孔，利用 $h_1 = p_1/\rho g + h_0$ 计算得出扬压力的水位高程。其中 h_0 为压力表中心线高程，p_1 为压力表读数（单位为 Pa），ρg 为 $9.8 \times 10^3 \, \text{kgm/s}^2$。

扬压力、绕坝渗流人工比测数据表格式见表 4-3 和表 4-4。

表 4-3　　　　　　　　扬 压 力 比 测 表

测量日期：××××年×月×日　　　　库水位：×××.××m　　　　尾水位：×××.××m

仪器名称	压力表读数/MPa	管口高程/m	压力表中心线高程/m	人工读数（孔口距水面的距离）/m	人工最终结果/m	自动化最终结果/m	人工与自动化差值/m	备注

表 4-4　　　　　　　　绕坝渗流人工比测表

测量日期：××××年×月×日　　　　库水位：×××.××m　　　　尾水位：×××.××m

仪器名称	孔口高程/m	人工读数/m	人工水位高程/m	自动化水位高程/m	人工与自动化差值/m	备注

（2）比测方法。在系统运行期间，为了准确把握传感器的运行情况，应按照"五固定"原则对绕渗测孔内水位（水压）进行人工比测，具体比测方法如下：

1）到达目的地后通知机房观测人员进行自动化选测，并将选测结果以 EXCEL 表格形式输出并保存。

2）自动化测量完毕后现场用电测水位计对比测孔内水位进行测量（每次读数 2 次，2 次读数差应小于 1cm），并做好详细记录（绕坝渗流记录表）。测量时宜轻拿轻放，防止损坏仪器通信线，测量完成后使绕渗测孔内现场恢复原状。

3）到达下一测点，重复 1）、2）的步骤。

4）所有测点测量完毕后将人工及自动化测值录入绕坝渗流比测表中，对人工与自动化差值超过 0.5m 的测点应查明原因，并在报表中说明。

4.2.4.2　深埋式渗压计维护

深埋式渗压计一般指安装、埋设在坝体、坝基或地下洞室内用于监测待测部位的渗透压力的监测仪器。

1. 维护的一般规定

（1）监测数据出现异常时，应对相关的监测仪器设备进行检查。

（2）安全监测自动化系统采集的数据出现异常时，应对系统及时进行检查，并对相关传感器的人工测值进行比较。

（3）每季度对安全监测自动化系统进行1次检查，每年汛前应进行1次全面的检查，定期对传感器及其采集装置进行检验。

2. 人工比测

集线箱内应设置测点信息表，表中标注每个通道接入的测点名称、编号、传感器类型等信息，测读时将集线箱信号线按接线顺序与测量仪表连接。先将切换按钮旋转1～2周，检查设备工作状态；打开测量仪表，待测值稳定后，读取、记录和存储传感器测值；按顺序旋转按钮，切换至下一通道进行测读；测读完成后，保护好集线箱信号线。对接入安全监测自动化系统的集线箱，人工测读完成后，应将集线箱恢复至自动化监测状态。

3. 渗压计检查与维护

日常（1次/季）主要检查传感器电缆标识、敷设保护、工作环境等情况，及时对电缆线头进行维护，清除氧化层，保持接触良好。日常（1次/季）检查集线箱的工作温度，保持环境清洁干燥，检查集线箱通道切换开关工作状况和指示挡位的准确性。

测值异常的常见原因有：

（1）振弦式仪器的线圈电阻一般为180～200Ω。线圈电阻值非常大（数kΩ以上）为断路，电阻很低（<100Ω）为短路。

（2）热敏电阻25℃时为3kΩ，温度高电阻小，温度低电阻大。电阻非常大（-40℃时阻值为101kΩ）为断路，电阻非常低（+80℃时阻值为376.9Ω）为短路。扬压力测点布置示意图如图4-7所示，扬压力测点装置示意图如图4-8所示。

4.2.4.3 典型案例

1. 扬压力测压管维护

某大坝坝基扬压力，沿基础廊道4#～24#坝段在每个坝段布置1个测压管（编号依次为UP-4～UP-24），9#坝段小廊道内增设5个测压管，编号为UP9-1～3、UP-25、UP-26。

（1）现场采用振弦式现场采集小仪器在自动化采集端子处对所有在线测点进行逐一测量。从测量结果来看，UP-6、UP-19测点频率测值不稳定，现场对这两个传感器进行单点的提升试验，试验数据见表4-5和表4-6。

表4-5　　　　　　　　　　　　　　UP-6单点提升试验数据表

测点状态	频率测值/Hz	扬压水头测值/m	提升后扬压水头较差/m	实际提升高度/m	测值与实际值较差/m	备注
初始	2633.27	194.55	0	0	0	
提升0.5m	2631.05	194.70	0.15	0.5	0.35	
提升1.0m	2630.22	194.99	0.44	1.0	0.56	
提升1.5m	2627.18	195.36	0.81	1.5	0.69	

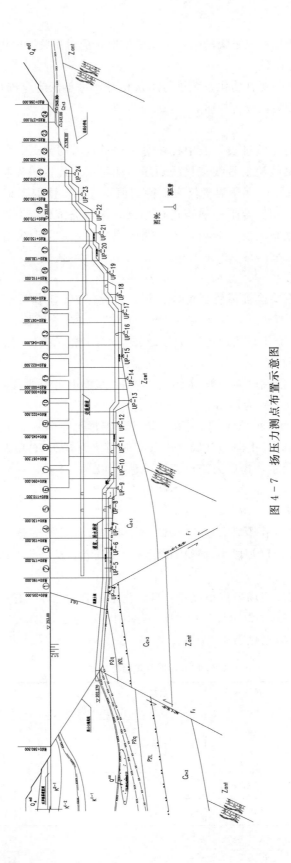

图 4-7　扬压力测点布置示意图

130

表 4 - 6 　　　　　　　　　　　　UP - 19 单点提升试验数据表

测点状态	频率测值/Hz	扬压水头测值/m	提升后扬压水头较差/m	实际提升高度/m	测值与实际值较差/m	备注
初始	2855.35	195.25	0	0	0	
提升 0.5m	2837.35	195.98	0.73	0.5	−0.23	
提升 1.0m	2815.36	196.78	1.53	1.0	−0.53	
提升 1.5m	2627.18	197.62	2.37	1.5	−0.87	

由提升试验得出上述两个传感器确定为故障，无法满足测点的正常测量，须进行传感器更换。

（2）现场更换传感器注意事项及提升试验。采用备用基康 4500s 振弦式压力传感器对 UP - 6、UP - 19 进行更换，更换前将传感器前端透水石取下，然后将传感器完全浸泡在盛满净水的容器内，在水下将透水石缓慢地重新装回传感器，并在安装前一直浸泡于水中。上述操作主要用于排除透水石内腔体中的空气，如果存在空气，传感器将会产生严重的滞后或测量误差甚至读数不稳定。更换测点具体参数见表4 - 7。

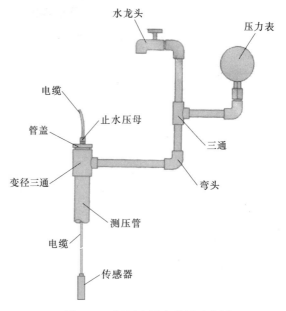

图 4 - 8 　扬压力测点装置示意图

表 4 - 7 　　　　　　　　　　　　传 感 器 参 数 表

安装位置	量程	传感器编号	传 感 器 参 数
UP - 19	350MPa	1511200	$g=-0.1122846$；$a=-0.0000000196563476$；$b=-0.1119806189786220$；$c=1042.18050000266000$；$k=0.280931$
UP - 6	350MPa	1511203	$g=-0.1228294$；$a=0.0000011066538973$；$b=-0.1383221510039340$；$c=1086.80759395257000$；$k=-0.020927$

更换完成后在采集系统内对参数进行相应更改并在台账内记录。传感器安装完成后，将传感器透水石拆下，并重新在水中将透水石装回，再将传感器整体浸泡在水中 30～60min，待传感器内空气完全排出后，重新对新更换的传感器进行单点提升试验，见表 4 - 8 和表 4 - 9。通过标定数据看出，传感器测量精度满足要求，测量系数准确。

2. 绕坝渗流维护

某水电厂边坡绕坝渗流测点 $OH_A - 1$ 位于边坡 A 断面 292.10m 高程马道，孔深 57m，仪器安装高程 235.10m，自动化监测采用 BGK4500S 振弦式传感器。布置形式如图 4 - 9 所示。

表 4-8　　　　　　　　　　　更换后 UP-6 单点提升试验数据表

测点状态	频率测值/Hz	扬压水头测值/m	提升后扬压水头较差/m	实际提升高度/m	测值与实际值较差/m
初始	2792.52	194.86	0	0	0
提升 0.5m	2822.40	195.33	0.47	0.5	0.03
提升 1.0m	2852.62	195.88	1.02	1.0	−0.02
提升 1.5m	2883.07	196.40	1.54	1.5	−0.04

表 4-9　　　　　　　　　　　更换后 UP-19 单点提升试验数据表

测点状态	频率测值/Hz	扬压水头测值/m	提升后扬压水头较差/m	实际提升高度/m	测值与实际值较差/m
初始	2916.6	197.75	0	0	0
提升 0.5m	2909.1	198.22	0.47	0.5	0.02
提升 1.0m	2901.2	196.78	1.03	1.0	−0.03
提升 1.5m	2894.4	199.23	1.48	1.5	0.02

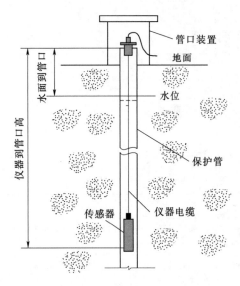

图 4-9　某水电厂绕坝渗流测点装置示意图

在某次人工比测工作中发现测点测值与人工测值存在较大误差,数据见表 4-10。

根据表中数据,现场作出如下判断:①取出测点传感器,检查传感器顶端渗水石工作状态;②采集测点传感器的空载测值,比对传感器的出厂原始测值;③检查传感器电缆接头部位是否存在密封问题。

现场逐一进行了上述 3 项排查工作后,结果为:①传感器渗水石工作正常,无堵塞及外表凝结状态,但传感器表面有少量淤泥附着;②现场采集传感器空载频率为 2876.1Hz,与传感器出厂时原始测值 2876.3Hz 基本吻合,传感器运行正常;③现场查看传感器电缆接头,密封、绝缘完好。

综合上述检查结果,现场进行传感器的提升实验,具体数据见表 4-11。

从表 4-11 中数据可以看出,传感器在提升 1m 后的变化量与实际变化量基本吻合,现场

表 4-10　　　　　　　　　　　绕坝渗流人工比测数据表

测点名称	孔口高程/m	人工读数/m	人工水位高程/m	自动化水位高程/m	人工与自动化差值/m	备注
OH$_A$-1	292.10	35.20	256.90	254.60	2.30	

可以判断测点测值异常的原因为测点测压管内孔底淤积，传感器原安装高程已被淤泥掩埋，影响了测点测值。现场只需将传感器安装位置调整至淤泥以上，即可恢复测点正常测量。

综上所述，现场将 OHA-1 测点安装高程向上调整 1.5m，即 236.6m 高程，将系统内测点相关参数进行修改后，该测点比测成果符合要求，测点恢复正常运行。具体数据见表 4-12。

表 4-11　　　　　　　　　　　　OHA-1 传感器提升试验数据表

测点状态	频率测值 /Hz	地下水位 测值/m	提升后地下 水位较差/m	实际提升高度 /m	测值与实际值 较差/m	备注
初始	2722.6	254.60	0	0	0	
提升 1.0m	2753.1	256.10	1.50	1.0	0.50	
提升 2.0m	2772.2	257.13	2.53	2.0	0.53	
提升 3.5m	2799.4	258.15	3.55	3.0	0.55	

表 4-12　　　　　　　　　　　　绕坝渗流人工比测数据表

测点名称	孔口高程 /m	人工读数 /m	人工水位高程 /m	自动化水位 高程/m	人工与自动化 差值/m	备注
OH_A-1	292.10	35.20	256.90	256.87	0.03	

4.3　量　水　堰

4.3.1　概述

量水堰主要用于监测坝体及坝基渗流量的变化。渗流量是指上游水库水穿过坝体孔隙或地基孔隙的单位时间的渗透水体积。一般当渗流处于稳定状态时，其渗流量与水头保持稳定的对应关系。当同样水头及环境温度情况下渗流量显著增加或者减少时，就意味着渗流稳定的变化。渗流量显著增加预示有可能发生防渗结构破损或者产生新的集中渗流通道；渗流量显著减小预示有可能排水系统堵塞。因此，为了判断渗流量的稳定与否，保证大坝的安全运行，必须建立量水堰对渗流量进行监测。

4.3.2　结构型式

根据监测部位渗流量大小，量水堰可分为三角堰和矩形堰两种。当渗流量属于 1~70L/s 范围时使用三角堰；当渗流量属于 10~300L/s 范围时使用矩形堰。

4.3.2.1　三角堰

三角堰是堰口形状为等腰三角形的薄壁堰，顶角可制成 30°、45°、60°、90° 及 120°，但通常情况下采用 90° 直角三角堰。其特点是，当测量部位流量较小时仍有较大水头，具有较高的测量精度，如果使用矩形堰或者全宽堰测量流量，则上、下游液位差很小，会使得测量误差增大。因此，在流量较小的测量部位，一般会采用三角堰进行流量的测量（图 4.10~图 4.12）。

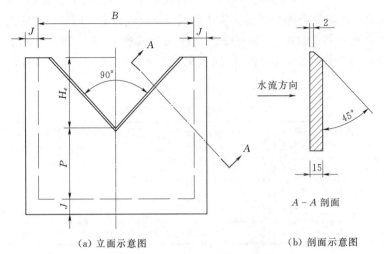

（a）立面示意图　　　　　　　　　　（b）剖面示意图

图 4-10　直角三角堰堰板构造（单位：m）

H_e—堰口至堰顶高度；B—沟宽；J—堰板嵌混凝土深度；P—堰口高度

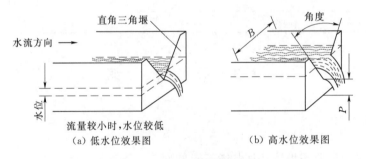

（a）低水位效果图　　　　　　　　　　（b）高水位效果图

图 4-11　三角堰建造效果图

B—沟宽；P—堰口高度

图 4-12　三角堰外观图

4.3.2.2 矩形堰

矩形堰是形状为方形的薄壁堰，其过水能力强于三角堰，但堰前容易形成泥沙淤积，测量部位流量较小时，精度较差。故一般要求矩形堰最小堰上水头必须大于 5cm，堰顶长度不宜小于最大堰上水头的 1/3。通常矩形堰使用于流量较大且水质中泥沙含量较小的沟渠（图 4.13～图 4.15）。

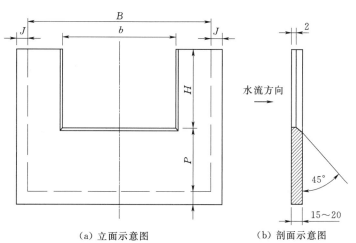

（a）立面示意图　　　　　　（b）剖面示意图

图 4-13　矩形堰的构造图（单位：m）

B—沟宽；b—堰口宽度；H—堰板开口高度；P—堰口高度

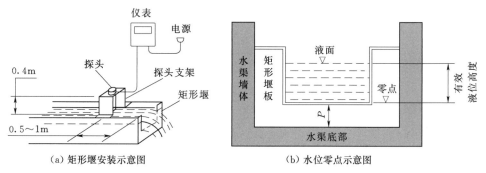

（a）矩形堰安装示意图　　　　　（b）水位零点示意图

图 4-14　矩形堰在渠道上的安装和矩形堰的水位零点示意图

4.3.3　流量计算

4.3.3.1　直角三角堰

流量的计算公式为

$$Q = \frac{8a}{15}(2g)^{1/2} H^{2/5} \qquad (4-7)$$

式中　a——流量系数，见表 4-13，其不确定度 $\delta a/a = \pm 1.0\%$；

H——有效堰水头；

g——重力加速度。

图 4-15　矩形堰外观图

135

表 4 - 13　　　　　三角堰流量系数表

h/E	E/B									
	0.1	0.2	0.3	0.4	0.5	0.6	0.7	0.8	0.9	1.0
0.1	0.578	0.578	0.578	0.578	0.578	0.578	0.578	0.578	0.578	0.578
0.2	0.578	0.578	0.578	0.578	0.578	0.578	0.578	0.578	0.578	0.578
0.3	0.578	0.578	0.578	0.578	0.578	0.578	0.579	0.579	0.580	0.582
0.4	0.578	0.578	0.578	0.578	0.578	0.580	0.582	0.584	0.586	0.590
0.5	0.578	0.578	0.578	0.579	0.579	0.584	0.587	0.592	0.600	0.606
0.6	0.578	0.578	0.579	0.581	0.584	0.589	0.595	0.605		
0.7	0.577	0.578	0.580	0.584	0.589	0.596	0.607			
0.8	0.577	0.578	0.582	0.588	0.595	0.605				
0.9	0.576	0.579	0.584	0.593	0.602					
1.0	0.576	0.580	0.587	0.598	0.607					
1.1	0.576	0.581	0.590	0.604						
1.2	0.576	0.583	0.594	0.610						
1.3	0.576	0.585	0.597							
1.4	0.576	0.587	0.601							
1.5	0.577	0.589	0.604							
1.6	0.577	0.592	0.609							
1.7	0.578	0.595								
1.8	0.578	0.598								
1.9	0.579									
2.0	0.580									

注　1. 可用内插法计算表中的中间数值。

　　2. h/E 为堰口高度，即堰口底点至堰槽底面的高度，m；E/b 为堰口宽度，即堰板最上沿开口宽度，m。

4.3.3.2　矩形堰

矩形堰流量的计算公式为

$$Q=\frac{2a}{3}(2g)^{1/2}bH^{2/3} \tag{4-8}$$

$$h_e=h+K_h \tag{4-9}$$

$$b_e=b+K_b \tag{4-10}$$

式中　a——流量系数，用下列公式计算：$b/B=1$（全宽堰）时，$a=0.602+0.75h/E$；$b/B=0.9$（矩形堰）时，$a=0.598+0.064h/E$；$b/B=0.8$（矩形堰）时，$a=0.596+0.045h/E$；$b/B=0.7$（矩形堰）时，$a=0.594+0.030h/E$；$b/B=0.6$（矩形堰）时，$a=0.593+0.018h/E$；$b/B=0.5$（矩形堰）时，$a=0.592+0.010h/E$；$b/B=0.4$（矩形堰）时，$a=0.591+0.0058h/E$；$b/B=0.2$（矩形堰）时，$a=0.589-0.0018h/E$；a 的不确定度 $\delta a/a=\pm1.5\%$；

　　h_e——有效堰水头，m；

　　h——测量堰水头，m；

　　K_h——补偿黏度和表面张力影响的修正值，对矩形堰、全宽堰 $K_h=0.001$m；

136

b_e——堰口有效宽度，m；

b——测量堰口宽度，m；

K_b——补偿黏度和表面张力影响的修正值，从表4-14中查得。

表4-14 矩形堰补偿黏度和表面张力影响的修正值表 单位：mm

b/B	0.1m	0.2m	0.3m	0.4m	0.5m	0.6m	0.7m	0.8m	0.9m	1m
K_b	2.4	2.4	2.5	2.7	3.2	3.6	4.1	4.2	3.2	—0.9

注 用内插法计算表中的中间数值。

4.3.3.3 不确定度的估算

（1）直角三角堰流量不确定度计算为

$$\frac{\delta Q}{Q}=\pm\left[\left(\frac{\delta a}{a}\right)^2+\left(\frac{\delta\tan\frac{\phi}{2}}{\tan\frac{\phi}{2}}\right)^2+2.52\left(\frac{\delta h_e}{h}\right)^2\right]^{1/2} \qquad (4-11)$$

$$\frac{\delta\tan\frac{\phi}{2}}{\tan\frac{\phi}{2}}=\pm100\left[\left(\frac{\delta h_t}{h_t}\right)^2+\left(\frac{\delta b_t}{b_t}\right)^2\right]^{1/2}\% \qquad (4-12)$$

$$\delta h_e=\pm[\delta h^2+\delta h_o^2+\delta k_h^2+(2s_h)^2]^{1/2} \qquad (4-13)$$

$$\frac{\delta h_e}{h}=\pm100[\delta h^2+\delta h_o^2+\delta k_h^2+(2s_h)^2]^{1/2}/h\% \qquad (4-14)$$

式中 δa——流量系数的不确定度，$\frac{\delta a}{a}=\pm1.0\%$；

$\delta\tan\frac{\phi}{2}$——堰口开口角引起的不确定度；

h_t——三角堰底点到上口的高度；

b_t——三角堰上口的宽度；

δh_t——三角堰底点至上口的高度测量不确定度；

δb_t——三角堰上口宽度测量的不确定度；

δh_e——堰水头测量的不确定度；

δh——堰水头实测不确定度；

δh_o——零点实测不确定度；

δk_h——补偿黏度和表面张力影响的水头测量修正值的不确定度；

s_h——堰水头 n 次测量的标准偏差。

一般情况下，直角三角堰的流量测量不确定度$\frac{\delta Q}{Q}=\pm(1\sim2)\%$。

（2）矩形堰、全宽堰流量不确定度计算公式为

$$\frac{\delta Q}{Q}=\pm\left[\left(\frac{\delta a}{a}\right)^2+\left(\frac{\delta b_e}{b}\right)^2+1.52\left(\frac{\delta h_e}{h}\right)^2\right]^{1/2} \qquad (4-15)$$

$$\delta b_e=\pm[\delta b^2+\delta k_b^2]^{1/2} \qquad (4-16)$$

$$\frac{\delta b_e}{b} = \pm 100 [\delta b^2 + \delta k_b^2]^{1/2}/b\% \tag{4-17}$$

$$\delta h_e = \pm [\delta h^2 + \delta h_o^2 + \delta k_h^2 + (2s_h)^2]^{1/2} \tag{4-18}$$

$$\frac{\delta h_e}{h} = \pm 100 [\delta h^2 + \delta h_o^2 + \delta k_h^2 + (2s_h)^2]^{1/2}/h\% \tag{4-19}$$

式中　δa——流量系数的不确定度，$\delta a/a = 1.5\%$；

　　　　δb_e——堰口宽度测量不确定度计算见式（4-16）和式（4-17）；

　　　　δb——堰口宽度实测不确定度；

　　　　δk_b——补偿黏度和表面张力影响的堰口宽度测量修正值的不确定度；

　　　　δh_e——堰水头测量的不确定度计算见式（4-18）和式（4-19）；

　　一般情况下，矩形堰和全宽堰流量测量不确定度为 $\frac{\delta Q}{Q} = \pm (1 \sim 4)\%$。

4.3.4　监测传感器安装

4.3.4.1　传感器选型

　　由于堰上水头测量精度要求比较高，因此量水堰对自动监测仪器精确度和长期稳定性的要求比较高。传感器有高精度微压式、步进测针式、磁致伸缩式和电位器式等类型。目前比较常用的是振弦式量水堰计，一个量水堰微计包括一个振弦式传感器和一个浮筒，传感器监测浮筒的浮力，也就是监测相对于浮筒固定位置的水位变化，以确定水位的变化，具体如图 4-16 和图 4-17 所示。其技术参数如下：量程为 150mm、300mm、450mm、600mm；精度为 ±0.5%F.S；分辨力为 0.02%F.S（min）；热敏电阻为 3kΩ；最大尺寸根据量程确定。

4.3.4.2　传感器的安装调试及初值读取

　　仪器在安装前要进行检测，将传感器和浮筒相连接，测量传感器的零位输出。传感器和挂钩之间的连接螺母必须松开，因为这个螺母只是为了运输安全而安装的。仪器的安装比较简单，首先制作一个观测井，然后将防污桶的部分安装好，待稳定后再安装传感器。安装传感器时，注意不要让防污桶壁与浮筒接触，因为任何这样的接触都会影响传感器的输出值。在连接传感器和浮筒时要注意不要损坏传感器；读取传感器数值时要将干燥管的密封螺丝拧松，使其与大气相通，否则测得的数据会不稳定或者不准确。

　　对于 350mm 量程的传感器，可以将浮筒调整到水位 ±150mm 左右的两成位置作为初始安装值，但这也要根据现场的实际情况确定安装的位置。

　　将干燥管和传感器连接，当干燥管中的干燥剂由蓝色变成粉红色时要更换干燥剂，以确保传感器不被损坏。

　　1. 矩形堰初值确定方法

　　（1）先将临时测量用的特制的带钩针的水位测量仪卡固在堰口上，并用水平仪找平，读出图 4-18 中 G 值。

　　（2）将水放入堰槽中，并使水面低于堰口。

　　（3）将特制的带钩针的水位测量仪的钩针下降并浸入水中，然后将钩针慢慢提起使针

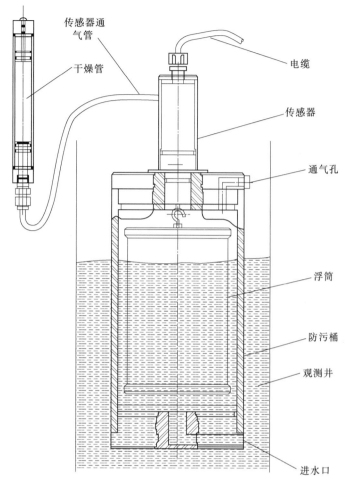

图 4-16　量水堰微计示意图

（标注：传感器通气管、干燥管、电缆、传感器、通气孔、浮筒、防污桶、观测井、进水口）

尖和水面平齐，如图 4-18（b）所示，并读出图中 F 值，读数 G、F 数值之差（$G-F$）即为堰口至堰槽中水面之间的距离。

（4）将预先安装在至堰口（4～5）h_{max} 的测量截面处或小水桶内的永久性测量水头的水位计的钩针下降，使针尖和水面一平，并读出刻度数值。该读数值减去 $G-F$ 值，即得到测量水头的永久性水位计的零点数值。

2. 直角三角堰初值确定方法

（1）在堰口上放置和堰槽长轴平行的特制的直径为 D 的圆棒，如图 4-19 所示，并用水平仪找平。

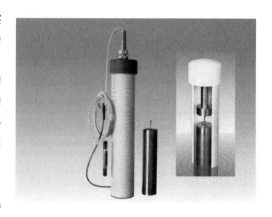

图 4-17　振弦式量水堰微计

（2）将临时测量用的特制的带钩针的水位测量仪放置在圆棒上面，钩针针尖和圆棒轴线切面的底线相接触，然后按照矩形堰、全宽堰的测量方法进行。把永久性水位计的读数

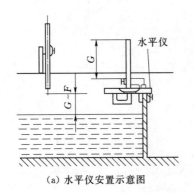

（a）水平仪安置示意图

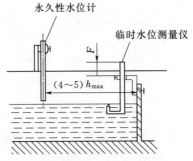

（b）临时水位测量仪安置示意图

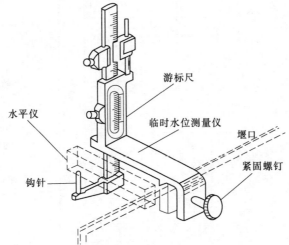

（c）读取矩形堰水头零值示意图

图 4-18　矩形堰测量水头的水位计零点示意图

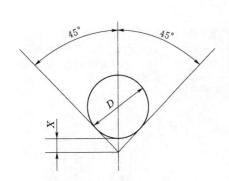

图 4-19　三角堰测量水头的
水位计零点示意图

值减去 $G-F$ 值，再减去 $0.2071D$，即得到永久性水位计的零点值。

4.3.5　量水堰维护

4.3.5.1　堰测体维护

（1）检查堰板及排水沟内淤积情况，确保流道畅通及堰板上下游水头差满足正常观测要求。

（2）检查连通管是否堵塞，注入适量水，采用浮子压迫容器内的水来检测连通管的过水性能。

（3）清理浮子安装容器内的液体，尽量减少淤积及悬浮物。

4.3.5.2　人工比测

（1）利用自动化监测系统将要进行人工比测的量水堰仪选测一次，将测值保存。

（2）携带人工比测必备工器具，如记录本、铅笔、电工包等。

（3）在确定量水堰仪无异常的情况下，不得轻易打开量水堰仪传感器密封盖。

（4）现场读取水位标尺值，连续读数两次，并将结果记录于比测表，人工最终读数为两次人工读数均值。

（5）现场人工水位标尺读数完成后，再利用自动化监测系统选测一次并保存测值，自动化最终结果为两次自动化读数均值。

（6）回到办公室后，及时将人工测量数据进行整理，根据现场安装设备及现场实时测得堰上水头进行流量换算，计算公式为 $Q=mb(2g)^{1/2}H^{3/2}$。

（7）对照比测表，如果自动化测值偏离人工测值 1L/s 以上，则应该对自动化监测系统中量水堰仪属性中堰上水头校正常数进行修改，具体修改办法是：$h_{校}=h_{人}-h_{自}$（单位为 mm）。

（8）比测工作完成后，应将所有资料分电子版和纸质版两种形式存档并按实填写上机记录。

量水堰人工比测数据记录见表 4-15。

表 4-15　　　　　　　　　　量水堰人工比测数据记录表

测量日期：××××年×月×日　　　库水位：×××.××m　　　　　尾水位：×××.××m

仪器名称	初始水头 /mm	测量水头 /mm	堰上水头 /mm	人工流量 /(L·s⁻¹)	自动化流量 /(L·s⁻¹)	人工与自动化差值 /(L·s⁻¹)	备注

4.3.6　典型案例

某水电厂大坝坝基量水堰，于基础廊道排水沟内安装不锈钢堰板，堰板上游侧 40cm 处安装水位测针，80cm 处安装渗流量自动观测仪，自动观测仪连接电缆引至观测站测控模块。每年均于汛前进行全面检修工作。

1. 通过频率测量及单点加水实验确定传感器状态

现场将测点安装位置与排水沟连通管堵死，加入固定体积水，采用振弦式现场采集小仪表在自动化采集端子处测量测点。从测量结果来看，WE1 测点频率测值虽稳定，但换算流量与理论值之间存在较大差异，试验数据见表 4-16。

表 4-16　　　　　　　　　　WE1 单点试验数据表

测点状态	频率测值/Hz	压力测值/kPa	加水后流量 /(L·s⁻¹)	理论流量值 /(L·s⁻¹)	测值与实际值较差 /(L·s⁻¹)	备注
初始	3700.8	0.0198	1.5	1.5	0	
加水 0.5L	3315.9	0.024	1.9	2	−0.1	
加水 1.0L	3303	0.0307	2.8	2.5	0.3	

由上述试验可以看出上述传感器测值存在偏差，无法满足测点的正常测量，须进行传感器维护。

2. 现场维护步骤

（1）清理仪器传感器上的附着物，检查传感器悬挂勾的工作状态。

（2）清理传感器安装容器底部淤泥及其他杂物，并清洗干净。

（3）重新安装固定好仪器传感器，并再次进行加水实验。

通过测点维护后，传感器测量精度满足要求，测量数值准确。具体数据见表 4-17。

表 4-17　　　　　　　　　WE1 单点试验数据表

测点状态	频率测值/Hz	压力测值/kPa	加水后流量 /(L·s⁻¹)	理论流量值 /(L·s⁻¹)	测值与实际值较差 /(L·s⁻¹)	备注
初始	3668.4	0.0188	1.43	1.43	0	
加水 0.5L	3457.2	0.0232	1.99	2	−0.01	
加水 1.0L	3385.3	0.0284	2.51	2.5	0.01	

4.4 水 质 分 析

水质分析主要是指对坝基渗漏水水质及边坡地下水水质的化学指标进行抽检化验，为便于对比分析，有必要时也对大坝上、下游库水水质进行分析。水质分析主要分析项目包括水质的气味、pH 值、导电率、浑浊度、色度、悬浮物、矿化度、总磷、总氮、硝酸盐、溶解氧、高锰酸钾、有机金属化合物等。

4.4.1　选点与取样

大坝的水质分析选点，主要指在大坝上、下游 30～50m 区间选定 6～12 个取样点；在坝基测压孔按照坝肩、溢流坝段分部状况选取 4～8 个取样点；在大坝左右岸边坡绕坝渗漏监测孔中，选取 4～8 个取样点。

确定取样点后，分别对相关部位水质进行取样，用于分析水样的各项指标。

4.4.2　检定分析指标

4.4.2.1　物理指标

水质分析的物理指标项目，主要包括水质的气与味、水质的颜色与色度、水质的混浊度（透明度）等。

（1）水质的气与味是根据抽样水质的气味，检测判断水中所含杂质及有害成分。水中的气与味可能来源于：①水生植物或微生物的生存与繁衍过程；②有机物的解析；③可溶于水的气体等；④溶解的矿物质；⑤生活废水中的各种杂质等。在水质的气味判定和检测方面仍存在主观性，相关检测数据仅供参考。

（2）水质的颜色与色度。常用氯化铂酸钾和氯化钴调配的混合溶液作为判定和检测色度的标准。

（3）水体的混浊度与透明度。通过对采集水样在相关放大成像设备中的投影分析，解析光线透过水样后受到的影响程度，再根据标准水样混浊度进行对比，找出水样的具体混浊度。

4.4.2.2 化学指标

利用化学反应、生物化学反应及物理化学的原理测定的水质指标总称为化学指标。根据不同的分析方法具体化学指标如下：

（1）中和方法。如水体的碱度、酸度等。

（2）生成螯合物的方法。如 Ca^{2+} Mg^{2+} 及硬度等。

（3）加热和氧化剂分解法。将含生物体在内的有机化合物的含量以加热分解时产生 CO_2 的量 [总有机碳（TOC）；微粒有机碳（POC）]、分解时消耗的 O_2 量 [总耗氧量（TOD）] 或消耗氧化的量 [化学耗氧量（COD）] 来表示的指标。

（4）生物化学反应的方法。以生物化学耗氧量（BOD）为代表，是测定微生物分解有机物时所需消耗的 O_2 量，包括测定微生物在呼吸过程中产生的 CO_2 的量以及利用脱氢酶等酶活性法来测定有效生物量等指标。

（5）氧化还原反应及沉淀法。最典型的为溶解氧含量及氯离子含量等指标。

（6）电化学法。有水的电导率，氯化-还原电位（pE）以及包括 pH 值在内的离子选择电极的各种指标，如 F^-、NH_4^+ 以及很多金属离子。

（7）微量成分。以仪器分析为主要检测手段，包括分光光度法、原子吸收光谱法、气相液相色谱法、中子活化分析法以及等离子发射光谱法等。

4.4.3 检测分析仪器

水质分析如果在实验室中开展详细水样分析，采用相关仪器仪表较多，具体检测仪器仪表对应检测项目详见表 4-18。

表 4-18　　　　　　　　　　　　水质分析仪器仪表及项目对照表

仪 器 名 称	检 测 项 目	备 注
浊度分析仪（HK-288 型）	浊度	
酸度计	pH 值	
分光光度计	硝酸根、亚硝酸根、油含量总铁、铜离子、硅、游离氯、NH_3-N、BOD_5、锰、总磷、铝离子、锌离子	
污染指数测定仪	SDI15	
非分散红外吸收 TOC 分析仪	总有机碳（TOC）	
数字式 BOD_5 测定仪	BOD_5	
化学耗氧量测定仪	COD_{cr}	
台式钠度计	钠离子	
溶解氧分析仪	溶解氧	
Hk-208 型磷酸根分析仪	磷酸盐	
硅酸根分析仪	二氧化硅	
原子吸收光谱仪	钾、钠、钙、镁等金属离子	
离子电极	钡离子、氟离子、锶离子	

水质分析现场采样分析主要采用多参数光度计，如图4-20所示。该仪器为通用型的水质分析仪器，广泛应用于工业、市政、环保等水质分析领域。用于生产现场和野外，操作简便、结果准确、重现性好。

图4-20　多参数光度计外观图

仪器特性如下：

（1）采用按键操作。

（2）自动调整波长。

（3）可以识别所有NANOCOLOR试管的条形码，另外还有可放置10mm、20mm、50mm长方形比色皿的样品槽。

（4）可以存储99种操作者自编的测试程序。

（5）配置RS-232串口，可将数据传输到计算机或打印机。

（6）可进行升级设置，新的升级软件提供其他功能和调整参数，可以通过Internet或PC下载到光度计上。

参 考 文 献

[1] 宋光爱，姚博文，蔡明贵，等. 大坝扬压力微机检测分析系统研究 [J]. 武汉大学学报（工学版），1996（5）：30-35.

[2] 丁文昌，韩字阳. 水电站大坝绕坝渗流自动化监测系统的系统恢复工程 [J]. 西北水电，2011（b09）：163-168.

[3] 张量. 基于数据无线传输的水库坝体监测系统的研究与应用 [D]. 大庆：东北石油大学，2011.

[4] 李军华. 大坝渗流监测设计及渗流计算机模拟 [D]. 郑州：郑州大学，2004.

[5] 杨懿. 泵测量不确定度及可靠性的试验研究 [D]. 重庆：重庆大学，2010.

第5章 应力应变及温度监测

应力应变是大坝性态表征的微观效应量,具有局部和灵敏度高等特点,对大坝安全预警和损伤分析具有十分重要的意义。温度是坝体和基础在外界环境和地热共同作用下的反映,对坝体变形和应力分布具有十分重要的影响。在考虑多场耦合条件下,通过温度监测可以在一定程度上对渗流状态进行监测。随着科技的发展,应力应变监测仪器也得到很大的发展,如最近出现的光线光栅应力应变和温度监测仪器就已经在长输水隧洞中得到应用。但在大坝安全监测领域,目前应用比较多的依然是差动电阻式仪器和振弦式仪器。为此本章主要针对差动电阻式仪器和振线式仪器进行叙述。

5.1 差动电阻式仪器

5.1.1 概述

5.1.1.1 仪器结构

差动电阻(卡尔逊)式仪器是以弹性钢丝作为传感元件的仪器,是利用弹性钢丝长度变化与其电阻变化呈线性关系,以及当温度变化不大时钢丝电阻随温度变化呈线性关系的特性制成的。差动电阻式仪器内部安装两根长度相等的弹性钢丝,两根钢丝以差动的特定方式固定在锚固于仪器两端的方形铁杆上,电阻分别为 R_1 和 R_2,且近似相等,如图 5-1 所示。

当仪器受到外界的拉压而变形时,仪器内部两根张紧钢丝 R_1、R_2 的电阻发生差动变化,一个阻值变大、一个阻值变小。当仪器受拉(压)时,R_1 受拉(压)伸长(缩短),电阻值增大(减小),同时 R_2 受压(拉)缩短(伸长),电阻减小(增大),两根钢丝的串联电阻 $R_t = R_1 + R_2$ 不变,电阻

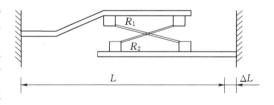

图 5-1 差动电阻式仪器内部结构示意图

比 $Z = R_1/R_2$ 增大(减小),因此钢丝电阻 $R_t = R_1 + R_2$ 及 $Z = R_1/R_2$ 能反映仪器所在处的应力、应变及温度(即物理量)的变化。

当温度变化时,两根钢丝 R_1、R_2 同向变化。温度升高时,$R_1 + R_2$ 增大;温度降低时,$R_1 + R_2$ 减小。而当仪器受到拉伸或压缩时,由于两个电阻阻值一个增加,一个减少,两者之和不变,因此拉伸和压缩变化对温度测值不造成影响,因此,测得两根钢丝的串联电阻之和 $R_1 + R_2$ 即可求得仪器测点位置的温度。

5.1.1.2 基本原理

在仪器内部交叉地绕着电阻值相近的直径仅为 $0.05\sim0.06\mathrm{mm}$ 的电阻钢丝 R_1 和 R_2，两电阻比值如下：

受外力作用前计算公式为

$$\left.\begin{array}{l} Z_1 = \dfrac{R_1}{R_2} \\[2mm] Z_2 = \dfrac{R_1 \pm \Delta R_1}{R_2 \pm \Delta R_2} \end{array}\right\} \tag{5-1}$$

受外力作用后计算公式见式（5-2）。

由于 $R_1 \approx R_2 \approx R$，$|\Delta R_1| \approx |\Delta R_2| \approx |\Delta R|$，因此电阻比的变化量（受外力作用后）为

$$\Delta Z = Z_2 - Z_1 = \pm \frac{R_1}{R_2}\left(\frac{\Delta R_1}{R_1} + \frac{\Delta R_2}{R_2}\right) \approx \frac{2\Delta R}{R} \tag{5-2}$$

此外，仪器电阻值随温度而变化，一般在 $-50\sim100℃$ 范围内，可表示为

$$\left.\begin{array}{l} R_T = R_0(1 + \alpha T + \beta T^2) = R_0 + \dfrac{T}{a'} \\[2mm] T = a'(R_T - R_0) \end{array}\right\} \tag{5-3}$$

式中 T——温度，℃；

R_0、R_T——0℃和 T℃时仪器电阻，Ω，即相应的 $R_1 + R_2$ 之值；

α、β——钢丝电阻温度一次与二次系数，一般取 $2.89\times10^{-3}/℃$ 及 $2.2\times10^{-6}/℃$；

a'——0℃以上时的温度常数，℃$/\Omega$，在温度为 0℃以下时，采用 $a'' = (1.066\sim1.097)a' \approx 1.08a'$。

由上述可知，在仪器的观测数据中，包含有外力作用引起的 Z 和由温度变化引起的 T 两个因数，所要观测的物理量 Y 应是 Z 和 T 的函数，及 $Y = \psi(Z, T)$。在原型观测中，Z_1 和 T_1 是基准值常数，因此物理量 Y 的计算公式为

$$Y = f\Delta Z + b\Delta T \tag{5-4}$$

式中 f——仪器最小读数，$10^{-6}/0.01\%$；

b——仪器温度补偿系数，$1/℃$；

ΔT——仪器温度变化量。

5.1.1.3 仪器种类

差动电阻式仪器按照结构和用途，可以分为应变计、钢板计（由小应变计改装而成）、钢筋计、锚杆应力计（由钢筋计改装而成）、测缝计（可改装成多点变位计或位移计）、孔隙水压力计（渗压计）、锚索测力计、温度计等几大类，其中应变计可以组成应变计组，配置无应力计桶以后，成为无应力计。此外差动电阻式仪器还可以做成压应力计等，所有差阻式仪器关键部位基本相同。下面将对钢筋计、应变计、锚索测力计以及温度计进行简单介绍。

5.1.2 差动电阻式钢筋计

5.1.2.1 仪器组成和技术指标

差动电阻式钢筋计适用于埋设在水工和其他钢筋混凝土建筑物内部测量钢筋的应力，

并可兼测埋设点的温度。增加相应附件，可以改制成锚杆应力计。差阻式钢筋计一般由钢套、敏感部件、紧定螺钉、电缆及连接杆等组成。差阻式钢筋计的规格与技术指标见表5-1。

表 5-1 差阻式钢筋计规格与技术指标

测量范围/MPa	压	100	100	100	100	100
	拉	200	200	300	400	300
配筋直径/mm		Φ16、Φ18、Φ20、Φ22、Φ25、Φ28、Φ32、Φ36、Φ40				
分辨力/%F.S		0.1				
温度测量范围/℃		−25～60				
温度测量精度/℃		±0.5				
耐水压力/MPa		0.5	3	0.5	0.5	3
绝缘电阻/MΩ		≥50				
备注			耐高压	大量程	超大量程	大量程、耐高压

5.1.2.2　安装埋设

钢筋计埋设可按下列步骤进行，本章后面的振弦式钢筋计安装埋设参照本步骤进行。

（1）按钢筋直径选配相应的钢筋计，如果规格不符合，应选择尽量接近于钢筋直径的钢筋计，例如：钢筋直径为Φ35，可使用 R-36 或 R-32 的钢筋计，如差异过大，则应考虑面积换算。

（2）接长电缆的仪器，检查接长电缆的芯线电阻，进行连续多次（≥10 次）测量，电阻和不大于 0.05Ω，电阻比不大于 0.0005（测值稳定），做好编号和存档工作。

（3）钢筋计可在钢筋加工厂预先与钢筋焊接好（也可采用现场埋设时电焊连接方式），焊接时应将钢筋与钢筋计中心线对正，之后用对接法把仪器两端的连接杆分别与钢筋焊接在一起。如果焊接是在现场进行，可在扎好的钢筋网埋仪器的位置上，将钢筋截下相应的长度，然后将钢筋计焊上。为了保证强度，在焊接处需加绑条，并涂沥青，以便与混凝土脱开。

（4）为了避免焊接时温升过高而损伤仪器，焊接时，仪器要包上湿棉纱并不断浇上冷水，直至焊接过程中仪器测出的温度低于 60℃。

（5）一般直径小于 25mm 的仪器才能适用对焊机对焊，直径大于 25mm 的仪器不宜采用对焊焊接。现场电焊安装前应先将仪器及钢筋焊接处按电焊要求打好坡口 45°～60°，并在接头下方垫上 10cm 略大于钢筋的角钢，用来盛熔池中的钢液。焊缝的焊接强度应得到保证，通常可采用以下方法：

1）对焊。一般直径小于 28mm 的仪器可采用对焊机对焊，此法焊接速度很快，可不必做降温冷却工作，焊接强度完全符合要求。对于直径大于 28mm 的钢筋，不宜采用对焊焊接。焊接时应将钢筋与振弦式钢筋计中心线对正，之后用对接法把仪器两端的连接杆分别与钢筋焊接在一起，如图 5-2 所示。

2）熔槽焊。将仪器与焊接钢筋两端头部削成斜坡 45°～60°，如图 5-3 所示。用略大

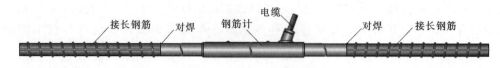

图 5-2　钢筋计对焊焊接示意图

于钢筋直径的长 30cm 角钢，摆正仪器与钢筋在同一中心线上，不得有弯斜现象。焊接应用优质焊条，焊层应均匀，焊一层即用小锤打去蜂窝麻面，这样层层焊接到略高出为止。为了避免焊接时温升过高而损伤仪器，焊接时，仪器要包上湿棉纱并不断浇上冷水，焊接过程中仪器温度应低于 60℃。为防止仪器温度过高，可间歇焊接，焊接处不得洒水冷却，以免焊层变硬脆。

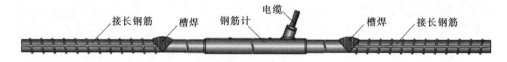

图 5-3　钢筋计熔槽焊焊接示意图

3）绑条焊。采用绑条焊接时，为确保钢筋计沿轴心受力，不仅要求钢筋与钢筋计连接杆应沿中心线对正，而且要求采用对称的双绑条焊接，绑条的截面积应为结构钢筋的 1.5 倍，绑条与结构钢筋和连接杆的搭接长度均应为 5 倍钢筋直径，并应采用双面焊，如图 5-4 所示。

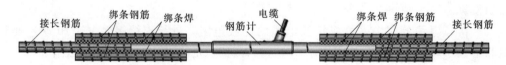

图 5-4　钢筋计绑条焊焊接示意图

同样，为了避免焊接时温升过高而损伤仪器，焊接时，仪器要包上湿棉纱并不断浇上冷水，焊接过程中仪器测出的温度应低于 60℃。为防止仪器温度过高，可间歇焊接，焊接处不得洒水冷却，以免焊层变硬脆。绑条焊处断面较大，为减少附加应力的干扰，宜涂沥青，包扎麻布，使之与混凝土脱开。

4）螺纹连接。采用螺纹连接接长钢筋计可减少现场焊接的工作量和施工干扰，要求钢筋计的连接杆和结构钢筋的连接头均应加工成相同直径的阳螺纹，并配以带阴螺纹的套管，可在现场直接安装，如图 5-5 所示。

图 5-5　钢筋计螺纹连接示意图

5.1.2.3　应力计算

埋设在混凝土建筑物内部的钢筋计，受应力和温度的双重作用，钢筋计的一般计算公

式为

$$\varepsilon = f\Delta Z + b\Delta t \qquad (5-5)$$

式中　ε——应力变化量，MPa，正值为拉应力；

　　　f——钢筋计最小读数，MPa/0.01%；

　　　b——钢筋计的温度修正系数，MPa/℃，由仪器出厂所附卡片给出；

　　　ΔZ——电阻比相对于基准值的变化量，拉伸为正，压缩为负；

　　　Δt——温度相对于基准值的变化量，温度升高为正，降低为负，℃。

仪器内部的总电阻值 $R_t = R_1 + R_2$，与埋设点温度测值 t 的计算关系式为

$$t = a'(R_t - R'_0) \qquad 0℃ \leqslant t \leqslant 60℃ \qquad (5-6)$$

或

$$t = a''(R_t - R'_0) \qquad -25℃ \leqslant t < 0℃ \qquad (5-7)$$

式中　t——埋设点的温度，℃；

　　　R_t——仪器的总电阻值，Ω；

　　　R_0——计算零度电阻值，Ω；

　　　a'——仪器零上温度系数，℃/Ω；

　　　a''——仪器零下温度系数，℃/Ω。

5.1.3　差动电阻式应变计

5.1.3.1　仪器组成及技术指标

差动电阻式应变计用于监测大坝以及其他混凝土建筑物的应变，适用于长期埋设在水工建筑物或其他建筑物内部，测量结构物内部的应变。如扣除设于相同部位无应力计的非应力应变，可得到测点处混凝土的应力应变。在已知混凝土弹性模数时，考虑温度补偿、徐变等影响，可计算混凝土的应力。应变计也可以埋设在基岩、浆砌块石结构或模型试件内。

差动电阻式应变计按标距不同分为大应变计和小应变计，大应变计标距为 250mm，小应变计标距有两种，分别为 100mm 和 150mm。

应变计埋设在水工建筑物及其他混凝土建筑物内测量混凝土的总应变，也可用于浆砌块石水工建筑物或基岩的应变测量。根据混凝土的弹模计算结构物的应力，并可兼测埋设点的温度。按照空间组合设置，可以分为单向、2 向、3 向、5 向、7 向和 9 向等应变计组。

通过与无应力桶配合使用可以组成无应力计，测量无应力状态下混凝土的自由体积变形；也可利用夹具直接安装在建筑物表面测量建筑物特定部位的应变。

差动电阻式应变计一般由电阻感应组件、外壳及引出电缆密封室三个主要部分组成。其电阻感应组件主要由两根专门的差动电阻钢丝与相关的安装件组成。弹性波纹管分别与接线座、上接座焊在一起。止水密封部分由接座套筒及相应的止水密封部件组成。仪器中充有变压器油，以防止钢丝生锈，同时在钢丝通电发热时吸收热量，使测值稳定。仪器波纹管的外表面包裹一层布带，使之与周围混凝土相脱开。差动电阻式应变计规格与技术指

标见表 5-2 和表 5-3。

表 5-2 差动电阻式小应变计规格与技术指标

仪器标距/mm		100		150		
测量范围 $\mu\varepsilon$	压	1500	2000	1200	2000	1200
	拉	1000	500	1200	400	1200
灵敏度 $\mu\varepsilon$/0.01%		<6		<4.5		
分辨力/%F.S		0.1				
温度测量范围/℃		-25～60				
温度测量精度/℃		±0.5				
仪器弹性模量/MPa		150～300				
耐水压力/MPa		0.5		3		
绝缘电阻/MΩ		≥50				
最大外径/mm		27				
备注				耐高压		

表 5-3 差动电阻式大应变计规格与技术指标

仪器标距/mm		250				
测量范围 $\mu\varepsilon$	压	1000	2000	1000	2000	1000
	拉	600	200	600	200	600
灵敏度 $\mu\varepsilon$/0.01%		<4				
分辨力/%F.S		0.1				
温度测量范围/℃		-25～60				
温度测量精度/℃		±0.5				
仪器弹性模量/MPa		300～500		800～1000		300～500
耐水压力/MPa		0.5		3		
绝缘电阻/MΩ		≥50				
最大外径/mm		37				
备注			大量程	大弹模	大量程、大弹模	耐高压

5.1.3.2 安装埋设

应变计埋设附件主要有支座、支杆和预埋件等，按照埋设点的高程、方位及埋设部位混凝土浇筑进度，将预埋件预埋在先浇筑的混凝土内，若预埋件杆子长度较短，可适当加长。其螺纹部分应用纱布或牛皮纸包裹好，以免碰伤。

（1）根据仪器埋设的数量，备齐仪器（已根据设计施工要求接长电缆）和附件（支座、支杆等），并做好编号和存档工作，同时考虑适当的仪器备用量。

（2）当混凝土浇筑到接近埋设高程时，用适当尺寸的挡板挡好埋设点周围的混凝土，取下预埋件螺纹的裹布，旋上支座和各方向的支杆。

（3）按设计编号分别安装上相应的应变计，固定好各仪器的电缆引线，并按设计去向引到临时或永久观测站。

（4）仪器周围的混凝土，应剔除粒径大于 5cm 的骨料，并用人工方法捣实混凝土。

5.1.3.3 应变计算

埋设在混凝土建筑物内的应变计受变形和温度的双重作用，因此应变计的一般计算公式为

$$\varepsilon = f\Delta Z + b\Delta t \qquad (5-8)$$

式中　ε——应变量，10^{-6}；

　　　f——应变计最小读数，$10^{-6}/0.01\%$；

　　　b——应变计的温度修正系数，$10^{-6}/℃$；

　　　ΔZ——电阻比相对于基准值的变化量，拉伸为正，压缩为负；

　　　Δt——温度相对于基准值的变化量，温度升高为正，降低为负，℃，温度计算公式同钢筋计。

5.1.4 差动电阻式锚索测力计

5.1.4.1 用途及技术指标

差动电阻式锚索测力计用于长期监测锚索、岩石锚杆、锚栓或拱形支架以及其他重型荷载，同时可兼测埋设点温度。测力计弹性元件承压钢筒，其四周均布 4 支应变计与钢筒同步变形，电缆线从保护套筒内引出。差动电阻式锚索测力计规格与技术指标见表 5-4。

表 5-4　　　　　　　　　　　　差动电阻式锚索测力计规格与技术指标

测量范围/kN	1000	1500	2000	3000	5000
最小读数/(kN/0.01%)	4	6	8	12	20
分辨力/%F.S	0.3				
温度测量范围/℃	$-25\sim60$				
温度测量精度/℃	±0.5				
允许超量程/%F.S	20				
耐水压力/MPa	0.5				
绝缘电阻/MΩ	$\geqslant50$				
最大外径/mm	300	320	340	360	380
最大高度/mm	230			280	
备注	标准配置与锚具尺寸配套，其他规格及量程按需定制				

5.1.4.2 安装埋设

（1）根据结构设计要求，测力计安装在张拉端或锚固端，安装时钢绞线或锚索从测力计中心穿过，测力计处于钢垫座和工作锚之间。

（2）测力计只能让钢筒受力，而上下套盘要旋入钢筒端面内，旋入量大于 1mm。

（3）安装过程中应随时对传感器进行监测，并从中间锚索开始向周围锚索逐步加载以免传感器偏心受力或过载。

5.1.4.3 载荷计算

差动电阻式锚索测力计预加压力计算公式为

$$P = f\Delta Z = f(Z_1 - Z_0) \tag{5-9}$$

式中　P——测力计额定载荷，kN；

　　　f——测力计最小读数，kN/0.01%；

　　　ΔZ——测力计电阻比变化总量；

　　　Z_0——受载前电阻比；

　　　Z_1——受载后电阻比，温度计算公式同钢筋计和应变计。

5.1.5 电阻式温度计

5.1.5.1 规格及技术指标

用于内部监测的电阻式温度计主要是铜温度计，主要用于测量水工建筑物中的内部温度。其他类型的温度计，如热敏电阻温度计（半导体温度计），其量程和分辨率要高于铜电阻温度计，但容易受绝缘电阻影响。

铜电阻温度计一般由电阻线圈、外壳及电缆三个主要部分组成，其电缆引出形式分为三芯和四芯两种形式，现常用的引出电缆主要为四芯式，铜电阻温度计的规格与技术指标见表5-5。

表 5-5　　　　　　　铜电阻温度计的规格与技术指标

温度测量范围/℃		$-30\sim70$
引出电缆芯数		4
零度电阻值/Ω		46.60
电阻温度系数/(℃·Ω^{-1})		5
温度测量精度/℃		±0.3
绝缘电阻/MΩ	在使用温度范围内	$\geqslant50$
	在 0.5MPa 水中	$\geqslant50$

5.1.5.2 安装埋设

（1）检查温度计的仪器编号、出厂卡片，测量并记录仪器测值，检查是否正常，并按照需要加长电缆。

（2）当混凝土浇筑到埋设温度计的位置时，挖出部分混凝土将温度计埋入。

（3）人工回填混凝土，直至仪器埋入 0.5m 深后才可用机械振捣。

（4）混凝土浇筑时，必须注意保护电缆。

（5）按照规定的测量周期测量并记录测值。

5.1.5.3 温度计算

电阻式温度计温度计算公式为

$$T = a(R_t - R_0) \tag{5-10}$$

式中　T——测量点的温度,℃；

　　　R_t——温度计实测电阻值，Ω；

R_0——温度计零度电阻值，Ω，$R_0=46.60\Omega$；

a——温度计温度系数，$^\circ\!C/\Omega$，$a=5^\circ\!C/\Omega$。

5.1.6 仪器的验收与维护

（1）设备到达现场后，应及时开箱验收仪器，检查仪器的数量（包括附件）及检验合格证与装箱单是否相符，如有缺损不符者，应与厂家联系。

（2）对于箱内每台仪器，先用100V兆欧表及万用表分别检查常温绝缘电阻及总电阻值，若绝缘电阻小于50MΩ或总电阻值与常温电值相比变化异常（如电阻丝断等），应与厂家联系。

（3）仪器各项系数的检查若达不到规定的技术条件，属仪器质量问题时，应与厂家联系。

（4）钢筋计自由状态的电阻比随温度变化而变化；测缝计外壳的刚度很小，自由状态电阻比不是一个稳定值，会由于油的膨胀和收缩，纵向受力的大小而变化；应变计自由状态的电阻比随温度变化和波纹管的变形等因素而变化。仪器内部的中性变压器油，当温升时，体积增大产生轴向拉伸。对于大应变计，每升高1℃，电阻比约增加2×0.01%；对于小应变计，每升高1℃时，电阻比约增加1×0.01%；对于孔隙压力计，每升高2℃时，电阻比约增加1×0.01%。仪器零度电阻比若有变化，表明波纹管由于某些原因产生永久变形。因此考核仪器稳定性的指标是零度实测电阻值，当仪器零度实测电阻值有较大变化时（超过0.1Ω时），应与厂家联系更换。

（5）仪器存放环境应保持干燥通风，搬运时应小心轻放，切忌剧烈震动。

5.2 振 弦 式 仪 器

5.2.1 概述

振弦式仪器内部固定连接一个钢弦及其激励线圈。外界作用引起钢弦长度变化，这个微小变化使钢弦固有频率发生改变，振动频率的平方（也称频率模数）正比于外界作用，通过测量频率模数即可计算出作用仪器上外界作用的大小。同时通过测量仪器中的热敏电阻可同步计算出测点的温度。

有些振弦式仪器共有两个线圈，分别紧靠钢弦对称放置。测量时，一个变频的脉冲信号（扫描频率）加到线圈上，称为激励，使钢弦在它的固有频率上振动。激励结束后，钢弦按其固有频率继续进行衰减振动，直至停止。钢弦振动时，在线圈上产生一个与钢弦固有频率一样的逐渐减弱的正弦信号，将该正弦信号放大、调理，测量正弦信号的频率，即钢弦的固有频率。

振弦式仪器的测量采用频率模数 F 来度量，其定义为

$$F=\frac{f^2}{1000} \tag{5-11}$$

式中 f——振弦式仪器中钢弦的自振频率。

振弦式仪器按照不同的结构和不同的用途，也可以分为应变计、钢板计、钢筋计、锚

杆应力计、测缝计、孔隙水压力计、锚索测力计、压应力计、反力计、温度计等几大类，各类仪器核心结构类似、原理相同。相对于差动电阻式仪器，工程经验表明，振弦式仪器应用效果更好，而在混凝土内部应变监测方面，差动电阻式具有更多的应用经验。

5.2.2 振弦式孔隙水压力计

5.2.2.1 结构及技术指标

孔隙水压力是应力应变的重要监测项目，根据有效应力原理，孔隙水压力是影响坝坡稳定和土压力监测的重要影响因素。尽管其与渗流监测有相似之处，但其在监测目的和所关注的尺度上是不同的。振弦式孔隙水压力计主要由压力感应部件、振弦感应组件及引出电缆密封部件三部分组成，如图 5-6 所示。

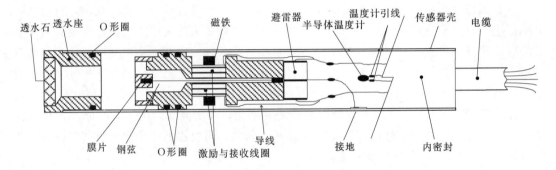

图 5-6 振弦式孔隙水压力计结构图

孔隙水压力计的感应部件由透水石、感应膜片组成。感应膜片上接振弦感应组件，振弦感应组件由振动钢弦、线圈和电磁铁组成。止水密封部分由外壳、橡皮圈及压紧圈等组成，内部填充环氧树脂防水胶，电缆由其中引出。

为了消除温度变化对仪器测量精度的影响，在仪器内部设置一个 3kΩ 的热敏电阻，通过温度修正提高仪器测量精度。

所有零部件都用耐腐蚀的不锈钢制成。但若安装在腐蚀的环境中，膜片和外壳就需要特殊材料。为了避免损坏传感器膜片，用过滤器（透水石）以隔绝固体颗粒。标准透水石是 50μm 直径的烧结不锈钢。尽管孔隙水压力计种类较多、原理各不相同，但工程经验表明振弦式孔隙水压力计性能相对稳定，技术指标见表 5-6。

表 5-6　　　　　　　　　　振弦式孔隙水压力计技术指标

量程/kPa	200、350、600、1000、1500、2000
测量精度/%F.S	0.5
分辨力/%F.S	0.05
重复性/%F.S	0.025
温度测量范围/℃	−20～60
温度测量范围/℃	0.5
绝缘电阻/MΩ	≥50
超量程	1.2 倍额定压力

5.2.2.2 孔隙水压力计算

（1）当外界温度恒定，仪器仅受到如渗透（孔隙）水压力时，其压力值 P 与输出的频率模数变化量 ΔF 间的线性关系式为

$$P = k\Delta F \qquad\qquad (5-12)$$

$$\Delta F = F - F_0 \qquad\qquad (5-13)$$

式中　k——孔隙水压力计的最小读数，kPa/kHz^2；

　　　ΔF——实时测量的孔隙水压力计输出值相对于基准值的变化量，kHz^2；

　　　F——实时测量的孔隙水压力计输出值，kHz^2；

　　　F_0——孔隙水压力计的基准值，kHz^2。

（2）当孔隙水压力计的渗透（孔隙）水压力恒定时，若温度增加 ΔT，孔隙水压力计有一个输出量 $\Delta F'$，这个输出量仅仅是由温度变化而造成的，因此在计算时应给予扣除。

通过实验可知，$\Delta F'$ 与 ΔT 间具有以下线性关系

$$k\Delta F' = -b\Delta T \qquad\qquad (5-14)$$

$$\Delta T = T - T_0 \qquad\qquad (5-15)$$

式中　b——仪器的温度修正系数，$kPa/℃$；

　　　ΔT——温度实时测量值相对于基准值的变化量，$℃$；

　　　T——温度的实时测量值，$℃$；

　　　T_0——温度的基准值，$℃$。

（3）当仪器受到渗透（孔隙）水压力和温度的双重作用时，孔隙水压力计的一般计算公式为

$$P_m = k(F - F_0) + b(T - T_0) \qquad\qquad (5-16)$$

式中　P_m——被测对象的渗透（孔隙）水压力，kPa；

　　　k——孔隙水压力计的最小读数，kPa/kHz^2；

　　　b——仪器的温度修正系数，$kPa/℃$；

　　　F——实时测量的孔隙水压力计输出值，kHz^2；

　　　F_0——实时测量的孔隙水压力计基准值，kHz^2；

　　　T——温度的实时测量值，$℃$；

　　　T_0——温度的基准值，$℃$。

若大气压力有较大变化应予以修正，其他类型的振弦式仪器可以参照上述公式计算。

5.2.3　振弦式钢筋计

5.2.3.1　结构及技术指标

钢筋计用于监测工程建筑物的钢筋应力，适用于长期埋设在水工建筑物和其他钢筋混凝土建筑物内部测量钢筋的应力，或作为锚杆应力计埋设在需要加固的基岩、边坡及地下结构洞壁的钻孔中，监测锚杆中的轴向应力，并可兼测埋设点的温度。根据仪器原理，常用的钢筋计有差动电阻式和振弦式两种。

振弦式钢筋计主要由振弦式感应部件、热敏电阻、钢套、连接杆、电缆及密封组件等组成，钢筋计的感应部件为 1 个振弦式应变计。钢筋计与所要测量的钢筋采用焊接或螺纹

方式连接，振弦式钢筋计的规格及技术指标见表 5-7。

表 5-7　　　　　　　　　　　振弦式钢筋计的规格及技术指标

测量范围/MPa	压	100	100	100
	拉	200	300	400
配筋直径/mm		Φ14、Φ16、Φ18、Φ20、Φ22、Φ25、Φ28、Φ32、Φ36、Φ40		
分辨力/%F.S		0.05		
精度/%F.S		≤1.0		
温度测量范围/℃		-20～60		
温度测量精度/℃		±0.5		
耐水压/MPa		0.5，其他耐水压可按要求定制		
绝缘电阻/MΩ		≥50		

5.2.3.2　应力计算

振弦式钢筋计安装于钢筋上，钢筋受力产生的变形将引起焊接于钢筋上的仪器内钢弦变形，使钢弦发生应力变化，从而改变钢弦的振动频率。测量时利用电磁线圈激拨钢弦并量测其振动频率，频率信号经电缆传输至频率读数装置或数据采集系统，再经换算即可得到钢筋的应力变化量。同时由钢筋计中的热敏电阻可同步测出埋设点的温度值。

埋设在混凝土建筑物内的钢筋计，受到变形和温度的双重作用，因此钢筋计一般计算公式为

$$\sigma = k(F - F_0) + b(T - T_0) \tag{5-17}$$

式中　σ——被测钢筋的应力，MPa；

　　　k——仪器的模数修正系数，kPa/kHz^2；

　　　b——仪器的温度修正系数，kPa/℃；

　　　F——实时测量的频率输出值，kHz^2；

　　　F_0——钢筋计的频率基准值，kHz^2；

　　　T——温度的实时测量值，℃；

　　　T_0——温度的基准值，℃。

5.2.4　振弦式应变计

5.2.4.1　结构及技术指标

振弦式应变计由两个带 O 型密封圈的端块、保护管、管内振弦感应组件等组成，振弦感应组件主要由张紧钢丝及激振线圈与相关的安装件组成。振弦式应变计的规格及技术指标见表 5-8。

5.2.4.2　应变计算

振弦式应变计埋设于混凝土内，混凝土的变形将通过仪器端块引起仪器内钢弦变形，使钢弦发生应力变化，从而改变钢弦的振动频率。测量时利用电磁线圈激拨钢弦并量测其振动频率，频率信号经电缆传输至频率读数装置或数据采集系统，再经换算即可得到混凝

表 5-8　　　　　　　　　　　振弦式应变计的规格及技术指标

标距/mm	100、150
端部直径/mm	33
应变量程/μ ε	3000
分辨力/%F.S	0.15
精度/%F.S	≤1.0
温度测量范围/℃	-20~60
温度测量精度/℃	±0.5
耐水压/MPa	0.5,其他耐水压可按要求定制
绝缘电阻/MΩ	≥50

土的应变变化量。同时由应变计中的热敏电阻可同步测出埋设点的温度值。埋设在混凝土建筑物内的应变计受到变形和温度的双重作用,因此应变计一般计算公式为

$$\varepsilon = k(F - F_0) + b(T - T_0) \tag{5-18}$$

式中　ε——被测混凝土的应变量,10^{-6};

　　　k——仪器的模数修正系数,kPa/kHz²;

　　　b——仪器的温度修正系数,kPa/℃;

　　　F——实时测量的频率输出值,kHz²;

　　　F_0——应变计的频率基准值,kHz²;

　　　T——温度的实时测量值,℃;

　　　T_0——温度的基准值,℃。

5.2.5　振弦式锚索测力计

5.2.5.1　结构及技术指标

振弦式锚索测力计主要由承重筒、外钢套、弦式敏感部件及激振拾振电磁线圈等组成。振弦式应变计可测出作用在锚索测力计上的总荷载,同时通过测读每个应变计,还可以测出不均匀荷载或偏心荷载。内部配置热敏电阻条件下,仪器可同步测量埋设点的温度值。

采用多个传感器可以减少或消除不均匀或偏心荷载的影响。为了确保传感器的可靠固定,采用了点焊或其他技术将传感器牢固焊接在筒体上。筒体内另外设置了热敏温度计用于测量锚索测力计及现场环境温度。为了适应现场的恶劣条件,采用了整体密封技术,从而确保锚索测力计在 2MPa 水压下正常工作。振弦式锚索测力计的规格及技术指标见表5-9。

5.2.5.2　载荷计算

振弦式锚索测力计的敏感部件为振弦式应变计。在测力钢筒上均布着多支振弦式应变计,当荷载使承重筒产生轴向变形时,应变计与承重筒产生同步变形,变形引起应变计振弦的张弛,使振弦应力发生变化,从而改变振弦的振动频率。电磁线圈激拨振弦并测量其

表 5 - 9　　　　　　　　振弦式锚索测力计的规格及技术指标

量程/kN	1000、1500、2000、3000、4000、5000
分辨力/%F.S	0.05
精度/%F.S	≤1.0
温度测量范围/℃	-20~60
温度测量精度/℃	±0.5
耐水压/MPa	0.5，其他耐水压可按要求定制
绝缘电阻/MΩ	≥50
备注	标准配置与锚具尺寸配套，其他规格及量程按需定制

振动频率，频率信号经电缆传输至读数装置，即可测出引起受力承重筒变形的应变量，代入标定系数可得出锚索测力计所感受物理量的变化量。

振弦式锚索测力计中的每个应变计为一个测量单元。单个仪器可测出测力计的受力状况，以此可计算出测力计受力的偏心方向及大小。由多个振弦式应变计的平均测值可算出测力计的整体受力状况。测力计测量值由一根多芯电缆线引出。同时由锚索测力计中的热敏电阻可同步测出埋设点的温度值。锚索测力计在使用时受到载荷 P 和温度的双重作用，因此锚索测力计计算公式为

$$P = k\Delta F + b\Delta T = k(F - F_0) + b(T - T_0) \qquad (5-19)$$

式中　k——仪器的模数修正系数，kPa/kHz^2；

　　　b——仪器的温度修正系数，$kPa/℃$；

　　ΔF——实时测量的锚索测力计输出值相对于基准值的变化量，kHz^2；

　　ΔT——温度实时测量值相对于基准值的变化量，℃；

　　　F——锚索测力计实时测量的频率输出值，kHz^2；

　　　F_0——锚索测力计的频率基准值，kHz^2；

　　　T——温度的实时测量值，℃；

　　　T_0——温度的基准值，℃。

5.2.6　振弦式土压力计

5.2.6.1　结构及技术指标

振弦式土压力计用于监测岩土工程土体的压力，适用于长期埋设在水工建筑物或其他建筑物与土体的接触界面上，测量土体和土石体填方工程中的总压力，总压力包括土应力和孔隙水压力的合压力。

振弦式土压力计主要由压力感应部件、振弦感应组件及引出电缆密封部件组成。土压力计的感应部件由下板、背板、感应板组成。感应板上接振弦传感部件，振弦感应组件由振动钢弦和电磁线圈组成。止水密封部分由接座套筒、橡皮圈及压紧圈等组成，内部填充环氧树脂防水胶，电缆由其中引出。振弦式界面土压力计的规格及技术指标见表 5 - 10。

表 5 - 10　　　　　　　　　振弦式界面土压力计的规格及技术指标

量程/kPa	100、200、400、800、1600、2500
分辨力/%F.S	0.05
精度/%F.S	≤1.0
温度测量范围/℃	−20～60
温度测量精度/℃	±0.5
耐水压/MPa	0.5，其他耐水压可按要求定制
绝缘电阻/MΩ	≥50

5.2.6.2　应力计算

振弦式界面土压力计埋设于刚性结构物（如混凝土等）内，其感应板与结构物表面齐平，以便充分感应作用于结构物接触面的土体压力。土体的压力通过仪器的感应板和支承板组成的压力盒内的液体感应并传递给振弦式压力传感器，使仪器钢丝的张力发生改变，从而改变其共振频率。电磁线圈激振钢弦并测量其振动频率，频率信号经电缆传输至读数装置，即可测出土压力值，同时可同步测出埋设点的温度值。

当土压力计受到土压力和温度的双重作用时，土压力计的一般计算公式为

$$P_m = k(F - F_0) + b(T - T_0) \tag{5-20}$$

式中　P_m——被测对象的土压力，kPa；

k——仪器的模数修正系数，kPa/kHz^2；

b——仪器的温度修正系数，kPa/℃；

F——土压力计实时测量的频率输出值，kHz^2；

F_0——土压力计的频率基准值，kHz^2；

T——温度的实时测量值，℃；

T_0——温度的基准值，℃。

5.2.7　仪器的验收与维护

（1）设备到达现场后，应及时开箱验收仪器，检查仪器的数量（包括附件）及检验合格证与装箱单是否相符，如有缺损不符，应与厂家联系。

（2）对于箱内每台仪器，先用 100V 兆欧表及万用表，分别检查常温绝缘电阻及温度电阻值，若绝缘电阻小于 50MΩ 或温度电阻值与常温电值相比较变化异常，应与厂家联系。

（3）仪器各项系数的检查若达不到规定的技术条件，属仪器质量问题的，应与厂家联系。

（4）仪器存放环境应保持干燥通风，搬运时应小心轻放，切忌剧烈震动。

5.3　集线箱和人工测量仪表

5.3.1　用途和分类

集线箱作为监测系统硬件中重要组成部分，有用于手动或自动化两种用途。通过切换集线箱中所接入电缆可在人工比测时进行手动切换连接测点；通过搭载与汇聚到集线箱内的测点类型相匹配的数据采集模块实现监测系统的数据集中采集和数据交流的功能。

集线箱是安全监测仪器的配套设备，可接入差阻式、振弦式、电阻式等各类仪器，可通过人工切换以及配套人工测量仪表进行接入仪器的集中测量。自动测量集线箱相当于一个自动切换装置，需要与自动测量装置配套使用。

根据需要测量的仪器类型不同，大坝安全监测中用于人工测量的便携式仪表主要有振弦式仪器测量仪表、差动电阻式仪器测量仪表、电感式仪器测量仪表、压阻式仪器测量仪表、电容式仪器测量仪表、电位器式仪器测量仪表、热电耦式仪器测量仪表、光纤光栅式仪器测量仪表以及静态电阻应变片式仪器测量仪表，其中应用较广泛的主要是振弦式仪器测量仪表和差动电阻式仪器测量仪表。

通用仪表是用于人工测量传感器的电阻或绝缘性能等电气性能的仪表工具，如万用表和兆欧表。

5.3.2 结构

用于与监测自动化系统配套的集线箱在出厂时预留用于安装电源转换模块、通信开关、数据采集模块、电源熔断保护装置以及防潮装置等配件的位置，并在相应位置进行紧固设计和配件配置。集线箱因搭载数据采集模块配备 8、16、24、32 或者 40、48、56、64 个接入通道，即集线箱可搭载测点极限为 32 个或 64 个仪器。

箱体外型尺寸为 210mm×170mm×173mm（长×宽×高）；转换开关为 5 刀 22 位；密封电缆为水工观测电缆（黑色）ϕ10.6mm YSZW 5×0.75，24 根，每根长 1m；观测仪器可集中 22 个（如每台集线箱独立使用，可连接观测仪器 23 个）；密封式箱体结构。

5.3.3 率定检查

（1）人工测量仪表在使用过程中需要定期或根据使用环境进行率定检查。率定检查时通常使用专用率定仪表和工具进行，如差动电阻式仪器测量仪表使用具备可调的标准电阻或电阻比的率定器对其进行率定检查；振弦式仪器测量仪表可使用频率发生器或多台同型号的仪器比测进行率定检查。

（2）人工测量仪表在使用前须确认处于正常工作状态，根据所测传感器类型选择相应的专用仪表。将传感器引出电缆或已延伸的电缆按照芯线颜色相匹配的要求与专用仪表正确连接，并确认连接处接触良好。专用仪表开机后根据目的选择相应的功能进行测量并将所测数据记录在标准表格中。

（3）通用仪表按照相关规范规程对其进行电气性能检验和测量精度检验，主要有绝缘和测量误差检验。

（4）通用仪表在使用前须检查检验合格标签的齐全和有效期，标签缺失或已过有效期的仪表均不得使用。

（5）集线箱检验要求为：①各接点内阻之差不超过 0.008Ω；②同一点的变差（2 次测量之差）不超过 0.001Ω；③电缆导线与箱体外壳之间的绝缘电阻不小于 50MΩ。

5.3.4 接线方式

（1）各仪器按 1，2，…，22（或 23 支）顺序编号与集线箱连接。仪器电缆按照黑、蓝、红、绿、白芯线颜色顺序分别与箱体上黑色水工电缆同色导线相连，连接方式采用锡焊（禁止用酸性焊剂），焊接点要求牢固、光滑，无虚焊或假焊，焊点之间用绝缘套管保护，以免焊点互碰而造成短路。

（2）集线箱上的测量位的引出线作为测量线，将测量线按芯线颜色分别接入水工比例电桥或数字式电桥，则可测量各个仪器输出的电阻比和电阻值。

（3）多台集线箱采用串联接线方式。第1台集线箱测量线接电桥，第2台集线箱测量线接第1台的"0"点，其他依次类推。

5.3.5 测量方法

集线箱内应设置测点信息表，表中标注每个通道接入的测点名称、编号、传感器类型等信息，测读时将集线箱信号线按接线顺序与测量仪表连接。

将集线箱上引出的测量线，按芯线颜色黑、蓝、红、绿、白分别接入水工比例电桥或数字式电桥。传感器采用集线箱测读时，应按以下要求测读：

（1）先将切换按钮旋转1～2圈，检查设备工作状态；打开测量仪表，待测值稳定后，读取、记录和存储传感器测值；按顺序旋转按钮，切换至下一通道进行测读；测读完成后，保护好集线箱信号线。

（2）对接入自动化监测系统的集线箱，人工测读完成后，应将集线箱恢复至自动化监测状态，将转换开关旋到0位。盖上转换开关保护盖，并旋紧。

5.4 观 测 维 护

5.4.1 数据采集过程

仪器埋设过程中通过相应的读数仪进行实时测量，及时了解混凝土回填和人工捣实过程中仪器是否损坏。一旦发现测值异常须立即停止施工并对传感器进行检查，如若发生损坏及时返工补埋。仪器成功埋设后，详细记录埋设后仪器测值等考证表信息，对从传感器引出的预留电缆进行标记处理，并对电缆外露接头采取防水和防尘保护，方便后期的电缆延伸工作实施。埋设后进行电缆延伸时，按照标准工艺流程进行电缆的接头焊接和电缆布设，焊接处应完全密封用以防止渗水或电缆芯线受潮影响绝缘；电缆在保护管道里走线时应按照蛇形布线，预留变形裕度，防止电缆因坝体变形受拉发生断裂。布线完成后按就近的原则接入相应型号的数据采集装置。接入时，根据集线箱内电缆编号信息所代表的传感器类型确定选用数据采集模块的类型，数据采集模块安装后将测点电缆内各芯线通过冷压头与接线端子一一连接牢固，及时详细、准确地填写记录数据采集装置的通道配置信息（数据采集装置通道编号所对应的测点编号），确定并设置数据采集装置在自动化系统内的地址编号，常使用阿拉伯数字进行编号排序。收集系统所有数据采集装置的详细信息后，进行相应测点信息的配置，如测点编号、对应传感器型号、测点所接入的数据采集装置地址和通道信息、相关公式选用和参数填写。测点信息配置完成后进行调试检查，确认测点是否正常工作。调试完成后在系统内对测点进行状态标记，对数据采集装置进行测点集合、时钟、定时测量时间和周期的设置以及选用相匹配的数据库管理软件，并对自动化信息管理系统设置合理的数据取回时间点和数据取回后统一自动清空数据采集装置定时测量数据。

5.4.2 检查维护及案例

仪器接入自动化采集信息系统后可能存在成果值正负号混淆、超量程、数据采集模块端接线松动、传感器通信失败、传感器感应元件故障、模块通道损坏和测值不稳定（异常）等故障情形。

检查顺序为先记录比测前测点选测原始值，查询该测点近期数据并将其与历史数据趋势进行对比，大致判断仪器故障的原因种类，以此决定现场检查需要的工器具和检查内容。

对于差动电阻式传感器，现场检查时常需携带差动电阻式仪器读数仪（数字电桥或专用读数仪）、万用表和兆欧表等仪表，仪表使用期间须按照规范要求进行定检。进行比测前先对测点接线端进行外观检查，确认接线牢固后或故障非接线所致。使用差动电阻式仪器读数仪按照芯线颜色对应芯线连接后选择对应的功能进行人工读数，将人工测读的电阻比与电阻和与比测前自动化选测的数据进行对比；存在疑问时再通过万用表和兆欧表进行后续检查，万用表测量五芯接线法的组合芯线电阻通常为蓝黑、蓝红、黑红、绿白、绿红和白红芯线组合，根据芯线组合电阻数值情况确认芯线或电阻工作状况；组合芯线电阻值偏离正常数值时，需要使用兆欧表对绝缘进行检查。模块通道有工作异常的可能时，可将该测点与正常测点进行通道互换测试，确认采集模块通道工作状况。日常检查消缺时可只进行电阻比、电阻和以及组合芯线电阻检查，通常携带差动电阻式仪器读数仪和万用表。

对于振弦式传感器，现场检查时常需携带振弦式仪器读数仪（专用读数仪）和万用表等仪表，仪表使用期间须按照规范要求进行定检。进行比测前先对测点接线端进行外观检查，确认接线牢固或故障非接线所致。使用振弦式仪器读数仪对传感器进行测量时，电缆芯线颜色需与读数仪接线柱颜色一一对应，选择合适的测量频率区间后即可对传感器的模数和电阻（频率和温度）进行测量，必要时需使用万用表和兆欧表分别对传感器进行后续检查。

5.4.2.1 无应力计

无应力计是用于测量无外荷载状态下混凝土的自由体积变形，其中差动电阻式和带测温功能的振弦式无应力计在测量混凝土自由体积变形的同时还具备监测测点温度的功能。无应力计常常在混凝土应力应变监测中与安装埋设在同一监测部位的混凝土内单向应变计或应变计组配合使用，也可以与钢筋计配合使用，用于修正混凝土的自由体积应变。

无应力计主要是由应变计和无应力计套筒组成，如图 5-7 所示。无应变计应变传感器选用与其配套使用的同类型、同规格（应力）应变计，套筒通常使用圆柱形双层套筒，套筒内外层之间空隙常使用木屑或橡胶填充，内筒内侧常覆盖约 5mm 厚的沥青，套筒内应变计通常采用铅丝固定。

无应力计的圆柱形双层套筒具有屏蔽外部混凝土荷载的特性，可让埋设在其中的应变计不受外部混凝土荷载的影响。套筒上方开口与外部混凝土为整体，使筒内外混凝土保持相同的温度和湿度；内筒混凝土产生的变形仅与温度、湿度和自身体积变形有关。因此，

162

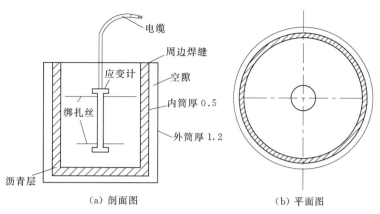

（a）剖面图   （b）平面图

图 5-7   无应力计结构示意图（单位：mm）

内筒所测的应变为混凝土因温度、湿度以及水泥水化作用等原因导致的自由应变。与无应力计配套的应变计或应变计组测得的混凝土变形减去无应力计所测的自由应变，即可得到混凝土受外部荷载作用所产生的应变，经计算可得混凝土的应力。光纤光栅无应力计主要性能参数见表 5-11。

表 5-11   光纤光栅无应力计主要性能参数

标距 /mm	量程/(10^{-6})		分辨力 /%F.S
	拉伸	压缩	
100	0～1500	−1500～0	≤0.03
150			
150	0～3000	−3000～0	
250			

【案例 5-1】   某水电站中，泄洪坝段 10# 坝段中墩布设了 2 个差动电阻式无应力计，编号分别为 Nzd-1～Nzd-2。Nzd-2 在 2015 年 9 月下旬连续数天定时测量发现电阻比测值明显异常。电阻比测值异常的可能原因有模块端测点电缆接线松动、模块通道异常、传感器损坏或故障等。通过系统内存档的信息文档查询测点所属数据采集单元的编号和位置，现场将测点接线端子从数据采集模块上卸下进行外观接线牢固性检查，未发现接线松动的迹象；使用水工比例电桥对传感器进行电阻和与电阻比人工测量，人工测量数值与定时测量值有较大差值；但由于第一次人工测量时测值存在不稳定的现象，将接入接线端子上的电缆芯线退出后重新冷压再按顺序拧紧；再次进行人工测量，电阻比测值稳定且数值在正常范围内；将测点进行变换模块通道测试，单通道重复测量测试，并将选测原始数据与人工测量结果对比，测值在正常范围内，见表 5-12 和表 5-13，对测点进行通道变更并及时更新自动化系统内相关模块和通道信息。

表 5-12   Nzd-2 测点人工比测和自动化比测

观测时间	自动化定时测值		人工测值	
	电阻和/Ω	电阻比	电阻和/Ω	电阻比
2015 年 9 月 29 日	80.04	4655.1	77.14	10196.4

自动化单通道重复测量测试		人 工 测 值	
电阻和/Ω	电阻比	电阻和/Ω	电阻比
77.16	10196.0	77.14	10196.4

5.4.2.2　应变计组

　　应变计和应变计组通常永久性地埋设于水工建筑物混凝土、钢筋混凝土、浆砌块石或基岩中，用于监测混凝土、浆砌块石或基岩应变。通过计算得到混凝土应力分布，并在此基础上求得混凝土、浆砌块石或基岩最大拉应力（压应力）和最大剪应力位置、大小和方向，根据相应材料强度核算混凝土等材料是否超越其强度极限，评估建筑物的安全性。

　　应变计组通常由一个应变计支架和多个应变计组成，用于监测混凝土的空间应力状态。应变计组常见的有两向应变计组、三向应变计组、四向应变计组、五向应变计组、七向应变计组和九向应变计组，布置型式如图 5－8 所示。每组应变计组附近配套一个无应力计，用于消除混凝土自身变形对混凝土变形测值的影响。

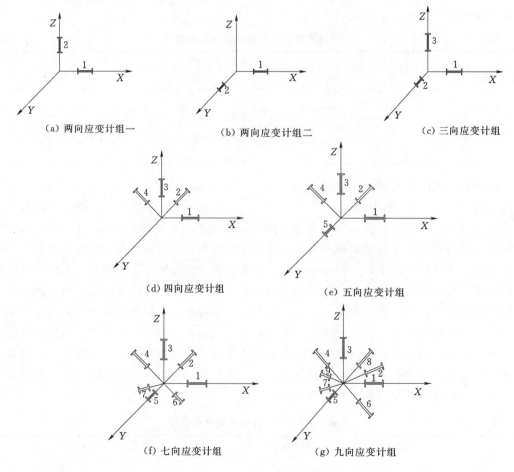

图 5－8　应变计组布置型式

【案例 5-2】 某水电站大坝监测断面 2-2 断面坝基部位布置的一组差动电阻式应变计编号为 S2-1-1~S2-1-5。在系统调试移交后进行年度资料整编数据检查时，其中 S2-1-2 和 S2-1-3 测值存在明显异常，具体表现为两测点接入自动化监测系统前后数据的电阻比、电阻值均存在突跳。将接入前后原始数据对比后初步确定为两者的前期人工测量数据与接入自动化监测系统后测点信息未正确匹配。现场对测点实际配置信息和系统已有配置信息进行核对，现场实际情况与系统内的不符，详细记录见表 5-14。将现场实际情况按照系统内配置信息更正，并对现场留存的配置表进行更新。将数据库中两测点接入系统后的数据导出处理，再核对完成后将系统内原有时段的数据删除后导入已处理的测点数据并手动在系统内对测点成果进行计算。

表 5-14 　　　　　　　　　　　　　测点现场配置和系统配置信息

仪器编号	系统配置	现场接入通道	处理后
S2-1-2	数据采集装置 30-6	数据采集装置 30-7	数据采集装置 30-6
S2-1-3	数据采集装置 30-7	数据采集装置 30-6	数据采集装置 30-7

【案例 5-3】 某水电站升船机墩柱 H2-H2 监测断面布置有应变计测点，用于监测墩柱混凝土应变，其中一测点编号为 Sh2-1-3。该测点自 2016 年 11 月下旬开始难以进行正常测量，其原因可能是应变超量程、传感器引出电缆内芯线导电性受损等原因。现场通过数字电桥检查测点的电阻比、电阻和以及使用万用表测量芯线组合电阻，详情见表 5-15。现场检查，该测点传感器电缆电阻存在异常。

表 5-15 　　　　　　　　　　　　　　测点 Sh2-1-3 现场检查表

芯线组合	蓝黑	蓝红	黑红	绿白	绿红	白红	备注
电阻/Ω	30.5	93.0	112.2	16.8	100.3	91.4	

系统选测			人工比测		
电阻比	10017.6	电阻和	84.58Ω	电阻比	10018.1	电阻和	84.62Ω

5.4.2.3 钢筋计

【案例 5-4】 某水电站大坝监测断面 5-5 断面的钢筋应力计 R5-08 在 2015 年 9 月中旬测点定时测量数据明显异常且不稳定。自动化监测系统内查询该测点较长时段的定时测量数据，历史数据并无明显异常。测点定时测值不稳定的原因可能是接线松动、传感器损坏、芯线故障、通道工作异常等。现场将测点模块端接线端子退出，经检查，其芯线未发现明显松动的痕迹。使用数字电桥进行人工测量，仪器电阻很稳定，但是电阻比不稳定且一直在跳动，电阻为 80.26Ω。使用万用表对仪器芯线进行电阻测量，测值详见表 5-16。表 5-16 所测电阻表明白色芯线电阻值存在异常，从而导致仪器电阻比测值不稳定。

表 5-16 　　　　　　　　　　　　　钢筋计 R5-08 组合芯线电阻测值

仪器名称	芯 线 电 阻/Ω					
	蓝黑	蓝红	黑红	绿白	白红	绿红
R5-08	3.9	49.5	50.1	14.8	60.5	49.5

【案例 5-5】 某水电站大坝泄洪坝段 10# 坝段中墩差动电阻式钢筋应力计 Rzd-18 在 2015 年 9 月下旬定时测量数据出现电阻比为 0 且电阻和约 39Ω 的情形。该测点历史测值较正常，未发现明显突跳。现场检查时发现测点接线端子与模块连接处未保持良好接触，将接线端子退出后使用水工比例电桥对其进行电阻比和电阻和的人工测量，测值分别为 9906.3 和 73.88Ω，测值稳定且在正常范围内。将接线端子重新与数据采集模块连接，并确认接触良好。自动化监测系统内选测时，其电阻比和电阻和分别为 9905.5 和 73.92Ω。根据现场检查情况，自动化定时测量数据显示仪器有明显异常，人工检查测量过程中确定仪器测值稳定正常，只是接线端子松动，使其与数据采集模块接触良好即可恢复正常工作。

【案例 5-6】 某水电站大坝安全监测系统在位于厂房坝段 4-4 监测断面布置了 15 个差动电阻式钢筋应力计，主要分布在压力钢管的 3 个重要部位（A-A、B-B、C-C 剖面），其中 A-A 剖面上布置了 R4-3～R4-5 3 个差动电阻式钢筋应力计。R4-5 在 2015 年 9 月下旬开始，定时测量数据多次出现测值超限，电阻和与电阻比分别约为 76.29Ω 和 2902.2，电阻比数值超出传感器正常测值区间，查询该测点历史数据并未发现异常现象。初步判断数据异常系模块通道工作不正常或传感电阻异常所致。将接线端子从数据采集模块上退出，使用水工比例电桥和万用表依次进行相应的人工测量，具体数值见表 5-17 和表 5-18。

表 5-17 传感器 R4-5 人工测值和自动化测值对比表

观测时间	自动化定时测值		人工测值	
	电阻和/Ω	电阻比	电阻和/Ω	电阻比
2015 年 9 月 25 日	76.29	2902.2	73.16	10068.9

表 5-18 传感器 R4-5 芯线组合电阻测值表

芯线（组合）	蓝黑	蓝红	黑红	绿白	绿红	白红
测值/Ω	1.4	37.7	37.9	1.6	38.1	38.1

从表 5-17 和表 5-18 可判断传感器工作正常，数据异常非传感器所致。将测点换至测值正常测点所在通道进行单通道重复测量测试，并与人工测量对比，具体数据信息见表 5-19。

表 5-19 传感器 R4-5 通道测试结果与人工测值对比表

自动化单通道重复测量测试		人工测值	
电阻和/Ω	电阻比	电阻和/Ω	电阻比
73.18	10068.4	73.16	10068.9

表 5-19 数据表明测点数据异常系测点原先所接入通道工作不稳定或损坏所致，将测点变更至数据采集模块闲置通道上，修改相关配置后选测，测点测值无异常。

5.4.2.4 钢板计

钢板计常见于水工建筑物、岩土工程等建筑物的钢板（钢管）上，用于监测钢结构的应变和应力。

当焊接部位附近的钢结构发生变形时，钢板计随着钢结构一起变形。变形通过钢板计前后两端的支座传递至传感器，通过固定标距测量标距范围内的变形，经温度修正后得到钢结构的变形，再除以弹性模量得到钢结构应力。

现实施工应用中钢板计是由小应变计改装而成，其技术参数参见应变计相应类型小应变计技术参数。

钢板计主要是由应变计、夹具和保护罩等部件组成，通过焊接再压力钢管或其他钢结构表面，量测钢结构的应力并监测温度，结构型式如图5-9所示。

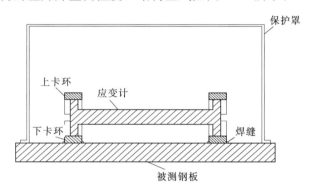

图5-9 钢板计结构型式

【案例5-7】 某水电站大坝安全监测系统在位于厂房坝段4-4监测断面布置了8个钢板计，编号为GB4-1～GB4-8，主要分布在压力钢管的2个监测剖面（A-A、B-B剖面），B-B剖面的GB4-6测点在系统调试时被标记为停测。2015年年底因系统升级，该测点在新版本系统中停测标识失效，其定时测量数据中的电阻比和电阻和均在正常范围内，测值分别为10293.3和70.90Ω。查找系统调试时的相关资料时该测点停测以前的数值分别为10283.3和71.96Ω，测值较为接近。但由于标识为停测，对该测点进行长时间的跟踪观察。跟踪观察期间，GB4-6测点测值稳定性较差。在2017年6月对该测点进行检查时，现场通过水工比例电桥和万用表对相关测值进行人工测量，具体数值见表5-20和表5-21。

表5-20 传感器GB4-6电阻比与电阻和测值表

人工测值		自动化定时测值		备 注
电阻和/Ω	电阻比	电阻和/Ω	电阻比	
72.52	10283.6	94.18	16328.2	

表5-21 传感器GB4-6芯线组合电阻测值表 单位：Ω

蓝黑	蓝红	黑红	绿白	白红	绿红	备注
3.0	38.7	38.7	3.1	39.7	39.7	

表5-20中GB4-6的人工测值与自动化定时测值差值较大，但在表5-21中GB4-6电阻测值并未发现明显异常，故自动化定时测量数据异常可能系数据采集模块通道故障引

起。系统内查找该测点邻近的正常测点时，GB4-8测点历史测值稳定且其所在通道距离GB4-6原通道较近，将GB4-6换至GB4-8所在通道进行测试，其电阻比与电阻和测试结果分别为10283.2和72.54Ω，测试结果与人工比测值接近。通过现场检查确定钢板计GB4-6测值异常的原因为测点原先所在通道工作不稳定或存在故障，通过将测点通道变更至邻近闲置且正常的通道后恢复正常测量。

5.4.2.5 锚索（杆）测力计

【案例5-8】 某水电站在泄洪坝段与引水坝段衔接处的9#坝段右边墩和10#坝段中墩分别布置了6台和8台差动电阻式锚索测力计，共布置了14台锚索测力计。在大坝注册相关报告编写及专家会议上提到锚索测力计最终成果为负值，根据锚索测力计为预应力锚索，锚索测力计测值的正负号规定为拉应力为正，反之为负。系统内数据库所记录的最终成果均为负值，即测值与实际情况相违。根据测点考证表所记录的信息仔细核对自动化监测系统内测点相关参数，参数核对无误；检查测点成果计算公式，系统内公式因软件预定义且无法修改，经检查公式计算逻辑后，将公式灵敏度系数参数数值改成负值并保持。重新计算锚索测力计的最终成果，成果值的正负号与实际情况相符合。

【案例5-9】 某水电站在泄洪坝段与引水坝段衔接处的9#坝段右边墩和10#坝段中墩分别布置了6台和8台差动电阻式锚索测力计，编号分别为Dbd-1～Dbd-6和Dzd-1～Dzd-8。2015年9月，锚索测力计Dzd-1测点定时测量数据显示超量程。接线松动、传感器故障或损坏、数据采集模块通道异常可能是导致系统内测点定时测量提示超量程的原因。现场检查时未发现接线松动，接线端子退出后使用水工比例电桥和万用表进行人工读数，水工比例电桥正确接线后无法测出电阻比和电阻和；使用万用表测芯线电阻，详情见表5-22。

表5-22　　　　　　　　　　锚索测力计 Dzd-1 芯线电阻检查表

芯 线 电 阻/Ω					
蓝黑	蓝红	黑红	绿白	绿红	白红
2.1	82.3	82.3	2.3	82.5	82.5

现场相关电阻检查表数据显示，蓝黑、绿白芯线电阻在正常范围内，而蓝红、黑红、绿红、白红电阻值均存在异常偏大，故电阻异常的原因发生在红色芯线。根据检查情况，可以判断仪器出现故障或已损坏。

5.4.2.6 温度计

【案例5-10】 某水电站大坝安全监测系统在厂房部位纵向施工缝断面布置了6支用于监测施工缝部位温度的四芯铜电阻式温度计，编号分别为Tz-1～Tz-6。2017年7月底大坝安全监测系统消缺时对Tz-2测值不稳定进行检查，通过查阅自动化监测系统内数据库所保存的数据，该测点测值表现为不稳定。现场检查测点电缆外观时未发现松动等痕迹，自动化监测系统通过使用水工比例电桥测量传感器电阻和，仪表显示测点电阻和不稳定；通过万用表测量传感器组合芯线电阻值，详情见表5-23。

表 5-23　　　　　　　温度计 Tz-2 组合芯线电阻测值记录表

芯线组合	蓝黑	蓝绿	黑绿	绿白	备注
测值/Ω	3.4	53.6	53.6	—	

表 5-23 中温度计 Tz-2 组合芯线电阻测值数据中表明蓝黑芯线无异常、蓝绿芯线组合电阻无异常、黑绿芯线组合电阻无异常，但是由于绿白芯线组合电阻在测量时无法显示具体数值，故绿白芯线故障导致传感器测值不稳定。

参 考 文 献

[1] 周柏兵，储华平，周克明，等. DG 型大坝安全自动监测系统 [R]. 南京：水利部南京水利水文自动化研究所，2011.

[2] 水利水电规划设计总院. 水工设计手册·11 [M]. 2 版. 北京：中国水利水电出版社，2013.

第6章 大坝强震动安全监测

地震及各类流激震动是大坝安全的重要影响因素，强震动安全监测就是针对地震等作用下大坝的动力响应而设置的大坝安全监测项目。强震动主要的动力源为大坝区域或库区内因地质板块活动或其他不可预估的突发事件从而引发的地震，地震都是突发的、瞬态小概率事件，不容易获取大坝强震动的数据记录。通过对大坝进行强震动安全监测，在获取强震动数据记录后，对数据做及时处理分析，快速进行震害评估，采取相应的应急措施，有效地减轻和防止水工震害的进一步扩展和次生灾害的发生。同时大坝强震动安全监测还可以检验抗震设计理论和工程措施是否符合实际，从而获取大坝及其基础动力特征，作为评价大坝动力安全的重要手段。

本章主要从水工建筑物强震动监测和水库地震监测两方面来讨论大坝强震动安全监测在大坝安全监测中的重要性及大坝强震动安全监测的具体工作及要求。

6.1 水工建筑物强震动监测

水工建筑物强震动安全监测的主要任务是应用强震仪来监测强震时地面运动的全过程及在其作用下水工建筑物的结构反应情况，是取得强震动对水工建筑物破坏作用和水工结构抗震性能认识的来源。它不仅为确定地震烈度和抗震设计提供定量数据，并且能通过强震记录的实时处理发出预警通知，根据预警等级采取及时有效的应急预案，可防止水工震害的进一步扩大和次生灾害的发生。

水工建筑物强震动监测技术包括台阵布局、监测系统组成与技术要求、信息采集传递、数据分析等内容。

6.1.1 水工建筑物强震台阵布置

强震动安全监测应根据设计烈度、工程等级、结构类型和地形地质条件进行布置。台阵的类型包括结构反应台阵和场地效应台阵。结构反应台阵测点可以参考抗震计算布置在结构反应的关键和敏感部位，其规模根据工程等级而异，2级建筑物不少于12通道，1级建筑物不少于18通道。场地效应台阵的测点布置在河床覆盖层、基岩、区域活动性断裂带、坝址峡谷地形处布成水平顺河向、水平横河向、竖向三分量。下面针对各类典型水工建筑物的结构反应台阵进行说明。

混凝土重力坝或支墩坝反应台阵必须在溢流坝段和非溢流坝段各选一个最高坝段或地质条件较为复杂的典型坝段进行布置。仪器测点布置在坝顶、坝坡的变坡部位，坝基和河谷自由场处等典型部位。传感器测量方向以水平顺河向为主，对于强震区重要大坝的重要测点应采用三分量，即水平顺河向、水平横河向、竖向。

混凝土拱坝反应台阵应在拱冠梁从坝顶到坝基、拱圈 1/4 处布置测点；在坝肩、拱座部位、河谷自由场布置测点。传感器测量方向应布成水平径向、水平切向和竖向三分量，次要测点传感器可简化成水平径向。

土石坝反应台阵测点布置在最高坝段或地质条件较为复杂的坝段。测点布置在坝顶、坝坡的变坡部位、坝基和河谷自由场处，有条件时宜布设深孔测点。对于坝线较长者，宜在坝顶增加测点。测点方向应以水平顺河向为主，重要测点宜布成水平顺河向、水平横河向、竖向三分量。对重要溢洪道宜布置测点。

水闸反应台阵测点应布置在地基、墩顶、机架桥、边坡顶，宜布成水平顺河向、水平横河向、竖向三分量，次要测点传感器可简化成水平横河向。进水塔反应台阵沿高程布置，分别在塔基、塔顶、塔高 2/3 处的附近，根据情况最好布置成三分量。垂直升船机反应台阵测点布置在塔柱和承船厢上。塔柱测点布置在塔基、塔顶及沿塔柱高度方向刚度有较大变化处。承船厢上测点宜布置成三分量。

6.1.2 强震仪

强震仪是记录强烈地震近地面运动的自动触发式地震仪。强震仪种类很多，按记录物理量可分为强震位移仪、强震速度仪和强震加速度仪；按记录方式可分为直接记录式（机械记录式和光记录式）、电流记录式、磁带记录式（模拟磁带记录式和数字磁带记录式）；按记录线道数，可分为三分量强震仪和多道（中心记录）强震仪。

6.1.2.1 强震仪组成

强震仪主要由三大部分组成：拾震器系统、传输系统和记录系统。拾震器系统通常采用三个拾震器，一个测量竖向运动，另两个测量互相垂直的水平向运动。安装拾震器一般采用浇筑观测墩，墩上固定拾震器的方法为使拾震器、墩体与被监测体牢固连成一体。信号传输可采用多芯屏蔽电缆或光缆。线路布设需要与强电线路保持一定距离，以避免强电对采集信号的干扰。拾震器的振动方向与记录波形方位的对应关系需予以确定。记录系统要放在有抗震设计的监测室内，室内应有稳定的工作台，备有（20±22）V 电源，且有独立的配电盘、过压安全保护设施和防雷装置，以满足室温和湿度的要求。记录系统是把拾震器相对于仪器底座的运动信号固定下来，可分为直接记录和非直接记录两种。

6.1.2.2 三分量强震仪

水工建筑物强震监测使用的强震仪一般为三分量强震仪，三分量强震仪具有测试精度高、通信灵活、软件功能强、测量通道可扩充等特点。通信方式包含 RS232 直接通信、Modem 通信、RS232 转光接口利用光纤通信，如果需要，系统还可以采用 IP 技术利用 Internet 进行通信。

6.1.2.3 强震仪选型

目前我国的强震仪已基本完成了由模拟向数字化、智能化的过渡，强震仪的量程、动态范围、分辨率、通频带、稳定性等基本特性都有质的进展。在强震仪的选型中，应综合考虑以下因素：

（1）仪器的稳定性：仪器稳定性好，才能保证在野外长期使用的条件下正常运行。对于新产品，必须经过检验鉴定其各项技术指标达到要求。

（2）仪器的高性能：高性能能保证仪器在任何困难条件下均能获取记录。仪器动态范围和通频带是很重要的指标。仪器动态范围已由 40dB 发展到 120dB，通频带已由 0.1～15Hz 发展到 0.01～80Hz。

（3）数据处理分析的难易和速度：以强震仪的数据处理分析容易和速度快为好，目前正从脱机处理向实时处理的方向发展。

（4）性能价格比合理。

6.1.3 强震动监测数据分析处理

水工强震监测台站的直接成果是取得所有测点的加速度时程记录。要把强震记录应用于分析水工建筑物震害，评估其安全度，提出应急措施和工程措施，就必须对加速度记录进行处理分析。强震记录处理分析主要分为以下三个方面。

（1）常规应用分析：对地震加速度时间过程记录进行常规分析处理。首先，对强震加速度时间过程记录进行零漂校正、错点剔除等处理，统计其最大值；然后，对强震加速度时间过程记录分别进行一次、二次积分，求得速度和位移；最后，进行反应谱的计算和傅里叶谱分析。常规处理的目的主要是为了分析结构反应的频谱特点。

（2）结构反应分析：将校正处理过的基点或自由场的强震记录作为有限元模型的输入，通过有限元分析将计算结果与实际监测结果相比较，合理调整有限元模型。根据调整后的模型验算目前大坝抗震设计的合理性，必要时对大坝进行加固处理。

（3）震害快速预警分析：水工建筑物震害预警的依据是大坝由严重震害到溃决有滞后时间，如果在强震发生后能够快速判断水工结构的震害程度，便可以为采取应急预案争取到宝贵时间。震害快速预警的前提是数字强震仪与计算机网络结合，强震监测台站的数字强震仪在取得强震记录后，能够对记录进行智能分析并调用专家数据库内容，快速评估水工结构震害程度，并通过网络向各主管部门发出预警信息。目前，水工建筑物震害的快速评估方法还处于研究阶段，通过强震记录进行震害快速评估与预警也处于初步应用阶段。水工建筑物震害快速预警是未来水工建筑物强震监测工作必须拓展的重要功能。

6.2 水 库 地 震 监 测

水库测震监测的主要目的是为了监测水库及其周边区域可能发生的地震进行监测，为大型水利工程的防震减灾工作和水工建筑物强震动监测数据分析提供完整可靠的地震数据。而且在建立水库测震台网后能在监测到地震时及时地发出预警，采取相应的应急预案，可防止水工震害的进一步扩展和次生水灾造成大面积人员伤亡的发生。

水库地震监测技术包括台网布局、监测系统组成与技术要求、系统运行维护等内容。

6.2.1 水库测震台网的布局

水库测震台网的布局整体上要满足台网建设预期的监测目的，在确定测震台站的布设位置时，还要考虑场地条件、定位需求等会影响其监测效果的情况。

在进行测震台网布局设计初期，首先要确定监测的区域范围，监测区可以是单个水库区域，也可以是流域性水库区域，或者是水库影响范围内某个地质构造带上等。其次在确定测震台网的监测目的和监测能力时，要充分考虑台站环境和周边人类活动对台站监测能力造成的影响，尽可能地排除不利因素。第三，既要考虑到目前的建设目的，也兼顾考虑未来发展的需求，以求达到一网多用，提高测震台网建设的应用效益。

6.2.1.1 台网布局原则

台网布局由场地条件、定位需求、地震监测能力、地震预警能力等各种因素决定。合理的台网布局有利于减少或消除监测区地震检测能力的弱区或盲区。

大体均匀分布原则：台站大体均匀分布是为了在地震定位过程中，参加定位的台站尽可能均匀地包围震中。在实际布设过程中往往会受地形、地质构造、交通、通信及建设经费等条件影响，在监测区域内很难达到台站的均匀分布。

重点目标加密原则：台站的空间分布通常要兼顾一般地区和地震重点监视防御区的监测能力。在地震重点监视防御区根据地震速报、烈度速报和地震预警等的要求，或者为满足科学研究的需要，在特定区域进一步缩小台站间距，提高该地区地震监测能力，获得更加详细的地震数据资料。

6.2.1.2 测震台站数量和间距估计

首先，水库测震台网属于专用测震台网，主要用于监测水库及周边区域的地震活动情况，因此受到了监测目的、台网监测能力和地形地貌等因素的限制，在台站数量及间距上与国家测震台网及省级区域测震台网有一定的区别，以某水电站水库测震台网为例，其于2006年建成了由4台DD-1型模拟地震计组成的地震监测台网，并于2016年对其进行升级改造，改造后台网共包括16个地震台站，其中包含4个库区测震台、12个大坝强震监测台、5个中继站和1个地震台网中心，4个库区测震台的台站间距约为10km。

测震台网在设计过程中可参照下面过程进行台站间距的估计：

（1）根据监测区域，在地图上考虑地形地貌特征条件，按照大体均匀分布原则，参考已有的相似台网布局，设计台网的台站分布，确定台站的初选布设位置。

（2）在台站初选位置现场，根据供电、通信、交通等建设和运行维护条件，调整初选位置。

（3）确定台站位置的环境地噪声水平值，根据台站的经纬度、环境地噪声水平值等，利用测震台网监测能力计算方法或程序估算台网监测能力，并与预期台网监测能力相比较，若达到或优于预期台网监测能力，则将估计的台站数量和分布作为该台网的建设布局和数量，并计算出台站的间距。若达不到预期的台网监测能力，可增加台站数量，减小台站间距，或调整台站初选位置，重新估算台网的监测能力，直到满足预期的监测能力。

（4）对台网内特殊构造的地区，可适当加密台站，以提高地震监测能力。

6.2.2 水库测震台网的组成

水库测震台网由地震仪、数据采集器以及台网中心组成，其中由地震仪和数据采集器组成的数据采集传输系统，实现水库测震台网的数据采集、采样率变换、数据传输与存储及时间服务等功能。台网中心则是实现台站实时观测数据的交换、处理、产出及存储等。

6.2.2.1 地震仪

地震仪是记录地面运动的仪器，由地震计（拾震器）和记录器组成。大多数地震计设计为摆式结构，应用摆的惯性原理制成，通过测量和记录悬挂摆锤与悬挂框架之间的相对运动来近似表示地面运动。

1. 数字地震仪

数字地震仪是指以数字量（数字数）记录的地震仪。数字化记录技术的应用，极大地提高了地震波形记录质量，实现了大动态、宽频带地震观测，记录波形的失真度也大幅度下降。一个采用数字地震仪记录的地震波形如图 6-1 所示，其中图 6-1（b）为图 6-1（a）中地震波起始部分的放大，显示出地震波形的更多细节。采用数字化记录地震波，不仅在绘制地震波形时可选择比例参数，得到所需要的可视效果，还能够使用现代的数字信号处理理论对记录波形进行数字滤波、频谱分析等更为复杂的数据分析和处理。

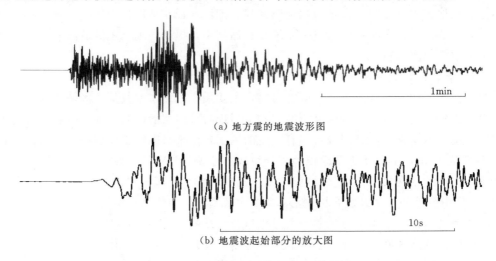

（a）地方震的地震波形图

（b）地震波起始部分的放大图

图 6-1　数字地震仪记录的地震波形示例

数字地震仪使用的地震计为力平衡式。力平衡式地震计通过电子线路的反馈，改变机械摆的固有周期和阻尼，使机械摆的位移振幅大幅度缩小，其频率特性主要取决于电子线路的反馈特性，具有频带范围宽、动态范围大、线性好的特点。

2. 测震台网中地震仪的配置

根据监测目的台站可配置不同观测频带和动态范围的地震仪。不同频带的地震仪对于不同区域内的地震记录情况有所不同。

根据观测频带划分，常用的地震仪包括短周期地震仪、宽频带地震仪、甚宽频带地震仪与超宽频带地震仪。短周期地震仪主要用于记录地方震；宽频带地震仪、甚宽频带地震仪与超宽频带地震仪由于频带宽、动态范围大，可用于记录地方震、近震、远震和极远震，但观测环境和安装条件要求较高。目前来说一般水库测震台网配备的地震仪为短周期地震仪或宽频带地震仪，并布设有加速度计加以辅助，确保观测数据的准确性。

6.2.2.2　数据采集器

数据采集器将地震计输出的模拟信号转换为数字信号，转换过程包括模拟信号的采样和量化，以及数字信号的采样率变换。采样将模拟信号转换为时间离散信号，量化是对每一个采样的幅值进行测量并用数字编码表示。根据采样定理，为了保证在采样过程中不发生频率混叠现象，对模拟信号往往使用很高的采样率进行采样，以简化去假频滤波器的设计。对于高采样率的采集数据，使用数字滤波器进行滤波抽取，最终得到低采样率的数据。除此之外，地震数据采集器还应具有时间服务功能、数据传输功能等。

数据采集器的主要功能就是将地震计输出的模拟信号放大、滤波，转换为数字信号。地震数据采集器结构框图如图6-2所示，包括输入放大器、低通滤波器、模拟数字转换器、GPS授时系统、标定信号发生器、数据存储器、通信接口、中央处理器（Central Processing Unit，CPU）等功能部分。

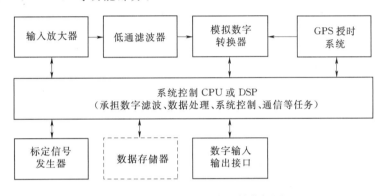

图6-2　地震数据采集器结构框图

数据采集器的功能：

（1）数据采集。这是地震数据采集器的基本功能。一般地震数据采集器具有3个采集通道或6个采集通道，可连接一个或两个三分向地震计。

（2）数字滤波。通过消除相应干扰，使实际输出信号达到最佳标准。一般配置线性相位数字滤波器和最小相位数字滤波器，使用时可选择。

（3）实时数据传输。具有按照规定的数据格式和协议传输实时数据的功能，反馈重传功能，用于实现无差错数据传输。

（4）数据记录与回放。能够存储连续观测数据和事件数据，并具有数据的回放功能和数据存储空间自动维护功能。

（5）数据压缩。对采集数据进行压缩，用于数据记录和实时数据传输。

（6）事件触发与参数计算，即事件触发、预警参数计算和仪器烈度计算功能。

（7）网络接入。具有网络参数配置功能，包括网络地址、网关等参数。

（8）标定信号输出。能够输出脉冲标定信号、正弦波组标定信号，标定信号的参数可设置，具有定时启动标定信号输出的功能。

（9）卫星授时及时间同步。具有北斗授时功能和GPS授时功能，可同时具有NTP授时功能。

（10）地震计监控。能够向宽频带地震计输出锁摆、开锁、调零、标定允许等控制信号，能够连续监测摆锤零位。

（11）运行日志记录。

（12）远程管理。

测震台网中数据采集器的配置主要考虑连接地震仪的数量、种类，以及数据传输网的通信方式。目前常选择的数据采集器主要指标是 24 位字长，支持网络和串口通信，支持包括 50sps、100sps 等多种采样率，动态范围 50sps 时在 120dB 以上，支持 EVT 和 Mini-SEED 等数据记录格式，可接收卫星授时信号，具有数字滤波功能，支持多路数据流同时输出，具有标定信号发生功能，提供地震仪控制功能，工作温度范围尽量宽。

6.2.2.3 台网中心

水库测震台网中心主要包括传输网络和中心服务器等硬件系统和专用软件系统。专用软件系统又包括实时数据汇集交换系统、人机交互处理系统、消息交换系统、地震事件分析处理系统、地震预警信息处理系统、数据存储管理与服务系统及台站环境量监测系统等。

6.2.3 水库测震台网运行维护

水库测震台网的连续稳定运行，不仅依赖于台站观测仪器的稳定性和可靠性，还依赖于台站的运行条件和环境保障，如供电、通信、防雷、防盗等。水库测震台网运行维护的主要内容有台站设施的管理与观测条件保障、台站观测数据质量监控、观测仪器运行状态监测、台站基本参数和观测参数维护。本节主要从观测数据统计分析、观测仪器的状态监测和观测参数维护等方面讨论水库测震台网运行维护的部分工作事项及要求。

6.2.3.1 观测数据分析

台站设备故障、通信网络故障将造成实时数据流中断。在台网中心使用软件自动监测实时数据流或收集实时数据流接收程序产出的状态信息，能够反映出台站数据流的动态情况，一旦数据中断，即发出报警信息，通知值班人员处理。根据实时数据流的动态信息，进一步累计实时数据流的中断次数和中断时间，统计出每个月的中断次数、累计中断时间，计算月度数据连续率。

6.2.3.2 观测仪器状态监测

1. 脉冲标定

脉冲标定用来检测地震计低频端的频率特性，对于宽频带测震台，一般每月进行一次脉冲标定。

首先对脉冲标定的参数进行设置，脉冲标定的设置参数主要有脉冲标定信号幅度、脉冲宽度、定时启动脉冲标定的时间等。脉冲信号幅度和宽度的设定与地震计的自振周期有关，一般来说，自振周期越长，脉冲信号的幅度应越小，脉冲宽度应越宽。对于短周期地震计，通常将脉冲宽度设置为 15s；对宽频带地震计，脉冲宽度宜设置为 300s。

在设置好脉冲标定参数后，启动脉冲标定，检验地震计输出波形的大小，并使用标定软件对标定数据进行处理，得到地震计的自振周期、阻尼、灵敏度参数。若脉冲标定幅度过大、或过小、或反相，应修改脉冲标定信号的幅度设定值及极性。由脉冲标定得到的地震计周期、阻尼参数应与所用地震计的出厂参数或标称参数一致，误差一般不超过 3%。

当以上工作完成且计算结果无误以后，再次复核脉冲标定参数，并将上述脉冲标定结果及标定设置参数作为档案资料记录下来，包括周期、阻尼、灵敏度，若进行幅度反向标定，还包括反向标定灵敏度及平均灵敏度值。

2. 正弦波标定

正弦波标定一般在初次安装观测设备、更换观测设备和维修观测设备之后进行，以检验或验证观测设备的运行状态和正弦标定参数设置的合理性等。当脉冲标定或台基噪声功率谱等反映出观测仪器可能存在故障时，也可启动正弦波标定，为故障判定提供线索。

首先对正弦波标定的参数进行设置，正弦波标定的参数设置主要有正弦波组的数量、每组正弦波的振荡周期数、幅度、周期或频率。正弦波标定参数的设置与具体所用的地震计和数据采集器有关，所设定的标定参数应符合数据采集器实际能够输出标定信号的能力。

设置正弦标定参数之后，即可启动正弦波标定，以检验所设置的幅度是否合适。若正弦波标定波形正常，应用标定数据处理软件分析正弦波标定数据，计算出各个频点的灵敏度，对于短周期地震计，取 5Hz 作为归一化频点，将各个频点的灵敏度除以 5Hz 的灵敏度，转换为以 5Hz 为基准的相对灵敏度，绘制归一化幅频特性图。对于宽频带地震计，则取 1Hz 为归一化频点进行计算，并绘制归一化幅频特性图。

对比归一化频点由正弦标定得到的灵敏度与地震计标称灵敏度，其误差应在 5% 以内，若误差较大，应检查数据采集器参数设置和标定计算程序的参数设置是否正确。标定处理程序计算灵敏度时需要设置标定常数，单位为 $m/(s^2 \cdot A)$，若地震计参数表中没有给出标定常数，或者给出的有关标定常数（标定线圈常数）与标定处理程序要求输入的量不一致，则根据地震计的标称灵敏度、数据采集器量化因子、归一化频点正弦标定参数计算标定常数。

将上述正弦波标定参数设置信息、标定数据处理结果（归一化频率特性图、归一化频点及其灵敏度、标定常数等）作为档案资料记录下来。

3. 时间服务质量

测震台站的时间服务质量对于地震定位精度有较大影响。目前测震台站的时间服务功能内置于数据采集器中，依托 GPS 卫星授时保持内部时钟的准确性。GPS 授时的稳定性与 GPS 信号的接收条件有关，卫星信号场强越大，能够接收到信号的卫星数量越多，结果越可靠；GPS 接收机位于数据采集器内部时，可能受到数据采集器内部的开关电源、CPU 电路等因素的干扰，使得接收效果变差，从而影响授时的稳定性。阴雨天和大雪天气也影响 GPS 信号的接收效果。当 GPS 授时中断时，数据采集器内部时钟的偏差将逐渐变大。上述问题可能是目前测震台网中部分台站出现较大钟差的部分原因。

6.2.3.3 观测参数维护

需维护的观测参数包括测震台站地震计及数据采集器的参数，如地震计灵敏度和传递函数，数据采集器的量程、采样率，数字滤波器设置及其传递函数、采集数据数字量转换为输入电压值的量化因子等这些参数，应保证其正确性。鉴于不同厂家生产的地震计、数据采集器具有各自特色的参数表示，相同类型不同型号地震计之间的参数取值并不统一，甚至相同型号地震计个体之间的参数也有一定的离散性。目前的观测系统中，地震计的灵敏度和传递函数均是按照每个台站单独记录在数据库中的。

测震台站观测参数维护的目标是保证观测参数的正确性，并与实际仪器的特性相一致。特别是在测震台站更换和维修观测设备之后，应确保观测参数与系统中使用的参数一致，若新更换的设备参数与原来不一致，或者观测设备维修后参数发生了变化，应将新的参数变化设置到系统中，并将旧的参数作为历史参数存档。

参 考 文 献

[1] 中华人民共和国国家能源局. DL/T 5416—2009　水工建筑物强震动安全监测技术规范 [S]. 北京：中国电力出版社，2009.

第7章 安全监测自动化

安全监测自动化是实现大坝安全管理现代化的重要手段，可以有效提高监测效率，保证监测数据的同步性，降低劳动强度。安全监测自动化包括数据采集自动化和数据处理自动化。前者主要由传感器、数据采集单元和数据采集软件系统等组成，后者由数据库及相应的信息管理和分析软件系统组成。

7.1 必要性与实施原则

7.1.1 必要性

水电站大坝安全监测的仪器、设备主要布设在枢纽建筑物的大坝、厂房、地下洞室、边坡、引水及泄水建筑物等1级建筑物内，测点分散，分布范围大，人工观测劳动强度巨大，数据同步性和精度难以保证，特别是在地震、洪水等特殊工况作用下需加密采集，人工观测难以满足工作要求，难以实现对可能发生的意外情况的实时监测，不能及时评估工程的安全状况，因此，必须建立可靠的大坝安全监测自动化系统，提高安全监测的速度与效率，保证测值的准确性与可靠性。

7.1.2 实施原则

大坝安全监测自动化系统是在计算机技术和传感器技术的基础上，融合电子技术、通信技术、遥测遥控技术等技术手段，通过系列软件进行大坝监测数据自动采集、处理和分析计算，对大坝运行状态做出初步判断和分级报警的自动化。大坝监测系统能有效提高大坝安全运行管理能力。为了充分发挥大坝安全监测自动化系统的作用，使其稳定、可靠、长期有效地运行，在实施时需遵循以下原则：

（1）整体性原则。统筹规划，总体考虑。在时间上涵盖施工期、蓄水期和运行期等不同时期；在部位上囊括基础、大坝、厂房、地下洞室、边坡、引水及泄水建筑物等各部位；在项目上包括环境量、变形、渗流、应力应变等所有项目；兼顾人工和自动化两种监测手段，以保证构建完整的安全监测系统。

（2）针对性原则。根据工程规模、特点、地质条件以及需要关注的问题等合理地确定监测部位，有效布设监测仪器，选择合适的监测手段与方法，使之能准确反映关键部位变形情况，以满足监测工程安全工作性态的目的。

（3）可靠性原则。即在规定条件下无故障的持续时间或概率。高可靠性就是大坝安全监测自动化系统能长期、稳定地运行，是对建筑物进行安全监测的基础。只有保证监测系统的高可靠性才能提高数据的可信度，才能实现对工程的安全监测。

（4）准确性原则。即监测数据的准确性，只有正确且具有一定精度的数据才能准确反映工程的变形情况，才能为安全监测分析提供强有力的支撑。

（5）经济性原则。在保证可靠性、准确性的前提下尽量降低成本，提高监测系统的经济性。首先就要求统筹规划，力求监测项目、测点布置最优化和精简化。其次合理布局各采集单元、监测站的位置。第三不能片面最求监测精度，以满足工程监测为目的。第四注意监测仪器设备的先进性与兼容性，减少设备因更新换代而造成的不可维护、不利于经济节约以及后期运行维护。

（6）开放性原则。系统设计时，首先应满足能支持多种格式数据的存储，实现系统功能可修改、可扩充和可完善。其次，要考虑到未来发展的需要，保证系统在性能、功能上的可扩展性，满足不同工作人员需要，方便今后进行其他监测项目的扩展与再开发。

（7）先进性原则。系统构成必须在成熟的基础上具有一定的先进性，符合国内外发展趋势，避免很快被淘汰，以保证系统具有较长的生命力和扩展能力，满足大坝安全监测长期性、准确性以及可扩展性的需求。

7.2　安全监测自动化系统的组成

大坝安全监测自动化系统一般由传感器、测控单元、监测计算机以及信息管理系统组成，其中大坝监测传感器、测控单元、计算机以及通信网络等组成的安全监测数据采集系统实现大坝安全监测自动化数据的实时采集。信息管理系统则是对自动化监测数据、文件以数据库为基础进行管理、资料整编、分析，形成各类报表，对工程的安全状态进行综合分析与评价。

7.2.1　数据采集系统

数据采集系统是由监测环境原因量与结构效应量的仪器设备所组成的采集系统，经多年发展、应用和改进，目前监测自动化数据采集系统已形成3种基本模式，即集中式数据采集系统、分布式数据采集系统和混合式数据采集系统。

7.2.1.1　集中式数据采集系统

大坝安全监测自动化系统最初均采用集中式数据采集系统，集中式数据采集系统是将自动化监测仪器通过安装在现场的切换单元（集线箱或开关箱）或传感器电缆直接连接到监测主机附近的自动采集装置的一端进行集中观测。典型的集中式数据采集系统结构如图7-1所示。

集中式数据采集系统在测量时，直接由测控单元通过电缆控制切换单元，对所有传感器逐个测量，结构简单，高技术设备均集中在监测机房内，运行环境良好，便于管理。但是各类监测仪器共用一台集中测控单元，一旦测控单元发生故障，所连接的监测仪器都无法实现自动测量，造成采集系统瘫痪。同时，由于控制电缆和信号电缆传输的均为模拟信号，且传输距离较长，极易受到环境干扰，因此对连接电缆的要求较高（屏蔽性、芯数、阻抗等）。由此可见，集中式数据采集系统存在测量时间长、可靠性低、电缆要求高、不易扩展等缺点。

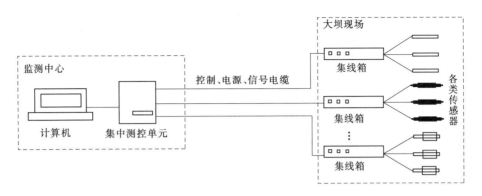

图 7-1　集中式数据采集系统结构示意图

20 世纪 70 年代中期以前，数据采集系统多为集中式数据采集系统，但由于其存在上述缺陷，且随着分布式数据采集系统的研发及应用，集中式数据采集系统现已基本趋于淘汰，现广泛使用的基本为分布式数据采集系统。

7.2.1.2　分布式数据采集系统

由于集中式数据采集系统在可靠性上存在一些不足，我国自 20 世纪 90 年代开始研发分布式数据采集系统。分布式数据采集系统由监控主机、数据采集装置和各类自动化监测传感器组成。其中数据采集装置是将集中式测控单元小型化，并和切换单元集成到一起布设于现场，各传感器通过专用电缆接入数据采集装置，数据采集装置按程序要求进行数据采集、转换与存储，并通过通信总线传送到监控主机以做进一步分析和处理。典型的分布式数据采集系统结构如图 7-2 所示。

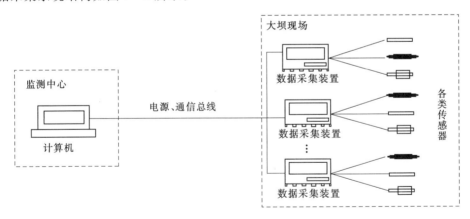

图 7-2　分布式数据采集系统结构示意图

与集中式数据采集系统相比，分布式数据采集系统具有以下优点：

（1）测量时间短。分布式采集系统具有多个数据采集装置，可同时进行数据采集，系统测量时间只取决于单个数据采集装置的采集时间，因此速度快、时间短。

（2）可靠性高。因每个数据采集装置均独立运行，若发生故障，只影响单个数据采集装置上接入的传感器，不会影响整个采集系统。可见这种分散且独立运行的数据采集装置，使系统的分险性分散、降低，进而提高了系统的可靠性。

（3）抗干扰能力强。集中式数据采集系统专用电缆上传输的是模拟信号，容易受到环境干扰。而分布式数据采集系统的通信总线上传输的是数字信号，采用一般的通信电缆如 RS-232/RS-485/RS-422 等即可，接口方便且不易受环境干扰。

（4）便于扩展。如需增设数据采集装置，只需在原有系统上延伸通信总线。可以实现不影响原数据采集系统正常运行的情况下将更多的传感器接入，便于分期、分步完善监测系统。

7.2.1.3 混合式数据采集系统

混合式数据采集系统是介于分布式数据采集系统和集中式数据采集系统之间的一种采集方式。它采用分布式采集系统的布置型式，用集中式方式进行数据采集。切换单元布置在监测仪器附近类似简单数据采集装置，能够汇聚所连接监测仪器的信号，但不能实现数据采集、转换以及存储的功能，切换单元仅是将汇聚的信号通过通信总线传输到监控主机中，在监控主机中进行存储、分析以及管理等工作。

由混合式数据采集系统的原理可以看出，系统中未采用数据采集装置，整体结构简单，造价低。但由于采集方式的不合理，仍存在系统可靠性低的缺陷。

7.2.2 信息管理系统

信息管理系统是对自动化采集系统采集到的监测数据、文件以数据库为基础进行管理、资料整编、分析，形成各类报表，对工程的安全状态进行综合分析与评价。主要包括数据库管理、信息管理以及安全评价三个方面的内容。

7.2.2.1 数据库管理

数据库是按照数据结构来组织、管理和存储数据的仓库。在安全监测自动化信息管理系统中根据各监测数据的组成、生成方式及所起到的作用不同，将大坝安全监测数据库分为原始数据库和生成数据库。

1. 原始数据库

原始数据库即未经过处理或简化的数据库，是工程原始资料，主要包括工程概况，设计、施工及运行期各类文件，监测仪器信息，测点信息，巡检记录以及数据采集系统所采集到的各种自变量与因变量等资料。原始数据库是生成数据库运行的基础，完整、准确的原始数据库为有效地开展信息管理与安全评价工作提供了保障。

2. 生成数据库

生成数据库是对原始数据库的数据进行加工处理而产生的数据库，主要包括通过资料整编、分析以及绘制各种过程性图、分布图而产生的资料整编数据库，通过建模分析而产生的模型数据库以及对系统进行综合评价时而产生的综合评价数据库。

7.2.2.2 信息管理

通过对数据库的数据经过筛选、组织然后按照一定的格式进行整理形成信息。根据各信息种类的不同，将信息进行分类管理，主要包括资料管理、图形管理、数据读写、数据分析等功能模块，信息管理结构示意如图 7-3 所示。

1. 资料管理

资料管理主要是对工程勘察、设计档案资料，监测数据，巡检记录，生成数据等进行

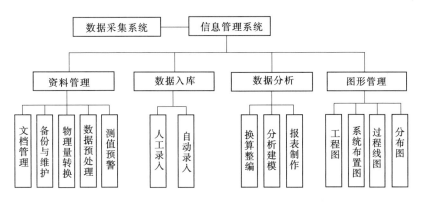

图 7-3 信息管理结构示意图

的管理，主要包括文档管理、备份与维护、物理量转换、数据预处理、巡检记录、测值预警等内容。

（1）文档管理。主要是对与安全监测相关的工程图纸、监测设计图纸、测点分布、仪器考证表等相关信息的管理，对以上信息进行录入、删除或修改等操作。

（2）备份与维护。主要是将数据库进行备份，对监测系统以及各监测项目进行维护管理，避免因误操作而造成数据丢失或系统故障。

（3）物理量转换。将录入到数据库中的实测数据按各类转换公式进行换算，得到各类监测数据，如变形、渗压、缝隙开合度、应力应变以及温度等。然后，将转换结果存储到生成数据库中。

（4）数据预处理。观测误差在安全监测中始终是无法避免的，根据误差产生机理可分为系统误差、偶然误差和粗差。系统误差是无法消除的，但由于偶然误差和粗差的存在，严重影响了对监测数据进行有效分析。这就要求通过数据预处理来剔除异常测值，为有效开展数据分析工作奠定基础。

（5）测值预警。系统报警功能主要监视数据库系统数据，一旦检测到数据缺数或数据超限等异常便发出报警。报警级别分为一、二、三级，并标以不同颜色显示，其中一级报警等级最高。同时可定义报警发送策略，选择向特定人员发送信息的方式以提醒异常。

（6）巡检记录。巡检记录是对监测系统运行、维护及缺陷处理情况的详细记录。这种详细记录既便于后期运行管理，又能在进行资料整编分析时为异常值提供分析参考。

2. 数据入库

数据入库，按数据采集形式的不同可以分为自动录入和人工录入。其中人工录入又可分为全人工录入和半自动录入。

（1）自动录入。通过数据采集系统自动采集到的数据均能自动录入到数据库中。

（2）全人工录入。工程设计、施工、运行期间与大坝安全监测相关的各类资料，人工观测数据以及各类监测仪器信息等资料，均可通过系统指定的界面和途径录入到数据库中。

（3）半自动录入。通过便携式仪表测得的数据不能自动录入到数据库中，需通过特定的通信接口录入到数据库中。

3. 数据分析

数据采集系统得到的大量原始数据一般不能直观反映大坝变形规律。如需准确掌握大坝变形情况，得到各变形特征值，就需要开展换算整编、分析建模以及报表制作等工作。

(1) 换算整编。通过公式管理对实时数据进行相关点计算、固定公式计算、值拷贝等。换算整编对实时数据进行整编，整编为小时、日、月、年的特征值数据。

(2) 分析建模。分析建模是一个获取数据、数据检验、数据筛选、数据重构以及数据建模的过程。通过建立确定性模型、统计模型或混合模型等模型分析得出各分量对工程变形、渗流等所占比重，找出影响工程稳定的内在因素。同时将实测值与模型预报值比较，看实测值与模型预报值的差值是否在允许差以内。

(3) 报表制作。通过报表组件可以定制日报、月报、年报等各种不同类型的报表，也可以制作时段报表，进行实时数据报表展示等，形象展示工程变形的各特征值。

4. 图形管理

图形管理主要是对与安全监测相关的工程图纸、系统布置图、过程线图、分布图、相关图等图形信息的管理，对以上信息进行制作、录入、删除或修改等操作。

(1) 工程图纸。主要与安全监测相关的工程图纸，如工程平面布置图、典型断面图、相关地质图等进行管理，并提供可视化查询。

(2) 系统布置图。安全监测系统的电源图、通信图以及测点布置图等图形信息的管理，并提供可视化查询。

(3) 过程线图。过程线图是一个以棒、折线或平滑曲线的形式，通过多图、多坐轴和多个监测点数据的画面来反映监测部位变形过程。图形各参数均可自定义设置，具有数据查看、统计分析和数据表格联动以及在同一图形或同一界面绘制多个测点或多个项目过程线的功能。

(4) 分布图。分布图用于展示工程某部位多个测点在特定时间点的测值变化，在分布图中可直观显示应力、应变、温度及变形等空间分布情况。在分布图界面可查看相关测点特征值，主要包括历史最大值、历史最小值、最大值、最小值、平均值、变幅等。

(5) 相关图。相关图是反映自变量与因变量之间关系的图，一般以曲线、散点形式展示两个监测点（如混凝土应力与温度的相关性）的相关性。

7.2.2.3 安全评价

大坝安全监测自动化系统的最终目的是对大坝的安全状态做出评价，准确的安全评价能使大坝工程的效益充分发挥，风险显著降低，并能指导除险加固工作的有效开展。正确地做出安全评价，要求必须由点到线再到面，即由单个监测测点出发，再对各个单项监测项目进行评价，最后对工程整体进行评判。单点评价是工程安全评价的基础和依据，在进行单点安全评价时主要依据各个测点的设计要求、历史极值、2 倍和 3 倍 σ、变化速率及专家经验等。项目评价是根据单点评价结果进行加权处理得到评价项目的结果。而工程评价是在项目评判结果基础上，对项目评价结果进行综合加权处理得到工程评价结果。

7.3 数据采集及通信网络

大坝及其他水工建筑物的安全监测普遍存在点多、面广、覆盖范围大、监测数据量大的特点。为了实现自动化采集系统实时、高效、准确地反馈工程安全监测信息，及时发现水工建筑物的异常状况，要求在项目开始前要严格按照规范及相关技术标准的要求，运用系统学的思想对安全监测系统的网络进行优化设计，合理布设各通信线路，确保监测信息传输通畅。

7.3.1 网络设计内容

大坝安全监测自动化系统网络设计包括系统配置、设备选型及维护、系统可扩充性、数据采集、数据存储、数据处理分析等内容。目前数据采集网络通常选用分布式系统，整个系统可分为监测中心站、监测管理站、监测站三级结构。

根据数据采集装置的布置规划监测站的数量布局。监测站与相关的数据采集装置组成相对独立的网络系统，有利于安全监测自动化分阶段实施。

监测中心站可自行组成局域网，各监测管理站可与监测中心构成局域网。将监测中心站局域网与监测管理站局域网互联，即形成覆盖整个枢纽的企业网。

7.3.1.1 监测站——数据采集单元层网络设计

由于大坝安全监测系统内的数据采集装置大部分都布置在大坝的廊道内，监测站——数据采集单元层网络主体通常采用电缆通信介质，当情况特殊时可视具体情况，采用光缆或无线通信介质。在大坝安全监测系统中，数据采集装置通常沿建筑物的各个廊道分布，而同一子系统的数据采集装置所分布的廊道之间不一定相通，有些廊道有多条分叉。因此，适合于本系统的网络拓扑结构有总线型、星型和环型 3 种，可根据每个监测站及所属数据采集装置的位置特点，选择一种或多种结构的混合拓扑结构。

7.3.1.2 监测管理站——监测中心层网络设计

监测管理站——监测中心层网络的特点是：①传输距离较远；②网络覆盖区域大；③数据流量大，对数据传输的安全性与可靠性要求高。基于该层网络的特点，监测中心站与监测管理站之间的通信介质通常选用光缆。网络拓扑结构有星型、总线型、环型和树型4 种。其重要的指标是传输的可靠性。

7.3.1.3 监测中心站网络设计

监测中心站局域网是整个网络的交汇传输枢纽，又是信息的汇聚中心，信息传输量大。同时，监测中心站还要对采集的数据进行分析、评价等处理等，可靠性要求很高。另外，监测中心站需要不断发展和完善，因而要求有良好的可扩展性。为避免信息量大造成的网络拥堵，可将监测中心站局域网划分为主干网和分支网两个网络层次。主服务器设置在主干网上，客户机放在分支网上，充分利用服务器和主干网的资源。

7.3.2 网络拓扑结构

网络拓扑就是网络形状，或者说是网络在物理上的连通性。网络拓扑结构是指计算机网络中各种设备的物理连接型式，目前常见的有星型、环型、总线型、树型、网型以及混合型 6 种，各种结构图如图 7 - 4 所示。

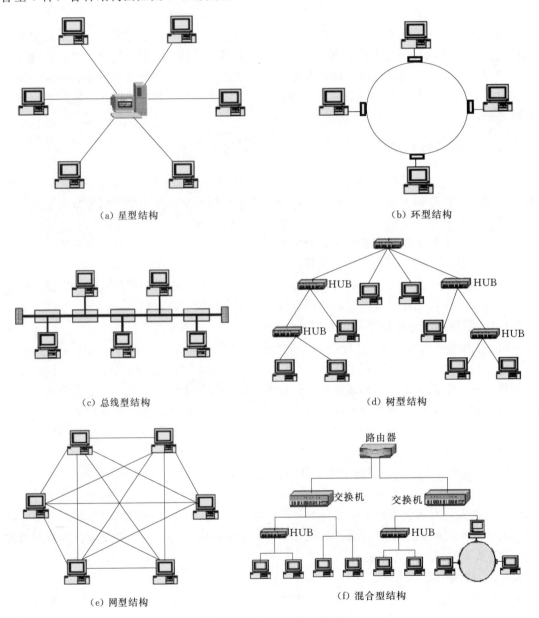

图 7 - 4　网络拓扑结构示意图

7.3.2.1　星型结构

　　星型拓扑结构是最古老的一种连接方式，它是以一个中央节点为中心，多个分节点通过线路与中央节点相连，各节点间通信都要通过中央节点，中央节点起到控制作用。这种结构整体简单、连接方便、易于维护管理、结构扩展性强、网络延迟时间较小、传输误差低。但也正是这种结构特点，导致系统过分依赖中央节点，中央节点必须具有极高的可靠性，一旦中央节点故障，整个网络系统就基本瘫痪，系统可靠性差，同时布线工程量大，共享能力差，线路利用率低。具体结构如图7-4（a）所示。

7.3.2.2 环型结构

环型拓扑结构是网络中各节点通过转发器形成一个闭合环状。环型网的信号传输具有单向性，一个转发器发出的信号只可被别的转发器接收并转发。结构如图7-4（b）所示。该系统线缆长度短、实时性好、工作站少、节约设备。当然，这样一个节点出问题，就会引起全网故障，且故障诊断困难；另外节点过多时会影响传输速率，不易扩展，结构灵活性低。

7.3.2.3 总线型结构

总线型拓扑结构是一种基于多点连接的拓扑结构，是将所有设备通过专用的分接头直接连接到通信总线上，且总线两端必须设置相应的匹配器。总线上各节点地位平等，无中央节点控制，信号传输以广播式传输。结构如图7-4（c）所示。总线型结构整体具有以下优缺点。

（1）主要优点。①结构简单，易于扩展，节点增减方便；②设备少，布线容易，安装使用方便，整体造价较低；③可靠性高，总线上各数据采集装置均独立运行，发生故障不会影响整个网络。

（2）主要缺点。①故障诊断和隔离困难，总线型结构非集中控制，因此故障诊断需各节点单独排查，隔离则需切断总线；②实时性低。所有数据传送都需经过通信总线，易发生数据碰撞。总线型结构符合安全监测中各数据采集装置共享总线，各数据采集装置都写入与中心站相匹配的地址，这样就可使各采集单元在中心站的指挥下有条不紊地工作。目前大多数监测系统网络拓扑结构均采用总线型结构，其他还有几种型式的混合结构。

7.3.2.4 树型结构

树型拓扑结构从星型演变而来，比星型结构具有更高的扩展性，样式像一棵倒置的树，顶部树根只有一个节点，树根以下带分支，各分支、各节点按一定层级接连起来，每个分支还可再带子分支，其连接型式如图7-4（d）所示。树型结构整体连接简单、维护方便、易于扩展，但可靠性不高，对根节点依赖度大。

7.3.2.5 网型结构

网型拓扑结构又称无规则结构，是将各节点通过线缆互相连接起来，系统中每个节点至少与其他两个节点相连。其连接型式如图7-4（e）所示。网状拓扑结构具有较高的可靠性，易于扩展，传输延迟小；但其结构复杂，实现起来费用较高，且需路由算法来计算最佳路径，若设置不当，易造成广播风暴，使系统完全瘫痪，整体不易管理和维护，不常用于安全监测系统网络中。

7.3.2.6 混合型结构

混合型拓扑结构是将以上两种或多种拓扑取各自优点有机结合而形成的一种拓扑结构，其连接型式如图7-4（f）所示。如用得较多的星型拓扑与总线型拓扑相结合的"星—总"拓扑，星型拓扑与环型拓扑相结合的"星—环"拓扑等。结合使用的拓扑结构能兼顾两种或多种拓扑的优点，在缺点方面还能进行一些弥补。

7.3.3 信号传输与系统通信

信号传输与系统通信包含有两个层面的内容，即传感器到数据采集装置的信号传输和数据采集装置到监控主机的通信。前者传输的一般为模拟信号或频率信号，对于模拟信号一般要求传输线路不宜过长。后者通信介质中传输的一般是数字信号，可以采用有线或无线模式，传输距离相对灵活，一般根据监测站与监测管理站、监测中心站的距离，数据采集装置的通信协议等选择不同的通信方式。随着监测技术的发展，智能传感器也包括通信模块，从而实现测量控制装置到监控中心的网络级通信。目前在大坝安全监测系统中，测量控制装置到数据采集计算机之间广泛使用的通信方式主要有双绞线、光缆以及无线通信等通信方式。

7.3.3.1 双绞线

计算机与计算机或计算机与终端之间的数据传输有串行通信和并行通信两种传输方式。由于串行通信方式具有使用线路少、成本低，特别是在远程传输时，避免了多条线路特性的不一致而被广泛采用。在串行通信时，要求通信双方都采用一个标准接口，使不同的设备可以方便地连接起来进行通信。RS-232-C接口（又称EIA RS-232-C）是目前最常用的一种串行通信接口。

1. RS-232-C接口的缺点

由于RS-232-C接口标准出现较早，难免存在不足，主要有以下几点：

（1）接口的信号电平值较高，易损坏接口电路的芯片，又因为与TTL电平不兼容故需使用电平转换电路方能与TTL电路连接。

（2）传输速率较低，在异步传输时，波特率为20kbit/s；因此在CPLD开发板中，综合程序波特率只能采用19200。

（3）接口使用一根信号线和一根信号返回线构成共地的传输形式，这种共地传输容易产生共模干扰，所以抗噪声干扰性弱。

（4）传输距离有限，最大传输距离标准值为50ft，实际上也只能用在15m左右。

2. RS-485接口的优点

由于RS-232-C存在以上不足，于是出现了一些新的接口标准，RS-485就是其中之一，RS-485采用平衡发送和差分接收技术，具有较强的抑制共模干扰能力。与RS-232相比具有以下优点：

（1）RS-485电气特性。逻辑"1"电平值+2～+6V；逻辑"0"电平值为-2～-6V。接口信号电平值较RS-232低，不易造成接口电路芯片的损坏，且能与TTL电平兼容，与TTL电路连接较为方便。

（2）RS-485传输速率较高，最高可达10Mbit/s，能实现远距离传输，传输距离能达到上千米。

（3）RS-485接口采用平衡发送和差分接收技术，具有较强的抑制共模干扰能力，所以抗噪声干扰性较好。

（4）RS-485能实现远距离传输，最大传输距离标准值为4000ft，约为1200m左右，增加中继器将信号放大后传输距离还可大大提高。另外，RS－232－C 仅具有单站能力，即接口总线上仅允许连接 1 个收发器。而 RS－485 具有多站能力，接口总线上连接收发器可达 128 个。这样用户就可以方便地使用 RS－485 接口建立设备网络。

正是由于 RS－485 接口具有以上优点，使其成为串行接口的首选。又因为 RS－485 采用半双工工作方式，一般只需两根连线，所以 RS－485 接口基本选用屏蔽双绞线传输。目前，标准的 RS－485 总线基本为 T 型连接，布线方式如图 7－5 所示。

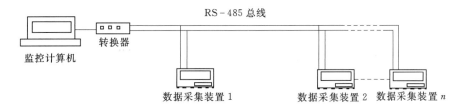

图 7－5　RS－485 T 型连接示意图

7.3.3.2　光缆

当监测站与监测中心的信号传输距离大于 1km 时，采用双绞线通信方式就会出现明显的信号衰减。对此，人们就想到了更好的传输介质——光缆。由于光缆具有传输频带宽、容量大、损耗低、抗干扰能力强、保真度高、质量轻、传输距离长等优点，目前广泛采用光缆通信解决长距离传输问题，是现场通信总线或环形线理想的通信介质。光缆通信连接示意图如图 7－6 所示。

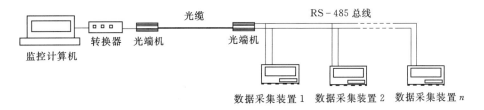

图 7－6　光缆通信连接示意图

7.3.3.3　无线通信

无线通信是利用无线电波进行信息传送的一种通信方式，主要包括有微波通信、短波通信、移动通信以及卫星通信等通信方式。与有线通信相比，无线通信具有建站周期短、通信距离远、适应性强、扩展性好和组网容易等优点。特别对于工程规模较大的水库大坝，由于安全监测项目覆盖点多、面广，测点较为分散。采用有线通信将大坝、厂房及边坡等各部位的监测数据连接到监控中心站，通信布线规模较大，需要线缆数量较多，工程造价自然增加。采用无线通信不仅解决了通信距离远、测点分散的问题，还可节约成本，缩短工程工期。国内安全监测工作中常用的无线通信方式主要有无线电台、全球通卫星、北斗卫星、公用通信网（GSM、GPRS）等，常见的无线通信连接方式如图 7－7 所示。目前针对现场自动化控制数据传输而研发的 ZigBee 技术逐渐得到推广应用，相比传统的 CDMA 网或 GSM 网，ZigBee 网具有低功耗、低成本、支持多节点以及安全性高等优点，当安全监测现场存在点多、施工难度大、GPS 效果差以及有移动通信盲区等不利条件时，想获得高可靠性、高安全性的安全监测数据采用 ZigBee 网络具有无可比拟的优势。

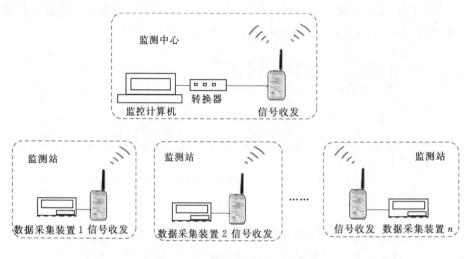

图 7 - 7　无线通信连接示意图

7.4　安全监测自动化系统防雷

组成大坝安全自动监测系统的监测测点、数据采集装置、通信线路等分布范围大，且大部分位于边坡、大坝外露区域，导致大坝安全自动监测系统易遭雷击而损坏。雷击包括直击雷和感应雷。专业统计分析表明，有 90% 的雷害损害是由感应雷电流沿通信电缆、电源电缆进入系统损毁设备，因此，研究工程防雷措施应从构建覆盖整套系统的屏蔽防护体系，建造良好下泄通道、最大限度输导雷电流等方面入手。监测系统防雷主要从接地网和避雷防护网、监测站、电源系统、通信系统几方面开展防雷措施。

7.4.1　防雷主要措施

7.4.1.1　接地网

不管是感应雷还是直击雷，其强电流最终都会泄流至大地上，因此，布设合理和性能良好的接地网才能达到理想的防雷效果。监测系统接地网一般可就近接入大坝接地网中，也可建立专门的接地网。为防止接地网中的过高电压反击，其接地电阻越小越好。为有效建立等电位连接，各监测站应采用接地扁铁连接。接地扁铁搭接处，焊接长度应为两倍扁铁宽度，扁铁外层应刷两层环氧绝缘漆，并每隔一段距离安装垂直接地体，将扁铁与垂直接地体焊接。各监测站内采用不小于 6mm 铜导线将数据采集装置与接地扁铁间连接牢固。

7.4.1.2　通信防雷

（1）RS - 485 现场通信方式是现有大坝安全监测中应用最广泛的一种方式，但在运行过程中发现容易被干扰，影响线路整体通信。多年研究分析表明，干扰包括差模干扰与共模干扰。差模干扰属于两根信号线之间传输，属于对称性干扰。消除差模干扰的方法是在电路中增加一个 100Ω 的偏值电阻，并采用双绞线。共模干扰是在信号线与地之间传输的非对称性干扰。消除共模干扰的方法包括：①采用屏蔽双绞线并有效接地；②强电场的地方还要考虑采用镀锌管屏蔽；③布线时远离高压线，更不能将高压电源线和信号线捆在一起走线。

（2）通信和传感器引线接口采用通信防雷器，传感器经信号避雷器接入采集箱接地柱，接线柱采用 φ6mm 及以上单股铜芯线接入现场接地装置，可靠连接防雷模块。各现场采集观测站通信的进线端均先接入通信防雷器进线端，再由防雷器出线端接至现场测控单元通信端口，至下一级通信出线也经通信防雷器后引出，通信防雷器以串联方式连接在通信线路上。如图 7-8 所示为安装 2 个 DAU 采集单元的现场观测站内部通信防雷器接线示意图。

（3）采用抗雷击强的光纤通信增强抗雷击能力。

（4）采用无线传输可以避免通信线路受雷击的影响，且单个采集测控单元故障或通信传输故障时，不至于影响系统内其他设备，每个现场观测站的通信传输均是独立的。

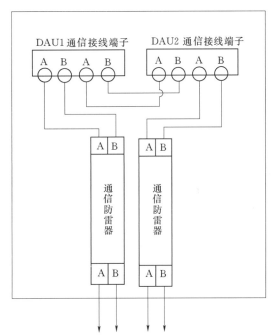

图 7-8　观测站内测控单元通信防雷接线示意图

7.4.1.3　电源防雷

（1）监测系统的电源应采用专用电源供电，不可直接采用现场照明电。系统电源应有稳定及过电压保护措施。监测系统电源要求为不间断双路电源，当一路电源中断时，另一路常备电源自动通过继电器切换投入运行。

（2）在系统建设和线路敷设时，尽量避免使用架空线方式，应采用镀锌钢管保护并地埋敷设或设在专用电缆桥架内，合理利用大坝整体接地网。所有设备采用单端接地方式，使观测设备接地电阻小于 10Ω，避免由于电位差引入干扰。

（3）在电源电缆两端加装浪涌识别防雷设备，切断雷电流传输通道。设计安装电源稳压系统，有效避免直击雷、感应雷和电压浪涌波动对系统的破坏和影响。分布于现场每个观测站均并联接入电源防雷器，每条支线前端或每间隔几个观测站，在电源输入端加入稳压变压器，如图 7-9 所示为电源防雷器及隔离变压器安装示意图。

7.4.1.4　综合防雷

监测系统监控机房为监测系统核心部分，应做好有效防雷。其监测机房的防雷主要从雷电波入侵、等电位连接、电涌保护、直击雷防护等方面进行。监测机房电源出口应接入

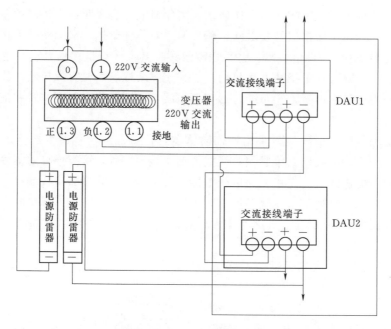

图 7-9　电源防雷器及隔离变压器安装示意图

隔离变压器，电源入口应接电源稳定压、不间断 UPS 电源；有必要时，可接入不间断双路电源，当一路电源中断时，另一路常备电源自动通过继电器切换投入运行。

　　监控机房应根据现场条件，尽可能布设于厂房或大坝内部。当监控机房布设于大坝外部时，应做好中心站建筑物的防雷，安装避雷器和接地网。自动化监测系统应接地，有条件的应接入工程的接地网。单独接地时，接地电阻不应大于 10Ω。监测管理站、监测管理中心站接地电阻不宜大于 4Ω。建筑物的防雷则参照《建筑物设计规范》（GB 50057—2011）执行。

7.4.2　防雷器主要原理

7.4.2.1　电源防雷器工作原理

　　电源浪涌保护器内部有非线性电器元件，当外部电压过高时，阻抗迅速减小，雷击等产生的过电压变成电流释放掉从而保护运行设备。

7.4.2.2　通信防雷器工作原理

　　信号防雷器一般是串联安装，工作原理就是对地泄流。串联在设备之前，然后接好地线，有雷电过来时通过地线引入到大地。

7.4.2.3　主要技术参数

　　以 Phoenix 公司生产的 PT3-HF-12DC-ST 为例，采用串联方式进行连接，即各观测站通信线首先进入通信防雷器后再接入采集模块，后端有观测站的，通信输出也经过通信防雷器，防止采集模块受前后端线路雷击受损。

　　1. 通信防雷器技术参数

　　以 Phoenix 公司生产的 PT3-HF-12DC-ST 型通信器为例，主要技术参数见表 7-1。

表 7-1   **通信防雷器技术参数表**

技术参数	数 值	技术参数	数 值
工作电压/V	12	传输频率/(Mbit·s^{-1})	5
持续工作电压/V AC	14/9.8	限制电压/V	220
标称通流容量	20kA，10/20μs	接口类型	控制信号：2P 视频信号：BNC
接线方式	串联	外壳材料	屏蔽塑料外壳

注 1. 标称通流容量 20kA，10/20μs 表示：波形为 10/20μs 雷电感应波最大保护电流为 20kA；10/20μs 是模拟雷电感应和雷感传导的波形，波形前沿时间为 10μs，波型峰值时间为 20μs。

    2. 接口类型：控制信号 2P 是指输入、输出均接信号控制线；BNC 接口类型是指输入端与信号控制线相连，输出端与视频摄像机相连。

2. 电源防雷器技术参数

以 Phoenix 公司生产 VAL-MS 320/1＋1 型电源防雷器为例，主要技术参数见表 7-2。

表 7-2   **电源防雷器技术参数表**

IEC 类别/类型	II/T2
标称工作电压 U_N	277 V AC（Max. 240/415 V AC）
最大持续工作电压 U_C[(L－N)/(N－PE)]	420 V AC/335 V AC
工作频率	50Hz（60Hz）
对地最大漏电电流	≤1 μA
最大持续工作电压（8/20）μs [(L－N)/(L－PE)/(N－PE)]	40kA （40kA/40kA/40kA）
标称工作电压(8/20)μs[(L－N)/(L－PE)/(N－PE)]	20kA/20kA/20kA
模拟感应雷电流波雷电流测试电流（10/350）μs	12kA（N－PE）
开路电压 6kV(1.2/50)μs(N－PE)	≤1.5kV
电压保护水平 U_P(L－N)/[(L－PE)/(N－PE)]/U_P(L－N)	≤1.35kV/≤1.6kV/≤1.5kV
响应时间 t_A[(L－N)/(L－PE)/(N－PE)]	≤25ns/≤100ns/≤100ns
最大后备保护熔断器	125A（gL）
加最大后备保护熔断器时短路电流耐受值	25kA

注 1. 本产品符合 IEC（国际电工委员会标准）II 保护器、EN（国际欧盟标准）T2 保护器标准。

    2. 模拟雷电感应和雷感传导 8/20μs 波形最大工作电压 40kA，8/20μs 波为典型感应雷波形，波形前沿时间（冲击脉冲到达 90％电流峰值）时间为 8μs，波型峰值（电流峰值到半峰值）时间为 20μs；（L－N）、（L－PE）、（N－PE）分别代表相线-零线、相线-接地、零线-接地。

    3. 模拟雷电感应和雷感传导（10/350μs）波形情况下可通过最大电流为 12kA。10/350μs 波形前沿（冲击脉冲到达 90％电流峰值）时间为 10μs，波型峰值（电流峰值到半峰值）时间为 350μs，这种波形为典型直击雷波形。

7.5   安全监测自动化系统建设要求

7.5.1   安装调试

安全监测自动化系统的安装调试主要包括传感器、数据采集装置、系统软件等产品检验、施工安装以及试运行等工作。系统安装调试前应完善施工组织，制定详细施工方案和操作细则，合理安排施工进度计划。对各仪器设备及软件等进行出厂验收和现场验收，严格按照设计和规范要求进行施工，各项指标应符合《中华人民共和国计量法》的规定。建立仪器设备考证表，详细登记仪器设备参数、安装部位及初始值等原始信息，完善质量评定记录，为单元工程及分项工程的验收打下基础。

仪器设备的安装应由专业人员负责，专业人员应具备一定的水工、电工、电子专业知识以及传感器知识，熟悉各仪器设备的工作原理；熟悉各类监测点的变化规律与正常测值范围，熟知变形方向约定；熟悉拟建系统的网络结构和组成，能够熟练地操作常用计算机软件及本系统的系统软件等。软件安装人员应具有丰富的计算机、水工专业知识，对计算机操作系统、SQLServer 数据库、Office 软件及其他一些常用的计算机应用软件具有较高的应用水平，熟悉监测系统及网络设备的安装、配置并能熟练使用监测软件；熟悉监测点的变化规律与方向约定等知识。

仪器设备按规范和仪器说明书安装埋设完成后应及时按规范进行编号，引入到数据采集装置时应对传感器电缆两端编号进行核对，并与数据采集装置内通道配置表进行核对，做到传感器电缆两端与通道配置表及采集系统内仪器编号一致。为便于后期运行维护，数据采集装置中心线安装高度一般离地 1.6m，各传感器电缆、通信线、电源线布线时应整齐、美观，做到"横平竖直"，并对线缆做好保护，连接点连接可靠，固定点固定牢固。安装布线与编号如图 7-10 所示。

图 7-10　系统综合布线与编号示意图

各仪器设备及相关软件系统安装完成后，应在业主、监理工程师等相关人员在场的情况下开展系统调试工作，对安全监测自动数据采集系统的各项功能进行测试，对各仪器设备的变形方向进行核对以满足规范要求。有条件的监测项目，应人工制造一定物理量变化，校核自动化测值与人工变化量的相符性；应连续运行 48h 无故障，以便验证监测系统已安装调试就绪，提交安装调试报告后可以投入连续试运行，试运行期至少应为 1 年。

7.5.2　运行管理

为满足安全监测的需求，保证系统可靠稳定的运行，应制定监测管理中心管理制度，设置操作权限，并要求工作员必须熟悉安全监测系统并能熟练操作。

7.5.2.1 监测管理中心管理

1. 机房管理和计算机网络管理

加强机房管理制度的执行，未经系统管理员许可，任何人员不得擅自进入监控中心和分中心，不得动用系统内的各计算机。各计算机应设置登录密码，非系统管理人员不得登录各计算机，不得更改各计算机的系统配置、运行方式以及文件内容。不可随意在本系统内的各计算机上安装其他非本工程所需的应用软件，以免引起系统崩溃。外来软件、软盘、光盘等未经检查严禁上机使用，并定期查杀病毒（杀毒软件须定期升级）。定期对机房环境进行检查，确保各计算机及网络设备处于一个良好的环境里运行。

为了延长系统各计算机设备的使用寿命，除服务器主机和交换机外，其余计算机主机和各计算机显示器在不使用时可以关闭。

2. 计算机网络用户和监测系统用户管理

各计算机的登录用户名和分级密码由管理员统一管理，使用人员不得向外透露。在登录本监测系统时，登录者用自己的用户名和密码登录，以便系统自动记录相应的访问信息。为了让网络上的系统管理员或授权高级用户能够通过浏览器直接管理本系统的 WEB 网站内容，必须在服务器内设置相应的登录用户名和密码，并赋予适当的网络访问权限。

7.5.2.2 监测系统操作

大坝安全监测人员应熟练掌握安全监测软件的日常操作，主要包括数据采集、资源管理、系统自检、系统报警、离线分析及数据库备份等，下面主要对数据采集、资源管理、系统自检、系统警报等常用功能做一详细介绍。

1. 数据采集

通过数据采集计算机界面应能对数据采集装置进行操作，简单、快速实现采集、查询及设置等操作。可通过单击鼠标左键即可选中单支或全部数据采集装置或传感器进行实时选测或定时测量。通过查询时钟、测量周期、通道集合及参数等即可校对数据采集装置时钟、周期等信息是否正常。需要修改时钟、测量周期、及通道集合等操作时可通过工具栏设置图标完成。某工程数据采集操作界面如图 7-11 所示。

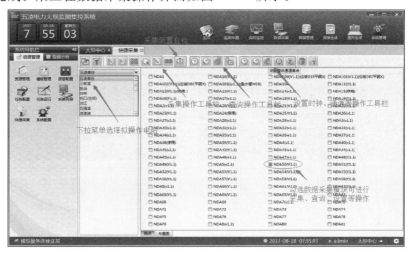

图 7-11 数据采集操作界面图

2. 资源管理

普通资源管理主要指测点资源和通信资源的管理，通过测点资源可进行测点建立、属性填报和公式编辑等操作；通信资源目录下侧可开展数据采集装置编辑、通信配置等操作。对资源管理的定义进行扩展，指对数据库资源的管理，主要包括有工程相关图纸的上传、编辑与显示，实施监控，数据的查询、导出、录入及整编计算，月报、年报及其他报表制作，过程图、分布图的编辑与显示，离线分析等相关数据管理工作。资源管理界面如图 7-12 所示。

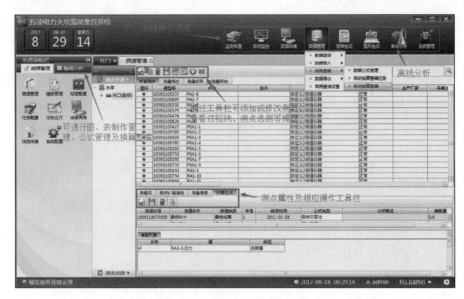

图 7-12　资源管理界面图

3. 系统自检

通过数据采集界面运行自检程序，可对整个系统或某台数据采集装置进行自检测，最大限度地诊断出故障的部位及类型，方便维修工作的开展。图 7-13 所示为某工程对数据采集装置的自检报告。

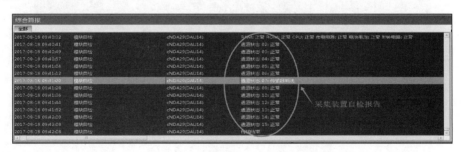

图 7-13　数据采集装置的自检报告图

4. 系统警报

系统报警功能主要监视数据库系统数据，一旦监视到数据缺数、数据越限、数据变幅这几类数据异常便发出报警。报警级别分为一、二、三级，其中一级报警等级最高。可定义报警发送策略，选择向某些用户发送屏幕或者短信方式的报警。系统产生报警后，向局域网内所有机器广播报警信息，用户登录系统后可查询历史报警记录。报警界面示意图如图7-14所示。

图7-14 报警界面示意图

7.5.3 考核验收

安装调试完成后开展预验收工作，正式验收在系统试运行期满时进行。试运行期为1年。可申请正式验收并应满足以下要求。

7.5.3.1 整体要求

（1）监测自动化系统各项要求应符合设计、规范的规定。

（2）监测自动化系统竣工验收应提供以下专项报告：

1）设备安装调试单位应提交竣工验收申请报告，并提交系统安装调试报告、系统硬软件设备清单、系统硬软件使用说明书。

2）设计单位应提交监测自动化系统设计报告，报告中应包含在工程实施中发生的增补变更内容。

3）土建施工单位应提交监测自动化系统土建工程施工报告。

4）工程监理单位应提交监测自动化系统工程监理报告。

5）运行管理单位应提交监测自动化系统试运行报告。

（3）监测自动化系统的质量缺陷分为严重缺陷和一般缺陷，合格的项目或仪器设备应无严重缺陷。其有关项目的严重缺陷和一般缺陷见《大坝安全监测系统验收规范》（GB/T 22358—2008）。

7.5.3.2 验收指标

在业主、设计、监理及施工等单位的见证下，试运行单位通过现场操作和测试以检验安全监测系统性能及功能各方面是否满足正常运行要求。现场操作和测试工作主要有以下几项：

1. 系统功能

通过数据采集装置较易实现以下功能：

（1）数据采集。实现定时测量、人工选测、测点群设置、时钟设置、取测值等操作。

（2）数据处理。实现公示编辑管理、换算整编等功能。

（3）资源管理。能进行测点及采集装置的编辑管理，数据导入、导出，图形管理，报表制作等功能。

（4）诊断与报警。实现采集装置自检，异常报警。

2. 系统稳定性

试运行期监测数据的连续性、周期性好，无系统性偏移，能反映工程监测对象的变化规律；自动测量数据与对应时间的人工实测数据比较变化规律基本一致，变幅相近；在被监测物理量基本不变的条件下，系统数据采集装置连续15次采集数据的精度应达到监测仪器的技术指标要求。如在数据连续性好、人工测值与自动化测值变化规律相一致的前提下，对某工程的静力水准短期稳定性测试如下：根据大坝结构和运行特点，假定在较短时间内库水位、气温、水温等环境量基本不变，则静力水准的测值也应基本不变。通过自动化监测系统在短时间内连续测读15次，由15次测值计算其中误差，根据中误差评价静力水准重复读数精度及测值稳定性，其计算方法如下：

15次测值分别为 x_1、x_2、$\cdots$、x_{15}；

实测数据算术平均值为

$$x = \frac{\sum\limits_{i=1}^{n} x_i}{n} \quad (n = 15)$$

对短时间内重复测试的数据，根据短期重复测试中误差公式求得静力水准测值中误差均小于±0.10mm 的控制标准，满足短期稳定性要求。短期稳定性测试表见表 7-3。

3. 系统可靠性

系统可靠性采用平均无故障工作时间（$MTBF$）和数据缺失率（FR）两个指标进行考核。

（1）考核指标。

1）平均无故障工作时间。平均无故障工作时间是指两次相邻故障间的正常工作时间。考核期一般为考核日之前 1 年。

故障定义为：系统内测点（排除传感器原因）在一定时间内不能正常工作，造成所控制的测点测值异常或停测 1 周以上，称为测点发生故障；如果测点不能正常工作，但 1 周内能恢复正常，则不计故障次数，但应计故障天数。

采集子系统平均无故障时间即各测点平均无故障时间平均值，计算式为

$$MTBF = \frac{1}{n} \sum_{i=1}^{n} \frac{t - t_i}{r_i} \times 24 \tag{7-1}$$

仪器编号：BJ1-1		测试时间：2017-8-2		仪器编号：BJ2-1		测试时间：2017-8-2	
测次	读数 A	均差 $A-a$	$(A-a)^2$	测次	读数 A	均差 $A-a$	$(A-a)^2$
1	1.75	−0.0060	0.000024	1	1.86	−0.0027	0.0000
2	1.75	−0.0060	0.000024	2	1.85	−0.0127	0.0002
3	1.75	−0.0060	0.000024	3	1.86	−0.0027	0.0000
4	1.75	−0.0060	0.000024	4	1.86	−0.0027	0.0000
5	1.75	−0.0060	0.000024	5	1.86	−0.0027	0.0000
6	1.75	−0.0060	0.000024	6	1.87	0.0073	0.0001
7	1.76	0.00400	0.000024	7	1.87	0.0073	0.0001
8	1.76	0.00400	0.000024	8	1.87	0.0073	0.0001
9	1.76	0.00400	0.000024	9	1.87	0.0073	0.0001
10	1.76	0.00400	0.000024	10	1.87	0.0073	0.0001
11	1.76	0.00400	0.000024	11	1.86	−0.0027	0.0000
12	1.76	0.00400	0.000024	12	1.86	−0.0027	0.0000
13	1.76	0.00400	0.000024	13	1.86	−0.0027	0.0000
14	1.76	0.00400	0.000024	14	1.86	−0.0027	0.0000
15	1.76	0.00400	0.000024	15	1.86	−0.0027	0.0000
平均值 a	1.756	合计	0.00036	平均值 a	1.8627	合计	0.00050
中误差 M	±0.0060			中误差 M	±0.0070		

式中 t——考核期天数；

         t_i——考核期中故障天数；

         r_i——考核期内第 i 个测点出现的故障次数；

         n——采集子系统中测点的个数。

2）数据缺失率。数据缺失率是指未能测得的数据个数与应测得的数据个数之比，即

$$FR = \frac{NF}{NM} \tag{7-2}$$

式中 NF——未测得的数据个数；

         NM——应测得的数据个数。

（2）评价标准。

1）无故障工作时间。以 1 年的时间为考核期，参照我国现行行业标准制定如下考核的标准：$MTBF \geqslant 6300h$ 时为合格；$MTBF < 6300h$ 时为不合格。

2）缺失率。根据国内自动化监测系统的现状和大坝安全监测的需要，参照我国现行行业标准制定如下考核的标准：$FR \leqslant 3\%$ 时为合格；$FR > 3\%$ 时为不合格。

平均无故障工作时间和数据缺失率共同作为系统可靠性的考核指标。平均无故障工作时间主要作为短时间不可修复的故障次数的考核，数据缺失率作为即时可修复的故障而导

致数据缺失或因为系统维护等方面原因而致使数据采集缺失的考核，两者结合后对系统的可靠性作出评价。

4. 比测指标

系统实测数据与同时同条件人工比测数据偏差 δ 保持基本稳定，无趋势性漂移。与人工比测数据对比结果 $\delta \leqslant 2\sigma$。某工程对垂线比测指标进行考核，过程如下：在引张线线体中间部位 C8 测点通过标准量块给予一定的变化量，人工和自动化两种手段读取变形值，设自动测量结果为 $A_{自}$，人工读取钢板尺推移值为 $B_{人}$，则两者差值 $\delta = \mid A_{自} - B_{人} \mid$，采用方差分析的方法评价。$\delta$ 为实测位移量与标定量的差值，σ 为测试中误差，中误差计算公式为

$$\sigma = \pm \sqrt{\sigma_{自}^2 + \sigma_{人}^2} \tag{7-3}$$

式中　　$\sigma_{自}$——自动化监测系统测量精度；

　　　　$\sigma_{人}$——人工标定精度。

考虑遥测引张线仪的精度（0.1~0.2mm），自动化测量精度取 0.15mm；考虑现场人工测量时综合误差，人工测量精度取 0.15mm，则确定本次仪器鉴定的标准为：$\delta \leqslant 2\sigma$ 时为合格；$\delta > 2\sigma$ 时为不合格。

根据表 7-4 可知，引张线各点人工和自动化监测系统测量差值均小于 2σ（即 0.42mm），由图 7-15 可知，在相同条件下自动化与人工变化过程线一致。综上可知大坝引张线测点比测指标合格。

表 7-4　　　　　　　　　　　左岸坝顶引张线比测成果表　　　　　　　　　　单位：mm

仪器编号	距离/m	自动化测值			人工测值（标尺读数）			理论值	$A_{自} - B_{人}$
		状态 1	状态 2	变形值/$A_{自}$	读数 1	读数 2	变形量/$B_{人}$		
左端点	0			0			0	0	
C1	40.0	−5.84	−7.95	2.11	33.8	32.0	1.8	2.38	−0.27
C2	59.0	−4.61	−7.94	3.33	26.6	23.2	3.4	3.51	−0.07
C3	77.0	−5.22	−9.65	4.43	30.9	26.6	4.3	4.58	0.13
C4	95.0	−3.03	−8.28	5.25	23.7	18.4	5.3	5.64	−0.05
C5	114.0	0.32	−6.00	6.32	38.2	31.6	6.6	6.77	−0.28
C6	135.9	4.05	−3.77	7.82	41.4	33.5	7.9	8.07	−0.08
C7	152.1	5.45	−3.51	8.96	42.0	32.9	9.1	9.04	−0.14
C8	168.3	6.33	−3.91	10.24	35.9	25.5	10.4	10.00	−0.16
C9	184.5	6.28	−2.49	8.77	38.1	29.4	8.7	8.88	0.07
C10	200.7	5.03	−2.49	7.52	38.3	30.9	7.4	7.76	0.12
C11	216.9	4.07	−2.22	6.29	40.6	34.2	6.4	6.65	−0.11
C12	234.1	2.95	−2.19	5.14	39.4	34.0	5.4	5.46	−0.26
C13	249.2	3.32	−0.62	3.94	34.3	30.0	4.3	4.42	−0.36

仪器编号	距离/m	自动化测值			人工测值（标尺读数）			理论值	$A_自 - B_人$
		状态1	状态2	变形值/$A_自$	读数1	读数2	变形量/$B_人$		
C14	265.2	2.43	−0.72	3.15	36.4	32.9	3.5	3.31	−0.35
C15	281.2	−0.27	−2.25	1.98	47.4	45.2	2.2	2.21	−0.22
C16	297.2	0.79	−0.11	0.90	38.0	36.8	1.2	1.10	−0.30
右端点	313.2			0			0	0	

注 1. 在测点 C8 处夹线，两次间给定标准量块 10mm 位移，夹线 2 相对夹线 1 是将线体向下游方向移动。

2. 引张线仪的精度为 0.10～0.20mm，考虑运行年限较久环境较差取自动化监测系统测量精度 0.2mm；现场标定时 $\sigma_标 = 0.20$mm，则 $\sigma = \sqrt{\sigma_实^2 + \sigma_标^2} = 0.21$mm；允许误差为 0.42mm。

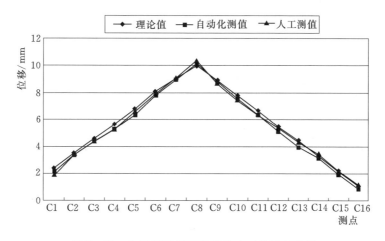

图 7-15 左岸坝顶引张线线体人工检测实验图

7.6 安全监测自动化系统维护

安全监测的主要目的是及时发现工程在施工、蓄水及运行期的异常状况，通过对监测数据的分析及预判，对可能出现的危险状况进行预警并提出相应处理建议。然而无效或错误的数据不仅不能反映工程的运行状态，甚至会误导做出错误的判断，这就要求安全监测系统必须具有较高的准确性与稳定性。为实现这一效果，首先必须加强对安全监测自动化系统的巡视检查，及时发现数据缺失及数据错误等异常现象；其次是规范开展安全监测自动化系统维护工作，以确保得到连续、有效的安全监测数据。在开展安全监测自动化系统维护时应遵循先软件检查，后进行现场检查维护的原则。

7.6.1 系统维护总体要求

（1）应按监测系统的特点，从环境、安全、防护和功能等几个方面进行维护。监测系统维护应满足系统正常运行的要求，包括检查、检验、清洁、维修和保养等工作，保持各类监测设施标识完整、清晰。

（2）监测系统维护主要包括日常检查维护、年度详查维护、定期检查维护和故障检查维护。日常检查维护可结合日常监测进行；年度详查维护可结合汛后检查进行；定期检查维护可结合大坝安全定期检查进行。监测系统维护内容和频次按附录Ⅱ执行。

（3）监测数据出现异常时，应对相关的监测仪器设备进行检查。安全监测自动化系统采集的数据出现异常时，应对系统及时进行检查，并与相关传感器测值的人工测值进行比较。

（4）日常应对测点、监测站、监测管理站、监测中心站的仪器设备及相关电源、通信装置等进行检查。每季度对安全监测自动化系统进行1次全面检查，定期对传感器及其采集装置进行检验。

（5）应定期对光学仪器、测量仪表、传感器等进行检验；有送检要求的仪器设备，应在检验合格的有效期内使用。

（6）监测系统检查维护情况应参照附录Ⅱ进行记录；监测仪器设备进行维护或更换后，应做详细记录。

（7）对自动化测点宜每半年进行1次人工比测，人工测值和自动化测值之差超过限差时，应对传感器及数据采集装置等进行检查，相关限差要求按《大坝安全监测自动化技术规范》（DL/T 5211—2005）、《大坝安全监测自动化系统实用化要求及验收规程》的规定执行。自动化系统每年进行1次绝缘度检查。

（8）对安全监测自动化系统采集的数据进行检查，发现数据缺失率高、异常数据增多时，应及时查明原因。

（9）安全监测自动化系统的主设备、宜损件、保护性器件应配备必需的备品、备件。

（10）具有访问功能的自动化系统，在进行远程诊断和维护时，应按规定的程序，由经过授权的管理人员进行操作，操作完成后应及时关闭该功能。

（11）应建立专门的自动化维护日志，做好记录并存档。

7.6.2　传感器及配套设施

大坝安全监测的主要手段有两种，一是巡视检查，二是仪器监测。巡视检查主要取决于作业人员的经验水平及工作态度，此处不再赘述。仪器设备在满足安全监测的功能要求外，还必须具有较高的性能，因为水工建筑物安全监测的仪器设备运行环境普遍较为恶劣，但为保证其长期稳定性、高可靠性及高精度的要求，首先必须规范施工安装。其次定期开展维护、保养，延长使用寿命。各类仪器设备具体维护、保养见第3～5章。

7.6.3　电源系统

7.6.3.1　系统供电

监测系统普遍采用双电源设计，主要有 UPS、空气开关等相关配件。供电系统普遍较为稳定，只有在全厂停电或雷击时才会出现供电故障。当系统供电异常时，判断为非全厂停电后应检查电源总线上是否存在跳闸、短路或断路等现象，并应由专业技术人员检查处理。

UPS，即不间断电源，主要有飞轮式和蓄电池式。由于飞轮式不间断电源因体积和噪声等限制了使用场景，目前蓄电池式不间断电源应用更为广泛。蓄电池式不间断电源主要有免维护蓄电池、控制电路和逆变器等相关配件组成。蓄电池式不间断电源有后备式、在线式和在线互动式三类。工作中将输入的50Hz、220V交流电以稳定电压和纯净的电源形式输出，并在外部输入电源断电后继续为设备提供一定时长的电源。

7.6.3.2　太阳能供电

大坝安全监测自动化系统在使用太阳能电池供电运行时，安全监测系统部分采集装置因供电故障导致无法正常运行，普遍为以下4种故障现象。

（1）电源开关处无输出电压。万用表量测电压正常，但输出电压为0，基本判断为开关熔丝故障，更换熔丝即可。

（2）电源开关处无输入电压。万用表量测电源开关处输入电压，先检查输入端接线外观是否存在接触不良或锈蚀，如有松动则需要紧固使接触良好；对于电缆接头锈蚀，更换全新的接头后装好测试。若故障未消除需要对蓄电池电源输出端进行检查，如蓄电池端工作正常，则需要检查输出端接线外观和导电性，无异常时可通过更换蓄电池再测试；反之需要更换电缆接头或电缆后进行检查。电源开关处故障依旧未消除时需要对太阳能电池的输出电压进行检查，必要时通过更换太阳能电池进行测试。

（3）电源正负极接反。电源开关处电压检查均未发现电压数值异常，但采集装置依旧无法正常工作。由于采集装置时通过直流供电工作，故对于电源输入的正负极须正确无误。通过检查核对电源正负号标识，确认电源接线正负极正确连接。

（4）断路或短路。对于断路，使用万用表检测时无电流通过，但有电压存在，通过核对开关接触确认其是否存在接触不良或合闸不成功的情形即可；对于短路，检查时电压和电流均未被检测到，通过检查过流保护器开关工作即可确认短路发生区间，消除短路故障后即可恢复供电。

7.6.3.3　电源模块

供电系统正常，但安全监测系统部分采集装置无法正常运行，普遍为以下4种故障现象。

（1）无输出电压。试电笔量测输入220V电源正常，但输出电压为0，基本判断为回路熔丝故障，更换电源模块即可恢复正常。

（2）电压输出异常。输入220V电源正常，量测输出电压异常，基本有两种诱因：①在电源模块无负载时，输出电压仍异常，则为电源模块内部线路板或蓄电池故障；②电源模块无负载时输出正常，加负载后输出异常，则可判断为数据采集模块故障，更换后即可恢复。

（3）无交流供电后模块无电压输出。当供电系统停止而UPS运行时，电源模块无电压输出，可判断为蓄电池无电或已损坏，对蓄电池进行充电后仍无法输出则可判断蓄电池故障，需更换相同型号的蓄电池以备后用。

（4）供电系统正常而模块无电源输入。此现象表现为系统供电正常，而部分数据采集装置或支线无电源输入，普遍原因是雷雨天气造成监测站内熔断器或电源防雷模块故障，更换后即可恢复。

7.6.4 通信系统

系统供电正常，但安全监测系统无法完成数据采集工作，根据故障现象可以分为4种类型。

7.6.4.1 端口设置类通信故障

当出现全部数据采集装置均通信故障时，应首先检查计算机的通信口设置是否有变动。以五凌电力某电厂为例（图7-16），若系统设置端口号被其他软件占用则导致通信失败，更改其他软件端口设置即可恢复通信。

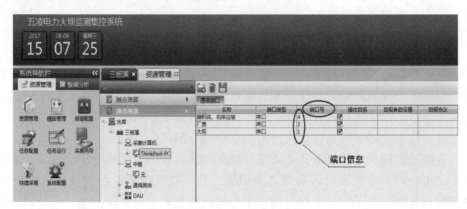

图7-16　通信端口示意图

7.6.4.2 通信转换器类通信故障

转换器类故障主要根据通信信号传输介质的不同分为RS-485转换器故障和光电转换器故障两种类型。

1. RS-485转换器故障

首先检查转换器指示灯是否亮起，若指示灯不亮则转换器故障。其次将转换器在空载的情况下接在电脑的串口上，测A、B之间是否有5V左右的电压值，有则正常，无则表明转换器已故障，需更换相同型号的转换器。

2. 光电转换器故障

如果发现光电转换器连接有问题，按以下方法进行测试，以便找出故障原因。两端电脑对PING，如可以PING证明光电转换器没有问题。如近端测试都不能通信则可判断为光电转换器故障。光纤转换器故障主要有以下现象：

（1）Power灯不亮。电源故障，检查电源回路。

（2）Link灯不亮。检查光纤线路是否断路；检查光纤接口是否连接正确，本地的TX与远方的RX连接，远方的TX与本地的RX连接；检查光纤连接器是否完好插入设备接口，跳线类型是否与设备接口匹配，设备类型是否与光纤匹配，设备传输长度是否与距离匹配。

（3）电路Link灯不亮。检查网线是否断路；检查连接类型是否匹配：网卡与路由器等设备使用交叉线，交换机、集线器等设备使用直通线。

（4）网络丢包严重。可能故障如下：

1）光电转换器的电端口与网络设备接口，或两端设备接口的双工模式不匹配。

2）双绞线与RJ-45头有问题。

3）光纤连接问题，跳线是否对准设备接口，尾纤与跳线及耦合器类型是否匹配等。

（5）光电转换器连接后两端不能通信。有可能光纤接反了，TX和RX所接光纤对调；RJ45接口与外接设备连接不正确（注意直通与铰接），光纤接口（陶瓷插芯）不匹配。

7.6.4.3　无线通信类通信故障

随着无线通信技术的迅速发展，适用于安全监测自动化系统的超短波、GPRS以及ZigBee等无线通信技术逐渐得到广泛应用。在广泛应用无线通信技术的同时，其故障维护也变得日趋重要。在开展故障维护前必须熟悉各通信系统的结构组成，这样才能准确判断无线通信中的故障点、故障源，才能高效开展故障维护。超短波及GPRS无线通信监测系统组成如图7-17及图7-18所示。

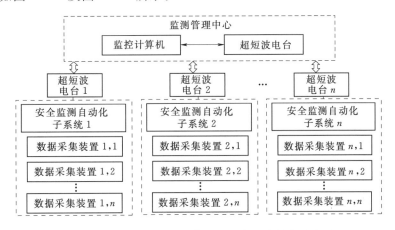

图7-17　超短波无线通信监测系统组成结构示意图

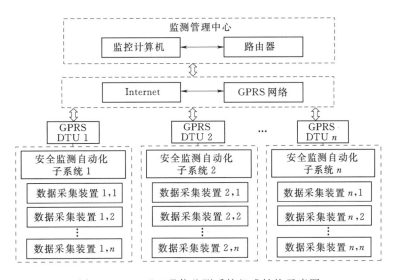

图7-18　GPRS通信监测系统组成结构示意图

由无线通信结构图可以看出，在供电正常的情况下故障点主要发生在信号收发及信号稳定上。当无线通信方式通信失败时，首先检查是否欠费或相应业务状态是否正常；其次现场检查是否因长期运行仪器过热导致路由器、收发器死机。当存在明显天气变化等外部因素时，可改变时段进行测量。当出现新的干扰源导致通信故障时，需邀请专业人员进行测试后分析后，制定专业方案屏蔽干扰。

7.6.4.4 线路故障

排除以上几类故障且出现全部或成片数据采集装置通信不通时，基本为线路或数据采集装置故障，现仅就通信线路故障问题进行阐述，数据采集装置故障见7.6.5节。通信线类故障可按以下两种线形开展维护工作。

1. RS-485 通信线类故障

鉴于 RS-485 通信线的特点一般会出现以下故障现象：

（1）因鼠咬或人为破坏导致线路短路，通信线如图 7-19（a）所示，此时需断开电源荷载，连接通信线一端，在另一端通过万用表量测通断可查出故障源。

（2）线路接点氧化或松动导致通信失败，应确保焊接牢固，包扎严密，避免虚焊或包扎不严密而有水浸入的现象发生。

（3）确保 A、B、G 3 个接线端子均牢固，特别是数据采集装置附近存在振动的区域，应加强检查，避免因振动导致接线端子松动引起 A、B 线接触不良或屏蔽线未有效接地。

（4）接线端子连接时应使用冷压头，因双绞线每芯由 16 股的 0.2mm 的导线组成，未使用冷压头时易造成 A、B 线在接线端子处短路，引起通信故障，具体接线形式如图7-19（b）所示。

（5）存在 485 集线器的会出现成片数据采集装置通信不通的现象，此时应对 485 集线器进行检查维护或更换备品。

（6）日常巡视时检查通信线走线，避免新增电源线与通信线接触并行引起共模干扰，无法避免时采用镀锌管屏蔽。

（a）通信线鼠咬破坏图　　　　　（b）通信端子规范接线图

图 7-19　通信线

2. 光缆通信故障

光缆通信越来越多地应用在安全监测布线中，其故障的判断与维护也变得尤为重要，目前在安全监测工作中光缆故障主要有以下类型：

（1）因施工、塌方、偷盗等外力导致破坏导致光缆线路断路。通过可见光（如激光笔）在光缆跳线一端照光，在另一端观察，无光源则线路断路。

（2）光纤收发器故障。通过光纤收发器信号指示灯（FX）来判断是否正常。

（3）跳线端面污染导致通信故障。由光纤工作原理可知，必须保证端面清洁无划痕才能保证信号有效传输，若端面污染，先用酒精棉沿同一方向反复擦拭，然后用镜头纸擦拭至端面面对光源折射耀眼反光为止。存在划痕则需更换跳线，更换后需对端面是否存在污渍、汗纹等进行检查。图7-20是通过光显微镜观察到的几种端面情况图。

 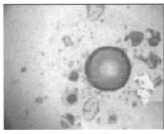

（a）清洁的端面　　　　　　　（b）有指纹污渍的端面　　　　　　　（c）有灰尘的端面

图7-20　光显微镜观察到的几种端面情况图

（4）因焊点多、跳线断裂以及光纤、耦合器质量差等引起信号衰减严重，需通过光功率计仪表检信号衰减，正常情况下发光功率为：多模-10~18dB之间；单模20km为-8~15dB之间；单模60km为-5~12dB之间；若光纤收发器的发光功率在-30~45dB之间。如不能通过衰减值确定光纤是否故障，可通过对比测量相同条件下正常使用的光纤的衰减值。测试前应注意根据线缆和连接器的种类选择对应型号的测试仪，因线路质量问题引起衰减而不易解决时可考虑采用光纤信号放大器来增强信号。

（5）光纤信号放大器故障。通过面板显示如实际输出相比较，若同步则正常，不同步则更换相同型号的光纤信号放大器。

3. 线路拥堵

在安全监测中，存在一种特殊的通信故障，即线路拥堵。当发生雷雨天气时，因感应雷的影响，造成个别模块功能错误，使其始终重复向监测管理中心发送信息，长期占用通信总线，致使整个采集系统通信故障。此时需逐节断开进行断电复位处理，分级排查即可消除故障。

7.6.5　数据采集装置

安全监测中当电源模块输出电压正常、通信系统正常的情况下，数据采集装置常常也是系统故障常发点。数据采集装置故障普遍为单个现象，除因大的雷雨天气会造成成片数据采集装置故障外，其他情况下成片数据采集装置故障基本为通信问题，可按通信类故障进行查找解决。数据采集装置的故障主要表现为通信故障、测量数据异常以及功能性故障等。

7.6.5.1　通信故障

通信类故障存在以下情况：

（1）地址丢失。通过笔记本电脑或手持操作仪检查数据采集装置地址参数，在雷击或经长时间运行的数据采集装置会出现丢地址的现象，地址丢失后重新进行地址及相应参数设置即可。

（2）通信端口类故障。首先检查现场接线端子是否存在松动及氧化现象，存在松动或氧化现象的进行紧固和除去氧化层操作，有条件的更换冷压头及接线端子。

（3）数据采集装置电源类故障。故障表现一为数据采集装置电源正常，但通信呼叫无应答。故障表现二为不带数据采集装置时输入电源正常而带数据采集装置时电源不正常，可判断为数据采集装置激励电源故障。两种故障现象均需更换备用数据采集装置。

7.6.5.2　测量数据异常

数据采集装置测量数据异常，主要表现为部分传感器测值异常和全部传感器测值异常两种情况。出现全部传感器测值异常时即可判断数据采集装置故障，需更换备用数据采集装置并进行相应的时钟、通道集合及测量周期的设置即可恢复测量。全部传感器测值异常普遍显示为测值 ERROR、测值为 0 和测值错误三种情况，具体如图 7-21 所示。

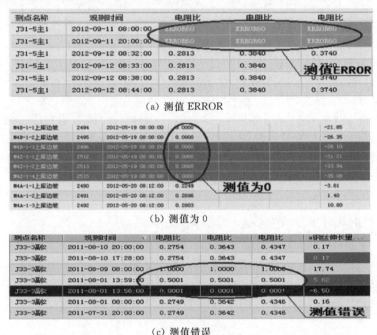

图 7-21　全部测值异常现象图

数据采集装置上部分传感器测值异常时，会存在数据采集装置通道故障和传感器故障两种可能。传感器故障见传感器维护部分，通道故障时，首先通过采集软件进行自检判断通道情况，判断完成后现场用交换通道的方法进行进一步确认是通道故障还是传感器故障，若为通道故障，交换到正常通道后即可消除故障。如在某工程中锚杆应力计进行单检测值为 1466.5Hz，自动化定时测值为 0，用便携式仪表测试频率值为 1466.9Hz，初步判断仪器正常。自动化再次测量仪器测值仍为 0，可判断通道故障，将锚杆应力计由原来的 5 通道改为 11 通道并进行相应自动化设置后，测值恢复正常。若更换通道且经便携式仪表测量均显示异常的，可初步判定为传感器故障。

7.6.5.3 功能性故障

功能性故障主要表现在时钟异常和定时存储失败两方面。发现时钟异常时，可通过采集系统进行时钟设置，若设置后仍异常的，即可判定为数据采集装置内部时钟故障。定时存储失败需通过监测系统的巡视检查才能发现，如对某大坝安全监测系统的巡视检查时发现数据采集装置 NDA56 无值，在系统中对 NDA56 进行查询时钟及选测均成功，对模块进行定时测量并取测值失败，判断模块数据存储功能故障。更换备用模块并进行测点群及测量周期等相关设置，模块恢复正常。

7.6.6 计算机及软件系统

大坝安全监测系统的稳定运行，离不开强有力的计算机软、硬件支持。与早期采用逻辑电路的自动化装置不同，软件是计算机自动化监控系统不可缺少的组成部分。一个完整的计算机自动化监控系统，必然由硬件和软件两部分组成。监控系统软件是随着计算机监控系统的发展而逐渐发展起来的，其主要包括系统软件、应用软件和支持软件。

7.6.6.1 计算机及配套设备

计算机的组成主要由主机、显示设备、外设设备组成。主机主要包括中央处理器（CPU）、主板、内存条、硬盘、显卡、光驱、机箱、电源；显示设备主要以 LED 显示器为主，根据需要还可使用投影仪作为显示设备；外设设备主要包括鼠标、键盘、音箱、可移动设备（U 盘、移动硬盘、通信转换器）等。

计算机设备发生故障主要以主机故障为主，一般来说，LED 显示设备无故障使用时间可达到 50000h 以上，一般不会出现故障；外设设备作为人机交互的主要途径，使用频率最高，故障情况较多，一般出现故障表现明显且无法进行维修，外设设备成本较低，多以更换为主。

主机作为计算机的核心部件，一旦出现故障必须立即排除，否则计算机无法使用，一般来说以内存、显卡、电源、主板故障居多，在检查、拆装、送检之前，必须对计算机内重要数据进行备份。

1. 电源故障

电源故障多发生在雷雨天气后或频繁断电后，表现为显示器无显示、主机无法开机。出现该情况需确认电源输入电压是否正常，若电压正常，电源线连接无误，则可判断为电源故障，出现该类故障需更换主机电源。

2. 内存故障

内存故障多发生在搬动主机箱或对机箱内进行清理后，表现为运行时突然出现蓝屏，开机后显示器无显示、出现一长一短的报警声，常见于使用时间较长的电脑。因主板内存条插槽老化，或因灰尘较多造成内存条金手指与插槽接触不良，可使用橡皮对内存条金手指进行擦拭，并使用毛刷对主板内存条插槽进行清理后，重新插入内存条后尝试开机。若有多根内存条，可采用交换插槽、单独测试等方法判断具体故障内存条。出现该类故障若进行清理后仍无法开机，则需更换内存条。

3. 显卡故障

显卡可分为集成显卡和独立显卡。集成显卡主要集成在 CPU 核心中，独立显卡一般插在主板 PCI－E 插槽上。显卡故障的发生无明显规律性，表现为计算机运行时突然出现花屏、蓝屏现象，重新开机后出现一长两端的报警声。集成显卡与 CPU 核心高度集成，一般不会出现故障，独立显卡出现该故障可对独立显卡进行拔插，清理显卡金手指和主板 PCI－E 插槽，重新插入显卡后进行测试，若仍无法开机，则可判断为显卡故障，需更换显卡或将显示器信号线插入机箱背面的 VGA/DVI 接口上即可使用 CPU 内集成显卡运行。

4. 主板故障

主板出现故障多为电源老化或雷击引起，在雷雨天气下雷击中电源使电压突然升高，引起主板上各类元件损毁，表现为通电后无法开机，操作系统运行缓慢，显示器蓝屏、花屏，重新开机后主板出现各类报警音等现象。出现该类情况时，可使用替换法对可拆卸的 CPU、内存、硬盘、独立显卡、电源等设备接入到运行正常的计算机进行测试，判断是否出现问题，若以上设备均正常，则可判断为主板故障，需对主板进行更换。

7.6.6.2 计算机网络

计算机网络是指将地理位置不同的具有独立功能的多台计算机及其外部设备，通过通信线路连接起来，在网络操作系统、网络管理软件、网络通信协议的管理和协调下，实现资源共享和信息传递的计算机系统。网络出现故障时，监测数据采集、传输中断，需及时进行维护处理。网络故障的排除可依照以下流程进行故障排除。

（1）在操作系统内可对网络情况进行初步检查。以 Windows 7 操作系统为例，可在通知区域查找网络图标，查看图标显示状态，若为 ▨ 图标，则可判断为网线故障，需对网线连接情况进行检查。若为 ▨ 图标，可进入操作系统"网络共享中心"，选择"更改适配器设置"，点开本地连接属性对话框中的"Internet 协议版本 4（TCP/IPv4）"对网络参数如 IP 地址、IP 地址获取方式、DNS 服务器地址进行检查是否获取到正确的 IP 地址，若 IP 自动获取为 169.54.×××.×××格式，则可判断为 IP 地址获取错误，需检查上一级网络设备如路由器、交换机进行断电重启，并检查其 DHCP 功能是否正常，普通路由器所分配的 IP 地址一般为 192.168.1.×××或 192.168.0.×××。

（2）若网络仍不通，则考虑网卡驱动是否正常。可对原网卡驱动进行卸载，下载并重新安装网卡驱动，若仍旧不通，可使用 360 安全卫士、腾讯电脑管家等软件对网络 LSP 服务进行重置，计算机病毒有时会对网络访问进行劫持，导致无法上网，必要时可备份计算机内重要数据并重新安装操作系统。

（3）若操作以上步骤仍无法访问网络，可对网线、计算机进行替换排查。经过雷雨天气后，主板上集成的网卡可能遭受雷击导致损坏，必要时可添加独立网卡进行配置检查。

（4）若出现可以登录 QQ、腾讯通等即时通信软件，但无法打开网页的情况，需检查本地连接 DNS 服务器地址是否正确。各省份电信运营商 DNS 服务器地址各不相同，以湖南为例，电信 DNS 主服务器地址为 222.246.129.80，备用服务器地址为 59.51.78.210。

（5）若出现网络时断时续的情况，排除网卡故障的原因影响后，可在上一级网络设备中检查客户端计算 IP 地址分配情况。若同一级子网内存在多个路由器且 DHCP 服务分配的 IP 地址段相同，可能导致该子网内计算机 IP 地址分配冲突，使网络连接出现时断时续现象。可对子网内各路由配置不同的 DHCP 分配规则，如 A 路由分配以 192.168.1.×××的 IP 地址，B 路由分配为 192.168.2.×××的 IP 地址。

7.6.6.3 计算机软件

计算机软件总体分为系统软件和应用软件两大类。系统软件是各类操作系统，如 Windows、Linux、UNIX 等，还包括数据库管理、程序语言软件、运行环境软件、操作系统的补丁程序及硬件驱动程序。应用软件可以细分的种类很多，如工具软件、游戏软件、管理软件等。计算机软件出现故障的原因是多面化的，硬件设备故障、计算机病毒破坏、人为误操作都会使软件运行出现不同程度的错误。软件故障原因及解决步骤主要分为以下几类：

（1）计算机硬件故障。计算机硬件故障是显而易见的，一旦硬件设备出现故障或因硬件驱动程序错误均会导致计算机无法正常开启，操作系统软件无法正常运行，需根据故障现象进行排除。

（2）计算机病毒破坏。排除硬件故障原因影响，常见的软件故障主要以计算机病毒破坏为主，典型现象表现为自动开关机、储存文件莫名丢失、系统资源占用过高等。出现计算机中毒现象，应对操作系统进行病毒查杀或重新安装，重新安装操作系统前应对数据库及软件程序进行备份。

（3）人为因素影响。在运行使用软件的过程中，人为误操作、误删除软件运行文件等情况时有发生，软件配置正常但无法正常启动时，根据软件提示检查程序文件是否完整、运行环境软件配置是否正确，必要时可重新对软件进行安装或升级。

（4）系统配置影响。操作系统和部分杀毒软件均带有防火墙功能，计算机优先使用杀毒软件防火墙。当软件出现不能正常连接时，应检查防火墙配置是否正常，软件通信端口是否被防火墙通信规则所允许。可打开杀毒软件和计算机控制面板，分别对杀毒软件防火墙及计算机防火墙例外规则或白名单进行配置。

（5）软件工作正常但计算结果有误时，应首先检查软件系统内计算参数等信息设置情况，若有误应及时更正参数重新计算。

参 考 文 献

[1] 水工设计手册·第十一卷 [M]. 2 版. 北京：中国水利水电出版社，2013.
[2] 何勇军，刘成栋，向衍，等. 大坝安全监测与自动化 [M]. 北京：中国水利水电出版社，2008.
[3] 许长亭，周大鹏，王瑞，等. 喀左县瓦房店水库大坝安全监测系统土建中的问题与解决方法 [J]. 现代农业科技，2007（18）：224-225.
[4] 方卫华. 水工建筑物安全监测自动化技术研究 [D]. 南京：河海大学. 2006.
[5] 中华人民共和国国家发展和改革委员会. DL/T 5211—2005 大坝安全监测自动化技术规范 [S]. 北京：中国电力出版社，2000.
[6] 中国国家标准化管理委员会. GB/T 22358—2008 大坝安全监测系统验收规范 [S]. 北京：中国标准出版社，2009.
[7] 国家能源局. DL/T 1558—2016 大坝安全监测系统运行与维护规程 [S]. 北京：中国电力出版社，2016.

附录Ⅰ 相关法规及标准

为便于了解大坝安全监测的法律依据，现收集了大坝安全监测相关法律法规条文，以便于了解大坝安全监测的法律依据。同时给出相关部门规章，重点了解大坝安全监测作为大坝安全管理的重要组成部分，其在大坝安全管理中的意义。而大坝安全监测规程规范是做好大坝安全监测的技术依据，有利于相关技术人员从设计（仪器生产）、安装调试（埋设）、验收、维护和报废全过程把握大坝安全监测的技术依据。本部分主要给出电力系统相关标准，未列出水利系统标准。

1.1 法律法规

1. 《中华人民共和国防洪法》（主席令第 88 号 1998 年施行）

2. 《中华人民共和国水法》（2002 年 10 月 1 日施行）

3. 《中华人民共和国突发事件应对法》（主席令第 69 号）

4. 《中华人民共和国安全生产法》（主席令第 13 号 2014 年 12 月 1 日最新版）

5. 《水库大坝安全管理条例》（国务院令第 77 号）

6. 《电力安全事故应急处置和调查处理条例》（中华人民共和国国务院令第 599 号）

7. 《中华人民共和国水文条例》（国务院令第 496 号）

8. 《生产安全事故报告和调查处理条例》（国务院令第 493 号）

9. 《中华人民共和国防汛条例》（国务院令第 86 号）

10. 《电力监管条例》（国务院令第 432 号）

1.2 部门规章

1. 《水电站大坝运行安全监督管理规定》（发改委令第 23 号）

2. 《电力安全生产监督管理办法》（发改委令第 21 号）

3. 《电力监控系统安全防护规定》（发改委令第 14 号 2014 年）

4. 《水库地震监测管理办法》（中国地震局令第 9 号）

5. 《水电站大坝运行安全信息报送办法》（国能安全〔2016〕261 号）

6. 《水电工程验收管理办法》（2015 年修订版）（国能新能〔2015〕426 号）

7. 《水电站大坝安全注册登记监督管理办法》（国能安全〔2015〕146 号）

8. 《水电站大坝安全定期检查监督管理办法》（国能安全〔2015〕145 号）

9. 《电力企业应急预案评审与备案细则》（国能综安全〔2014〕953 号）

10. 《电力企业应急预案管理办法》（国能安全〔2014〕508 号）

11. 《国家能源局重大突发事件应急响应工作制度》（国能安全〔2014〕470 号）

12. 《电力安全事件监督管理规定》（国能安全〔2014〕205 号）

13. 《水电工程安全鉴定管理办法》（国能新能〔2013〕104 号）

14. 《水电站大坝除险加固管理办法》（电监安全〔2010〕30 号）

15. 《水电站大坝安全监测工作管理办法》（电监安全〔2009〕4 号）

16. 《水电站大坝运行安全信息化建设规划》（电监安全〔2006〕47 号）

17. 《水库防汛抢险应急预案编制大纲》（办海〔2006〕9 号）

18. 《关于明确水库水电站防汛管理有关问题》（国汛〔2005〕13 号）

19. 《水电站大坝运行安全信息报送办法》

1.3 通知意见

1. 《国家能源局关于小水电大坝办理注册登记注销手续有关事宜的复函》（国能综安全〔2016〕154 号）

2. 《国家发展改革委关于加强流域水电管理有关问题的通知》（发改能源〔2016〕280 号）

3. 《国家能源局关于加强电力企业安全风险预控体系建设的指导意见》（国能安全〔2015〕1 号）

1.4 标准规范

1.4.1 综合标准

1. 《混凝土坝安全监测技术规范》（DL/T 5178—2016）

2. 《土石坝安全监测技术规范》（DL/T 5259—2010）

3. 《水工建筑物强震动安全监测技术规范》（DL/T 5416—2009）

4. 《大坝安全监测自动化技术规范》（DL/T 5211—2005）

5. 《混凝土坝安全监测资料整编规程》（DL/T 5209—2005）

6. 《土石坝安全监测资料整编规程》（DL/T 5256—2010）

7. 《大坝安全监测系统运行与维护规程》（DL/T 1558—2016）

8. 《水电站水工建筑物技术监督导则》（DL/T 1559—2016）

9. 《大坝混凝土声波检测技术规程》（DL/T 5299—2013）

10. 《大坝安全监测自动化系统通信规约》（DL/T 324—2010）

11. 《大坝安全监测数据库表结构和标识符标准》（DL/T 1321—2014）

12. 《混凝土坝监测仪器系列型谱》（DL/T 948—2005）

13. 《土石坝监测仪器系列型谱》（DL/T 947—2005）

1.4.2 仪器标准

1. 《引张线装置》（DL/T 1565—2016）

2. 《垂线装置》（DL/T 1564—2016）

3. 《压阻式渗压计》（DL/T 1335—2014）

4. 《压阻式仪器测量仪表》（DL/T 1334—2014）

5. 《光电式（CCD）双金属管标仪》（DL/T 1273—2013）

6. 《多点变位计装置》（DL/T 1272—2013）

7. 《钢弦式位移计》（DL/T 270—2012）

8. 《钢弦式锚索测力计》（DL/T 269—2012）

9. 《步进式引张线仪》（DL/T 326—2010）

10. 《步进式垂线坐标仪》（DL/T 327—2010）

11. 《真空激光准直位移测量装置》（DL/T 328—2010）

12. 《电位器式仪器测量仪》（DL/T 1104—2009）

13. 《电位器式位移计》（DL/T 1135—2009）

14. 《钢弦式钢筋应力计》（DL/T 1136—2009）

15. 《钢弦式土压力计》（DL/T 1137—2009）

16. 《钢弦式仪器测量仪表》（DL/T 1133—2009）

17. 《光电式（CCD）静力水准仪》（DL/T 1086—2008）

18. 《差动电阻式锚杆应力计》（DL/T 1065—2007）

19. 《差动电阻式锚索测力计》（DL/T 1064—2007）

20. 《差动电阻式位移计》（DL/T 1063—2007）

21. 《光电式（CCD）引张线坐标仪》（DL/T 1062—2007）

22. 《水管式沉降仪》（DL/T 1047—2007）

23. 《光电式（CCD）垂线坐标仪》（DL/T 1061—2007）

24. 《引张线式水平位移计》（DL/T 1046—2007）

25. 《钢弦式孔隙水压力计》（DL/T 1045—2007）

26. 《钢弦式应变计》（DL/T 1044—2007）

27. 《钢弦式测缝计》（DL/T 1043—2007）

28. 《电容式量水堰水位计》（DL/T 1021—2006）

29. 《电容式静力水准仪》（DL/T 1020—2006）

30. 《电容式垂线坐标仪》（DL/T 1019—2006）

31. 《电容式测缝计》（DL/T 1018—2006）

32. 《电容式位移计》（DL/T 1017—2006）

33. 《电容式引张线仪》（DL/T 1016—2006）

34. 《大坝安全监测数据自动采集装置》（DL/T 1134—2009）

1.4.3 监理标准

《大坝安全监测系统施工监理规范》（DL/T 5385—2007）

1.4.4 验收标准

1. 《大坝安全监测系统验收规范》（GB/T 22385—2008）

2. 《大坝安全监测自动化系统实用化要求及验收规程》（DL/T 5272—2012）

1.4.5 鉴定标准

1. 《钢弦式监测仪器鉴定技术规范》（DL/T 1271—2013）

2. 《差动电阻式监测仪器鉴定规范》（DL/T 1254—2013）

3. 《光学经纬仪》（GB/T 3161—2015）

4. 《光电测距仪》（JJG 703—2003）

5.《全站仪》（GB/T 27663—2011）

6.《水准仪》（GB/T 10156—2009）

7.《全球定位系统（GPS）测量型接收机检定规程》（CH 8016—95）

附录Ⅱ 监测系统定期检查与维护项目表

表Ⅱ.1　　　　　　　　　　　　　　　监测系统维护项目及频次要求

监测类别	监测仪器设备	维护项目	频次要求
环境量监测	水位监测设施	水位观测井、进水口和水尺的外观检查	1次/月
		水位传感器及采集装置校验	1次/年
		零点标高校测	1次/(1～2年)
	气温监测设施	百叶箱和温度传感器清洁	1次/月
		温度传感器比测	
	降水量监测设施	雨量计外观检查，清除滤网和漏斗杂物	1次/月
		检测承雨器口直径、水平度	定期检查
		自记雨量计比测校验	
变形监测	表变形监测设施	线路巡查，检查网点和测点完好性和通视情况	1次/半年
		大地测量仪器和配件自检	满足《大坝安全监测系统运行与维护规程》（DL/T 1558—2016）表 D.2～D.7 的要求
	垂线	观测房、测点工况、支撑架、油桶、线体等的检查	1次/月
		光学垂线坐标仪、遥测垂线坐标仪工况检查	
		垂线孔、正垂线悬挂点检查	1次/年
	引张线	测点和线体工况检查	1次/月
		遥测引张线仪工况检查	
		固定端和加力端检查	1次/年
	激光准直系统	真空管道连接工况、漏气率和真空度检查	1次/月
		测试、维护跟踪仪输出的视频电缆	1次/季
		检查真空泵油质、麦氏表、真空表、供电电压	
	引张线式水平位移计	挂重装置和线体检查	1次/月
		自动化加载设备检查	1次/季
	水管式沉降仪	观测房、测量柜、水位指示装置、管路和接头、液体工况检查	1次/季
		自动化采集装置的电磁阀门及继电器检查	
		进水管、排水管、通气管连通性检查	定期检查
	静力水准系统	测点工况、保温设施和液位检查	1次/月
		钵体和支撑体外观检查、管路检查	1次/年
	双金属标	管体和测点装置变形、连接情况、锈蚀检查	1次/年
		双金属标仪固定情况检查	
		双金属标仪检验或校测	定期检查

监测类别	监测仪器设备	维 护 项 目	频次要求
变形监测	测斜管和测斜仪	活动式测斜仪导轮、弹簧、密封圈等的工况检查	1次/月
		管口变形情况和保护装置检查	
		测斜仪电缆长度标尺复核	1次/半年
渗流监测	测压管	孔口装置、各部位密封情况检查	1次/半年
		电测水位计尺长校测，蜂鸣器灵敏度检查	1次/月
		压力表灵敏度和归零情况检查	
		管口高程、压力表中心高程和渗压计安装高程校测	1次/季
		测压管灵敏性测试	
	量水堰	排水管、水尺和堰板清淤，检查和清洁量水堰仪浮筒和进水口	定期检查
		渗水点水质状况的检查描述	
		量水堰仪和水尺的起测点校测	1次/月
应力应变及温度等各类传感器监测	传感器	电缆标识和敷设情况检查，电缆线头维护	1次/季
		检查传感器外露部分和保护装置	
		传感器工作性能检查和评判	定期检查
	测量仪表	准确性测试和自检	1次/季
	集线箱	工作温度检查，清洁维护，通道切换开关和档位检查	1次/季
自动化系统	自动化测点	人工比测	1次/半年
	传感器及监测数据采集设备	绝缘度检查	1次/年

注　1. 表中未提及的仪器设备和检查维护项目，根据现场条件和仪器设备状态确定其检查维护的周期。如遇强震、狂风、沙尘、暴雨、冻融或受水流冲击等情况时，其后应及时进行检查，发现问题及时处理。

　　2. 每年一次进行的检查维护项目，易安排在汛前进行，每年的绝缘度检查宜安排在环境湿度较大的情况下进行。

　　3. 频次要求为定期检查的，可结合大坝安全定期检查进行，或根据仪器使用要求进行。

表Ⅱ.2　　　　　　　　　　　　　监测系统检查记录表

监测仪器设备名称：	
安装部位：	
检查时间：	
检查人员/单位：	
检查内容	
检查结论	结论：
	存在的问题和处理建议：

217

表Ⅱ.3 监测系统维护记录表

监测仪器设备名称：	
安装部位：	
故障发生时间：	年　月　日　时　分
故障排除时间：	年　月　日　时　分
维护人员/单位：	
故障现象	
故障判定	□操作不当　□维护不当　□自然劣化　□设备老化故障 其他说明：
维护方案	
测值连续性	测值变动说明（监测数据核实，监测数据衔接，前后一致）
预防措施	

附录Ⅲ　常用监测设施图形符号

表Ⅲ.1　　　　　　　　　　　　变形监测图形符号

序号	名　称		代号	符号	序号	名　称		代号	符号
1	水准测量	基准点	LE	◉	13	倾斜测量	静力水准线	SL	
2		工作基点	LS	◉	14		水管式倾斜仪	TC	
3		水准点	BM	⊗	15		静力水准仪水箱	TA	
4		坝体观测点	LD	⊗	16		测斜仪	IN	
5		基岩观测点	LR		17		倾斜仪	CL	
6		竖直传高	UT		18	沉陷测量	钢管标	SP	
7	三角测量	三角网点	TN	△	19		分层沉降仪	ES	
8		工作基点	TB	▢	20		土坝沉降深标	ET	
9		测点（设站）	TS	⊚	21		反射镜点	RP	
10		测点（不设站）	TP	⊙	22		沉降标点	SE	
11		定向点	TO		23		双金属标	DS	
12		交会点	IS		24		收敛计	CM	

219

序号	名称		代号	符号	序号	名称	代号	符号
25	接缝及裂缝测量	测缝计	Ji		35	水平位移测量	导线仪	SW	
26		裂缝计	K		36		引张线	EX	
27		表面测缝计（型板式）	ST		37		视准线	SA	
28		表面测缝计（三点式）	SJ		38		激光准直	LA	
29		界面变形记	IF		39		多点位移计（i 表示点数）	M^i	
30		伸缩仪	FL		40		土位移计	SR	
31	水平位移测量	正垂线	PL		41	其他测量	铟钢线位移计	ID	
32		倒垂线	IP		42		岩石变形计	RT	
33		垂线中间支点	MS		43		精密量距	EM	
34		垂线测点	PP		44		滑动测微计	SC	

表Ⅲ.2　　　渗流监测图形符号

序号	名称	代号	符号	序号	名称	代号	符号
1	量水堰（渗流量计）	WE		4	底流速计	V	
2	水管式孔隙压力计	Z		5	雨量计	PR	
3	脉动压力计	F		6	钻孔中渗压计	PB	

序号	名称	代号	符号	序号	名称	代号	符号
7	测压管中渗压计	PT		13	扬压力计	UW	
8	波浪测点	WA		14	渗流观测井	OS	
9	水质测点	WQ		15	地下水位观测孔	OH	
10	渗压计（孔隙压力计）	P		16	库水位计	RW	
11	测压管（单管）	UP		17	掺气仪	A	
12	测压管（双管）	DU		18	水温	WT	

表Ⅲ.3　　　　　　　　　　应力应变及温度监测图形符号

序号	名称	代号	符号	序号	名称	代号	符号
1	应变计组	S	i+N	7	六向应变计	S^6	
2	单向应变计	S^1		8	九向应变计	S^9	
3	双向应变计	S^2		9	无应力计	N	
4	三向应变计	S^3		10	表面温度计	FT	
5	四向应变计	S^4		11	温度计	T	
6	五向应变计	S^5		12	钢筋计	R	

序号	名称	代号	符号	序号	名称	代号	符号
13	应力计	C		23	地面观测站	GO	
14	土压计	E		24	地下或廊道观测站	UO	
15	锚杆测力计	AS		25	集线箱	B	
16	锚索测力计	AE		26	电视摄像机	TV	
17	电缆	CA		27	自动检测装置	D	
18	钢板计	AM		28	测控单元	MC	
19	测力器	DP		29	地声仪	GI	
20	地应力	GS		30	地震加速度计	AT	
21	微震仪	VM		31	峰值速度计	VT	
22	强震仪	SM		32	气温	TE	